高等职业教育“十二五”系列教材

高职信息检索实用教程

主　编　周　云

副主编　谷松立　邵莉娟

参　编　邵黄芳　丁海晖

机　械　工　业　出　版　社

本书结合工程类高职高专院校工学结合的特点，对信息检索工具的功能、类型、特点进行介绍，并侧重对信息检索途径、检索工具使用方法和基本步骤作了系统阐述，试图体现本书的实用性；同时为了让信息检索技能更好地与高职高专学生的毕业综合实践成果相匹配，就毕业顶岗实习报告和毕业设计（论文）的相关模式、资料收集和整理要点及撰写步骤、方法以及对信息的综合利用等进行了介绍。因此，本书不仅可作为工程类高职高专学生信息检索课程的教材和课外参考书，也可为工程专业技术人员获取相关信息提供帮助。

为方便教学，本书配备电子课件等教学资源。凡选用本书作为教材的教师均可登录机械工业出版社教材服务网 www.cmpedu com 免费下载。如有问题请致信 cmpgaozhi@sina.com，或致电 010-88379375 联系营销人员。

图书在版编目（CIP）数据

高职信息检索实用教程 / 周云主编. —北京：机械工业出版社，2013.6（2021.9 重印）
高等职业教育“十二五”系列教材
ISBN 978-7-111-42479-6

Ⅰ. ①高… Ⅱ. ①周… Ⅲ. ①情报检索—高等职业教育—教材 Ⅳ. ①G354

中国版本图书馆 CIP 数据核字（2013）第 098353 号

机械工业出版社（北京市百万庄大街 22 号 邮政编码 100037）
策划编辑：王玉鑫 责任编辑：王玉鑫 孙晶晶
责任校对：肖 琳 封面设计：张 静
责任印制：郜 敏
北京富资园科技发展有限公司印刷
2021 年 9 月第 1 版第 5 次印刷
184mm×260mm · 15.75 印张 · 387 千字
8 801—9 300 册
标准书号：ISBN 978-7-111-42479-6
定价：49.00 元

电话服务	网络服务
客服电话：010-88361066	机 工 官 网：www.cmpbook.com
010-88379833	机 工 官 博：weibo.com/cmp1952
010-68326294	金 书 网：www.golden-book.com
封底无防伪标均为盗版	机工教育服务网：www.cmpedu.com

PREFACE

本书主要是为了培养高职高专院校学生和工程技术人员的信息素养能力而编写的。在瞬息万变的数字化时代，信息获取能力已成为新的核心竞争力。高职高专院校培养的学生作为未来信息社会中信息利用的主要群体之一，欲使他们成为高素质人才并赋予他们终身学习的能力，高职高专教育必须积极面对社会变革的严峻挑战，将提高学生信息素养作为人文素质教育的重要目标和内容，将信息素养教育作为高职高专教育教学改革的重要任务之一。

自我国教育部 1984 年颁发了《关于在高等学校开设<文献检索与利用课>的意见》的文件后，各院校积极制定并实施自己的信息素养教育计划和课程，已相继出版了多种与高职高专教育匹配的信息检索和利用方面的教材。随着科学知识更新周期的不断缩短以及信息技术的飞速发展，尤其是目前我国高职高专教育强调把终身教育放在社会教育的中心地位，形成学习型社会以此完善现代职业教育体系。为此本书强化数字化信息素养教育与专业教育的有机结合，是一本融入最新信息技术、嵌入专业教学、体现高职高专教育特色的教材。在编写形式上以提高学生实践检索技能为主要目的，注重“自主+协作”学习环境的构建，每章配有习题，可采取教师讲授为辅，学生练习为主的教学模式。并配有问卷调查表，注重课程教学效果的反馈。

全书共 8 章，分四部分，第一部分（第 1、2 章）主要介绍了信息检索的基本知识和基本原理，由周云编写；第二部分（第 3 章）主要介绍了图书馆的分类和功能，包括图书馆的产生、发展、类型和职能以及对图书馆的图书分类和目录组织，由邵莉娟编写；第三部分（第 4～6 章）主要介绍以计算机为主的各种信息检索，包括纸质工具书和网络工具书的主要检索方法和技巧，在介绍计算机信息检索的原理、检索的基本程序以及检索的基本策略的基础上，重点介绍使用最广泛的中外数据库检索方法，并对特种文献检索（专利、标准文献、科技报告、学位论文等）专门作了说明，由谷松立、邵莉娟编写；第四部分（第 7、8 章）主要介绍如何分析收集的信息并进行预测，如何选取有价值的课题以及相关文献综述的写作技巧，同时结合高职高专学生毕业综合实践成果，介绍了毕业顶岗实习报告和毕业设计（论文）的相关模本、资料收集和整理要点及撰写步骤、方法等以及提升对信息的综合利用能力，诸如如何获取就业信息，如何策划校园活动，如何考取与自己专业有关的相关证书等，由周云编写。邵黄芳、丁海晖提供有关案例和部分习题。

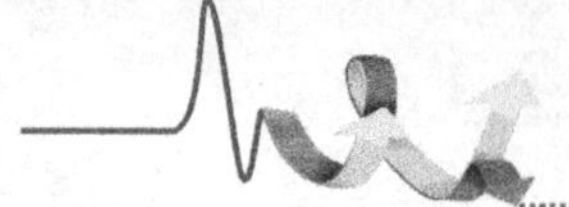

本书编写承蒙浙江大学研究馆员章云兰老师、杭州电子科技大学研究馆员陈琳老师和机械工业出版社的大力支持和协助，在编写过程中又遇上浙江省高校图工委正积极推广 ZADL（浙江省高校数字图书馆）的时机，因此得到浙江省高校数字图书馆滨江分中心浙江中医药大学图书馆的帮助，在此表示衷心感谢。同时编写中又参阅了大量文献，在此也向这些文献的作者致以诚挚谢意。由于编者水平有限，书中难免存在遗漏和不妥之处，敬请读者谅解并加以批评指正。

编　者

2012 年 11 月 25 日

目　录

CONTENT

CONTENT

第1章 信息检索概论

学习目的：信息素养是一种特殊的、涉及知识面很宽的综合能力，它包含人文的、技术的、经济的、法律的诸多因素，和许多学科有着紧密的联系。信息技术支持信息素养，通晓信息技术强调对技术的理解、认识和使用技能。信息素养的重点是信息内容的传播、分析，包括信息检索以及评价等方面，它是一种既需要通过熟练的信息技术，也需要通过完善的调查方法，经过鉴别和推理来完成了解、搜集、评估和利用信息的知识结构。那么，什么是信息，什么是信息素养，什么是信息检索，大学生如何提高信息素养。

1.1 信息概述

20 世纪 80 年代以来，由于第三次信息技术革命的推动和知识经济的勃兴，人类逐步发展到信息社会阶段。回顾 30 多年的发展历程，信息革命带来的是全方位的变革。当今时代一切事物都无时无刻不处于快速变化之中。以知识经济为显著特征的信息社会，已经成为社会发展的一种无法抗拒的趋势。据专家估计，20 世纪 40 年代以来，产生和累计的信息量已大大超过了在此之前人类有史以来的所有信息量之和。19 世纪以来人类知识信息量每 50 年增长一倍；20 世纪中叶每 10 年增长一倍，70 年代以后每 5 年增长一倍。在面对呈几何级数增长的信息数量时，许多国家在以“国情咨文”、“白皮书”、“蓝皮书”等形式表述对 21 世纪高等教育发展趋势关注中，特别强调，在人才培养上，要更加注重素质和能力的培养，特别是创新能力、信息能力的培养。

信息素养已成为人们特别是大学生必须具备的一种基本能力。信息素养（Information Literacy）更确切的名称应该是信息文化（Information Literacy）。信息素养是一种对信息社会的适应能力。美国教育技术 CEO 论坛 2001 年第 4 季度报告提出 21 世纪的能力素质，包括基本学习技能（指读、写、算）、信息素养、创新思维能力、人际交往与合作精神、实践能力。信息素养是其中一个方面，它涉及信息的意识、信息的能力和信息的应用。

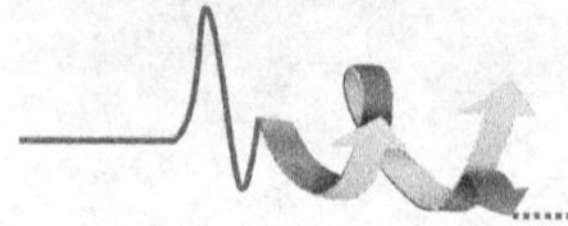

1.1.1 什么是信息

1．关于“信息”一词

在汉语中，“信息”一词最早出现在1000多年前的唐诗中：诗人杜牧在《寄远》诗中提到“塞外音书无信息，道傍车马起尘埃。”；李中的《暮春怀故人》中也有“梦断美人沉信息，目穿长路倚楼台。”的佳句。宋代的李清照则发出“不乞隋珠与和璧，只乞乡关新信息。”的感叹。在她心目中，来自家乡的信息比珍贵的“隋珠”与“和璧”的价值更高。《水浒传》第四十四回：“宋江大喜，说道：‘只有贤弟去得快，旬日便知信息。’”

在古希腊文中，“信息”单词为μορφή或εἶδος（注：εἶδος为著名哲学家柏拉图和亚里士多德经常用的词），以表示理想的身份或事物的本质。

在英语中，表达“信息”这个概念的词是information，来源于拉丁文宾格形式（informationem）的主格（informatio），这个名词是由动词反过来又衍生出“informare”（告知），“to give form to the mind”，“to discipline”，“instruct”，“teach”。

人对世界的认知和改造过程就是收集信息、加工信息和传递信息的过程。人们通过电视、电话、报纸、杂志等各种媒体，无时无刻不在收集、加工和传递、利用着大量的信息，如通过天气预报获取气象信息，可以合理地安排生产、生活。在行政工作中，看材料、学文件是获取信息，作决策、批文件是处理信息，作指示是传递信息。可见，信息来源于客观世界，范围广大，具有一定的利用价值，可以通过载体为人们所获知，用来指导人类认识世界、改造世界。

2．信息的含义

近几十年来，信息的含义问题，是信息科学等多学科、多领域中研究的一个基本问题。但至今信息还没有一个公认的定义。

美国著名学者F．马克卢普（Machlup）等人在20世纪80年代前期曾经仔细评价了关于信息的各种不同含义，并指出对信息的概念存在着多种不同的理解。在“信息”一词的广泛应用中，比较普遍的看法有以下6种：

1）信息是事实。

2）信息是数据。

3）信息是沟通（传播）。

4）信息作为一种能量形式。

5）信息作为一种商品。

6）信息作为知识。

20世纪80年代末，美国著名的信息系统专家A.德本斯（Debons）等人在其获奖学术著作《信息学：一个综合的视野》中，提出从人的整个认知过程的动态连续体中理解信息的重要观点。他们将认知过程表达为：事件—符号—数据—信息—知识—智慧。这个连续统一体中的任一组成部分，都产生于它的前一过程，例如，“信息”是源于“数据”的，又是“知识”的来源。

对所说的4个主要概念：数据、信息、知识和智慧，其含义进一步概括如下：

数据（Data）——字母、数字、线条和符号等，用于表达事件和它们的状态，并根据正式的规则和惯例加以组织。

信息（Information）——对感觉（被告知）的某种认知，并给出物理形式（数据）的表

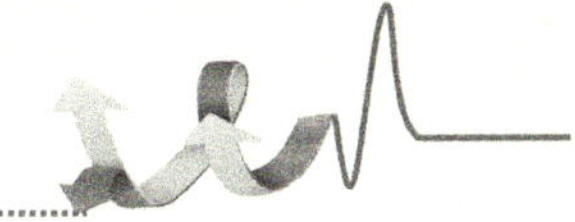

述，其表述形式有利于知识的处理。

知识（Knowledge）——超越感知的认知状态。知识意味着主动参与、理解和扩展人的理解水平以处理非常规问题。知识也是指对人的经验的有组织的记录，并赋予物的表达形式（如书籍、报告）。

智慧（Wisdom）——人进行判断时对知识的运用，通常与文化或社会普遍认同的准则或价值观念有关。

可以看出，在德本斯关于信息含义的解释中，有两点是被强调的，即：一是被告知的状态；二是对刺激感官的数据产生某种意识。

在多种不同学科的研究中，信息论的奠基人 C. E.香农（Shannon）在 1948 年对信息的含义所提出的观点仍然是最基本且具有普遍意义的，香农认为，“信息就是不定性的排除”。这一科学、抽象的论述有助于人们对各种不同领域的信息活动过程的理解。

1.1.2 与信息相关的几个概念

1．文献

在我国，“文献”一词最早出现于春秋战国时期的《论语·八佾》中。孔子说：“夏礼吾能言之，杞不足征也；殷礼吾能言之，宋不足征也；文献不足故也，足，则吾能征之矣。”这段话的意思是：夏代的制度我知道，杞国的我不知道；殷代的制度我知道，宋国的我就不了解；这是文献不足的缘故，如果足，那么我就能知道了。汉末建安时期玄学大师何晏在其《论语集解》中引汉代经学大师郑玄注：“献，犹贤也”，至宋代，朱熹在《四书章句集注》中沿袭郑玄、何晏的训诂，进一步明确注释为：“文，典籍也；献，贤也。”在此，“文”是指典章制度的文字资料，“献”是指见多识广、熟悉掌故的人。我国古代早期的文献概念基本上是广义的。

宋末元初，著名史学家、文献学家马端临编著了我国历史上第三部记述“典章经制”的通代政书，并以“文献”命名其书为《文献通考》。马端临在其书“自序”中对“文献”解释为“信而有征”，这当属“文献”概念的狭义性定义。明代编成的我国历史上规模最大的类书《永乐大典》，其书初名曾为《文献集成》，以《永乐大典》所收类书的综合性与广泛性而论，此所谓“文献”当属广义。

随着时间的推移，文献的概念伴随着人类对于社会的认识而不断演化，现代人们对文献概念的诠释是用文字、图形、符号、声频、视频等技术手段记录人类知识的一种载体，或理解为固化在一定物质载体上的知识。也可以理解为古今一切社会史料的总称。现在通常将文献理解为图书、期刊等各种出版物的总和。文献是记录、积累、传播和继承知识的最有效手段，是人类社会活动中获取情报的最基本、最主要的来源，也是交流信息和传播情报的最基本手段。正因为如此，人们把文献称为情报工作的物质基础。

2．知识

古往今来，人们对知识的理解是仁者见仁，智者见智。最早对它下定义的是古希腊的哲学家柏拉图，他把知识定义为“证明（Justified）了的真信念”，这个定义直到 20 世纪 60 年代仍然被广泛接受，成为知识论的一个基本概念。

当代著名的认知心理学家皮亚杰认为：“知识是主体与环境或思维与客体相互交换而导致的知觉建构，知识不是客体的副本，也不是由主体决定的先验意识。”

20 世纪 60 年代开始，西方对于“知识”的概念有一个较流行的说法——知识就是 3W1H，

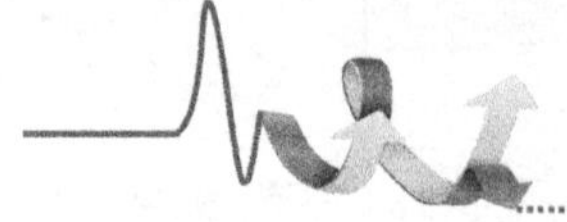

即知道是什么（Know What）、知道为什么（Know Why）、知道怎么做（Know How）、知道是谁（Know Who）。在我国，这一定义也被人们广泛接受。这表明“知识”这一概念的外延是极其宽广的。

《现代汉语词典》（第 6 版）对“知识”的释义之一是：“人们在社会实践中所获得的认识和经验的总和。”从本质上说，知识属于认知的范畴。社会实践是在有知识的条件下进行的，是知识所产生的活动，如果没有知识作前提，则无法进行社会实践。

美国社会学家丹尼尔·贝尔对知识的定义是：对事实和思想的一套系统的阐述所提出的合理性判断或经验的结果。而马克卢普（Machlup）在《美国的知识生产与分配》一书中认为，知识就是根据已认识的事物所作的客观解释。

知识的定义纷繁复杂，日常语言中使用的知识概念和哲学探讨知识本质问题时的“知识”概念是有区别的，前者的外延要比后者广泛得多。对知识的认识，一直是人们感兴趣的问题。因此，关于知识的定义有上百个，但没有一个能从本质上区分知识与非知识的界限。

知识是人类社会实践经验的总结，是人的主观世界对于客观世界的概括和真实反映。知识是人类通过信息对自然界、人类社会以及思维方式与运动规律的认识，是人的大脑通过思维重新组合的系统化的信息集合。因此，人类不仅要通过信息感知世界、认识和改造世界，而且要根据所获得的信息组成知识。可见，知识是信息的一部分，文献是信息的一种载体。文献是信息传递的主要物质形式，是吸收、利用信息的主要手段。

知识（Knowledge）是人类通过信息对自然界、人类社会及思维方式与运动规律的认识与概括，是人的大脑通过思维重新组合的系统化的信息，是信息中最有价值的部分。信息是创造知识的原材料，知识是信息加工的抽象产物。根据知识能否清晰地表述和有效转移，可以把知识分为主观知识（又称为隐性知识，Tacit Knowledge）和客观知识（又称为显性知识，Explicit Knowledge）。显性知识，也称编码知识，是指能用文字和数字表达出来，人们可以通过口头传授、教科书、参考资料、期刊杂志、专利文献、视听媒体、软件和数据库等方式获取，“容易以硬数据的形式交流和共享，并且经编辑整理的程序或者普遍原则”。隐性知识是指高度个性化而且难于格式化的知识，它存在于人脑之中，是个人的见解，只有通过个人经验才能获取，主观的理解、直觉和预感都属于这一类。当隐性知识通过某种载体记录下来，就可打破时空，成为可传递的显性知识。

3．情报

情报（Intelligence）是指被传递的知识或事实，是知识的激活，是运用一定的媒体（载体），越过空间和时间传递给特定用户，解决科研、生产中的具体问题所需要的特定知识和信息。情报自产生开始就带有鲜明的定向性。“情报”一词在我国最初的含义多与战事相关。其典型的定义是：“战时关于敌情之报告，曰情报”。在日本人森欧的译著《战争论》中，情报是指“有关敌方或敌国的全部知识”。当然，这一带有军事特征的情报定义，具有明显的战争年代的特征。

在现代，学术界对于情报的理解存在认识上的共性。其一，情报来自知识，来自于对知识的加工处理；其二，情报不等同于广义的知识，而只是“作为交流对象的有用知识”。现代的情报概念，已经延伸至“特定性”情报、“决策性”情报和“竞争性”情报等，进入了社会各阶层、各领域。

情报具有目的性、特定性的观点已为人们所普遍接受，也就是说，信息、知识成为情报的首要条件是要有社会的需求，这种需求被社会情报系统接收后，就由专门的情报人员对其

加以分析、研究，运用已有知识对相关信息进行加工、整理，其结果产生情报，再由社会情报系统传递出去，为社会所利用，并产生一定的服务效果。社会在利用情报的过程中，可能产生新的需求，同时，也可能产生新信息。

4．信息、知识与情报的逻辑关系

知识、情报都是特殊的信息。从逻辑上看，信息、知识与情报三者的概念之间是相容关系。具体来说，信息与知识、情报之间是属种关系，信息是属概念，知识、情报是信息之下具有交叉关系的种概念。用它们的外延集合来表达这种关系，可以得到信息、知识与情报的逻辑关系图，如图1-1所示。

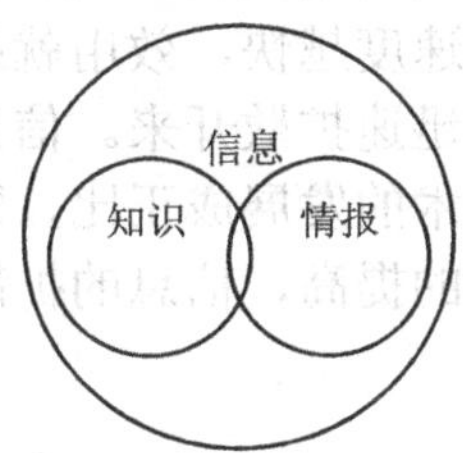

图1-1 信息、知识与情报的逻辑关系

1.1.3 信息的特征

尽管从不同的角度出发对信息有不同的定义，但是信息的一些基本性质还得到了共识。

1．普遍性

信息的普遍性是指信息是无处不在的。信息普遍存在于自然界、人类社会之中，也存在于人类的思维或精神领域之中。同客观世界所产生的信息一样，精神世界、思维领域的信息也具有相对独立性，可以被记录下来加以保存、复制或重现。

2．客观性

信息不是物质，而是物质的产物，即先有信息反映的对象，然后才有信息。无论借助于何种载体，信息都不会改变其所反映对象的属性，因此，信息具有客观性。例如，气象预报无论是通过广播、电视、报纸，还是通过其他载体，反映的都是自然界的客观变化。

3．可扩充性与可压缩性

一切领域都有信息，随着时间的推移和事物的运动、发展、变化，信息经过不断地开发利用，会扩充、增值，成为取之不尽、用之不竭的资源。同时，经过加工整理，又可使之精练、浓缩，将信息内容物化在不同的物质载体上，因此，信息又有可压缩性。信息的可压缩性还表现在信息储存上，储存的形式多种多样，如人和动物的记忆就是其中的一种。

4．时效性

信息的时效性是信息的重要特征，是指信息从发出、接收到进入利用的时间间隔及其效率。信息的时效性与信息的价值性密不可分。任何有价值的信息，都是在一定条件下起作用的，如时间、地点、事件等，离开一定的条件，信息将会失去应有的价值。从某种意义上讲，信息的价值取决于信息的时效性，特别是反映客观事物某种发展趋势的信息，时效性越强，信息的价值越大；反之，信息就会失去作用。因此，信息价值的大小取决于信息的时效性。

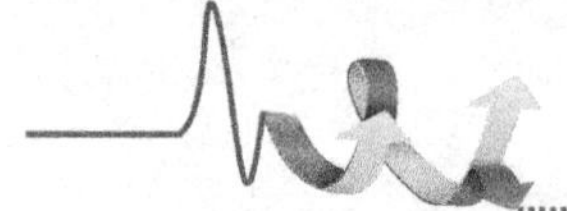

5．可替代性

信息的可替代性有两方面含义：一方面是指信息的物质载体形态是可以相互替代的，如语言信息经过记录变成文字信息，即文字信息替代了语言信息；另一方面是指信息的利用可以替代资本、劳动力和物质资料，这一点在经济学上的作用尤其显著。管理学认为，信息是管理的重要手段和工具，正确利用信息是提高管理水平的重要环节，利用好信息，就可以代替资本和物质的投入。

6．可传递性与可扩散性

信息的可传递性是指信息可以借助一定的物质载体传递给感受者、接收者的特性。信息可以进行空间和时间上的传输，传输速度越快，效用就越大。科技的发展，使传播信息的网络覆盖面越来越大，从而使信息得以迅速扩散开来。信息的可扩散性与信息传递技术的发展密切相关，信息的扩散速度与传递技术的发展成正比，即传递技术发展得越快，信息扩散的速度越快。随着信息传播手段和技术的提高，信息的扩散性已表现得越来越突出。

7．共享性

共享性是指信息能够同时为多个使用者所利用，信息扩散后，信息载体本身所含的信息量并没有减少，这是信息与实物、能量等的根本区别。通过传递，信息迅速为大多数人所接收、掌握和利用，并会产生出巨大的社会效应。正因为信息的这一特性，社会才为保护信息开发者的合法权益，补偿其在开发、整理某些信息过程中付出的代价，制定了知识产权制度。

1.2 信息检索

1.2.1 信息检索的概念及类型

1．信息检索的概念

信息检索（Information Retrieval），又叫做情报检索或文献检索，是指将信息按一定的方式组织、存储起来，并根据信息用户的信息需求查找所需信息的过程。从广义上讲，信息检索包含信息的存储和检索两部分。信息的存储主要是指对在一定范围内的信息选择的基础上进行信息特征描述、加工并使其有序化，即建立数据库。信息的检索是借助一定的设备和工具，采取一系列方法与策略，从数据库中查找所需信息。通常所说的信息检索是指狭义概念的信息检索，即从信息集合（数据库）中查找所需信息的过程，也就是信息查寻（Information Search 或 Information Seek）。

2．信息检索的起源

信息检索起源于图书馆的参考咨询和文摘索引工作，从 19 世纪下半叶开始发展，至 20 世纪 40 年代，索引和检索已成为图书馆独立的工具和用户服务项目。随着 1946 年世界上第一台电子计算机问世，计算机技术逐步进入信息检索领域，并与信息检索理论紧密结合起来；脱机批量情报检索系统、联机实时情报检索系统相继研制成功并商业化，20 世纪 60 年代到 80 年代，在信息处理技术、通信技术、计算机和数据库技术的推动下，信息检索在教育、军事和商业等各领域高速发展，得到了广泛的应用。Dialog 国际联机情报检索系统是这一时期

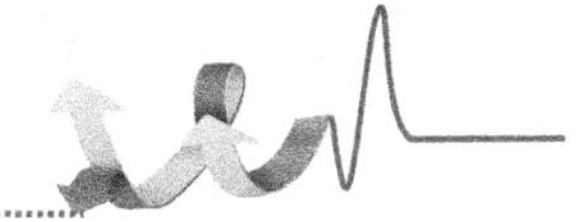

的信息检索领域的代表，至今仍是世界上最著名的系统之一。随着计算机静、动态图像信息和声音信息处理技术等先进科研成果的应用，现代信息检索范围得到了拓展，检索功能得到了增强，检索效率得到了提高。

3．信息检索的类型

（1）根据信息存储和检索内容的不同，信息检索可分为文献检索、数据检索和事实检索三种方式。

1）文献检索。文献检索是指查找用户所需文献的线索或者原文的检索。如查找某一主题的相关文献，对某研究课题立项的文献查新，或从事新产品开发时需要查找有关最新研究动态等。文献检索是一种相关性检索，检索结果是某一专题的文献线索（文摘、题录），一般要经过阅读文摘后才能决定取舍。文献检索主要是利用二次文献进行，如各种载体形式的目录、题录、文摘、索引等。文献检索是信息检索中最基本、最重要的类型。

2）数据检索。数据检索是指查找用户所需特定数据的检索。例如，查找各种统计数据、某一公式、图表、化学分子式、设备型号、技术参数等。数据检索是一种确定性检索，主要是利用各种词典、手册、百科全书、年鉴等参考工具书进行，也可以利用各种参考型数据库进行检索。

3）事实检索。事实检索是指以特定的事实为检索对象的一种检索。例如，查找某一名人、机构的基本情况；某一事件发生的时间、地点、过程等。事实检索和数据检索一样，也是一种确定性检索，不同的是需要对检索出来的数据进行逻辑推理后，方可得出结论。可利用百科全书、手册、年鉴、名录及相关数据库等参考工具进行检索。

（2）按检索方式区分，信息检索可分为手工信息检索和机器信息检索。

1）手工信息检索。手工信息检索以手工操作的方式，利用检索工具书进行信息检索。其优点为直观、灵活，便于控制检索的准确性。

2）机器信息检索。机器信息检索是指计算机信息检索，通过机器对已数字化的信息，按照设计好的程序进行查找和输出的过程。它目前已成为主流方式。

（3）按检索要求区分，信息检索可分为强相关检索和弱相关检索。

1）强相关检索。强相关检索强调检索的准确性，向用户提供高度对口信息的检索，也称为特性检索。

2）弱相关检索。弱相关检索强调检索的全面性，向用户提供系统、完整的信息检索，也称为族性检索。

（4）按检索的事件跨度区分，信息检索可分为定题检索和回溯检索。

1）定题检索。定题检索是指查找有关特定主题最新信息的检索，又称 SDI 检索。特点是只检索最新的信息，时间跨度小。该检索在文献信息库更新时运行，适合信息跟踪，便于及时了解有关主题领域的最新发展动态。

2）回溯检索。回溯检索是指查找一段时间内有关特定主题信息的检索，也称为追溯检索。其特点是既可查找过去某一段时间的特定主题信息，也可以查找最近的特定主题信息。这是用户利用最多的检索方式。

（5）按检索对象的形式区分，信息检索分为文本检索和多媒体检索；按检索对象的信息组织方式区分，信息检索分为全文检索、超文本检索和超媒体检索；按检索途径的特点区分，信息检索分为常用法、回溯法和循环法。

1.2.2 信息检索的意义

1．避免重复劳动

科学研究具有继承和创造两重性，科研的两重性要求科研人员尽可能多地占有相关资料、情报。从实践经验看，科研中出现的绝大多数问题都有必要而且有可能通过查找科技文献得到启发甚至得到解决。可以说，一项科研成果中95%是别人的，5%是个人创造的。因此研究人员在开始着手研究一项课题前，必须利用科学的信息检索方法来了解这个课题的情况，即前人在这方面做过哪些工作，还存在什么问题，以及相邻学科的发展对研究这项课题提供了哪些新的有利条件等与研究课题有关的科技信息，只有这样，才能正确地制订研究方案，防止重复研究，并少走弯路。在我国，重复研究的现象比较严重。一方面，重复研究国外已有的技术，另一方面，国内各机构之间相互重复研究，因此，只有研究人员加强科技文献检索意识和能力的培养，才能彻底改变这种状况。

2．提高科研效率

现代文献的数量和类型增长十分迅速。实际上，任何人都不可能将世界上所有的文献都阅读完。据调查统计，科研人员查阅文献的时间占40%～50%，如果利用科学的信息检索方法，就可以缩短研究人员查阅文献的时间，提高科研效率。

3．促进专业学习

科技文献检索的学习将把学生引导到超越教学大纲的更广的知识范围中去。一个学生在大学学习中已获得进行科研的基本知识，但在校学习时间毕竟有限，参加工作以后，仍需不断更新知识，才能适应科技的迅速发展。掌握了信息检索的方法与技能，就能很快找到一条吸取和利用大量新鲜知识的捷径，进入旺盛的创造期。

1.2.3 信息检索对象——信息资源

1．信息资源的概念

可以从广义和狭义两种角度来认识和理解信息资源的含义：广义信息资源是指人类社会经济活动中经过加工处理的、有序化并大量累积后的有用信息的集合。狭义信息资源是信息和它的生产者以及信息技术的集合。

2．信息资源的分类

按照不同的标准可以将信息资源划分为不同的种类，常见的划分标准及其类型有：

（1）按信息资源所依附的载体分

1）体裁信息资源。体裁信息资源是指以人体为载体并能为他人识别的信息资源。按其表述方式分为口语信息资源（谈话、授课、演讲、唱歌等）和体语信息资源（表情、手势、姿态、舞蹈等）。

2）实物信息资源。实物信息资源是指以实物为载体的信息资源。它可分为天然实物资源和人工实物资源。

3）文献信息资源。文献信息资源是指以文字、图形、符号、声频等方式记录在各种载体上的知识和信息资源，是目前利用最多的信息资源。

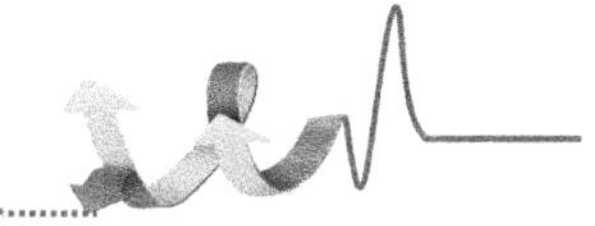

4）网络信息资源。网络信息资源是指以网络为纽带连接起来的信息资源和以网络为主要交流、传递、存储的手段与形式的信息资源。

（2）按信息资源传递的范围划分，信息资源可分为公开信息资源、半公开信息资源和非公开信息资源。

（3）按信息资源的加工程度划分，信息资源可分为一次信息资源、二次信息资源和三次信息资源等。

3．文献信息资源的分类

文献信息资源是信息检索的主要对象，是本书要讨论的重点。根据不同的标准可将文献资源进行如下划分：

（1）按文献记录载体划分

1）书写型。书写型是指以竹简、缣帛、纸等为载体，由人工抄写而成。

2）印刷型。又称纸介型，传统的文献形式，是文献的最基本方式，包括铅印、油印、胶印、石印等各种资料。其优点是可直接、方便地阅读；缺点是存储密度低，体积庞大，难于保存。

3）缩微型。缩微型是指以感光材料为载体的文献，又可分为缩微胶卷和缩微平片。优点是体积小，存储密度高，便于传递、保存；缺点是不能直接阅读，必须借助于阅读器。

4）视听型。又称直感型或声像型，是以声音和图像形式记录在载体上的文献，如唱片、录音带、录像带、科技电影、幻灯片等。其优点是直观、形象；缺点是无论是制作还是阅读都需借助特定设备。

5）电子型。电子型又称计算机阅读型，是一种最新形式的载体。它主要通过编码和程序设计，把文献变成符号和机器语言，输入计算机，存储在磁带或磁盘上，阅读时，再由计算机输出，它能存储大量情报，可按任何形式组织这些情报，并能以极快的速度从中取出所需的情报，如电子图书期刊、各种联机信息库、光盘数据库、电子邮件等。其优点是存储容量大，存储速度快，原记录可以修改、删除或更新等；缺点是设备投资高、价格昂贵。

（2）按文献加工等级划分

1）零次文献。

含义：它是指未经过任何加工的原始文献。

作用：不仅在原始文献的保存、原始数据的核对、原始构思的核定（权利人）等方面有着重要的作用，而且能弥补一般公开文献从信息的客观形成到公开传播之间费时多的弊病。

举例：实验记录、手稿、原始录音、原始录像、谈话记录等。

2）一次文献。

含义：人们直接以自己的生产、科研、社会活动等实践经验为依据生产出来的文献，其所记载的知识、信息比较新颖、具体、详尽。

作用：它是科技查新工作中进行文献对比分析的主要依据。

举例：期刊论文、专利文献、科技报告、会议录、学位论文等。

3）二次文献。

含义：将大量分散、零乱、无序的一次文献进行整理、浓缩、提炼，并按照一定的逻辑顺序和科学体系加以编排存储，使之系统化，以便于检索利用。

作用：查新工作中检索文献利用的主要工具。

举例：主要类型有目录、索引等，如《中文科技资料目录》和《中国科技期刊数据库》。

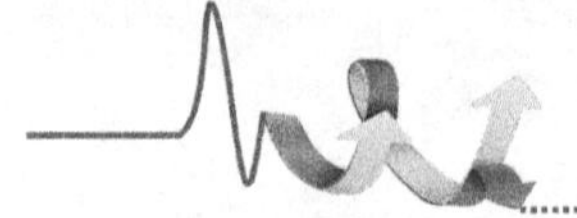

4）三次文献。

含义：它是指选用大量有关的文献，经过综合、分析、研究而编写出来的文献。通常围绕某个专题，利用二次文献检索搜集大量相关文献，对其内容进行深度加工而成。

作用：充分利用反映某一领域研究动态的综述类文献，在短时间内了解其研究历史、发展动态、水平等，以便能更准确地掌握待查项目的技术背景，把握查新点。

举例：综述、评论、评述、进展、动态等。

从零次文献、一次文献、二次文献到三次文献，是一个由分散到集中，由无序到有序，由博而精地对知识信息进行不同层次的加工过程。它们所含信息的质和量是不同的，对于改善人们的知识结构所起到的作用也不同。零次文献和一次文献是最基本的信息源，是文献信息检索和利用的主要对象；二次文献是一次文献的集中提炼和有序化，是文献信息检索的工具；三次文献是把分散的零次、一次、二次，按照专题或知识的门类进行综合分析加工而成的成果，是高度浓缩的文献信息，既是文献信息检索和利用的对象，又是检索文献信息的工具。

（3）按出版类型划分

1）图书。

含义：凡篇幅达到48页以上并构成一个书目单元的文献称为图书。

特点：带有总结性、成熟定型；出版周期长，信息传递慢；是传授知识，而不是报道最新情报。

正式出版的图书有 ISBN 代码，即国际标准书号。每一种正式出版的图书的唯一标志代码。例如：

ISBN　商品号　组号　出版者号　书名号　校验码

ISBN　978—7—118—01984—4

2）期刊。

含义：期刊也称杂志，是指那些定期或不定期出版、汇集了多位著者论文的连续出版物。

特点：名称固定；有连续的卷、年月顺序号；出版周期短，报道速度快；数量大，内容丰富。

我国有期刊 8000 余种，多种期刊在学科、主办单位、主管部门、质量、服务等方面千差万别，尽管国家行政管理部门声明从未从行政角度对现行期刊进行级别划分，但期刊级别的观念早已深入人心。期刊等级划分通用标准如下：

① 按期刊的主管部门分级。这是期刊分级的最传统的方法，也是目前仍在使用的主要方法。按照这种分级方法，期刊被分为国家级、省部级、地市级，由代表国家科研水平的科研院所、高等学校、国家一级学会主办的学术期刊一般被认为是国家级期刊，省部级、地市级依此类推。

② 按期刊是否公开出版分级。按此标准，期刊分为公开发行和内部发行期刊，正式出版的期刊有 ISSN 代码，即国际标准连续性出版物编号。例如：ISSN 1000—131X 为《土木工程学报》的国际标准编号。一般认为，在主办者级别相同的情况下，公开发行期刊要高于内部发行期刊（有保密要求或非学术因素暂不便公开的除外）。

③ 以期刊质量分级。以质量分级是最具有学术价值的一种分级，主要表现为期刊获奖或入选某种目录。核心期刊的理论传入我国后，情报学界终于有了替代传统的以行政级别分级的较为科学、合理的新方法。

1992 年，《中文核心期刊要目总览》（以下简称《总览》）出版和全国优秀科技期刊评比，标志着期刊质量评价和期刊分级研究进入一个新阶段。《总览》由北京高校图书馆期刊工作研究会组织北京地区 41 所高校 200 多名人员参加编制，历时两年，从 1 万多种中文期刊中筛选

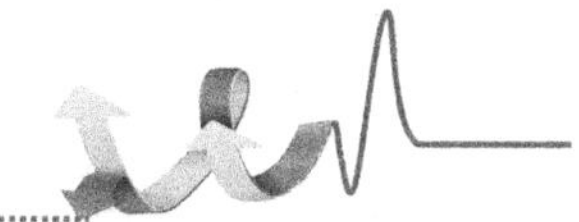

出核心期刊 2156 种，出版了 165 万字的《总览》。现在学术界认可，国家承认的分类就只有三种：一是北大中文核心（北京大学评的，简称北大核心）是北京大学图书馆联合众多学术界权威专家鉴定，目前受到了学术界的广泛认同。从影响力来讲，其等级属同类划分中较权威的一种。它是除南大核心、中国科学引文数据库（CSCD）以外学术影响力最权威的一种。

北大图书馆每四年出版一次《全国中文核心期刊要目总览》(2011 年后每三年出版一次)，目前最新版为 2012 年版。

3）特种文献。

① 科技报告。

含义：科技报告又称研究报告和技术报告，是科学技术工作者围绕某个课题研究所取得成果的正式报告，或对某个课题研究过程中各阶段进展情况的实际记录。

特点：单独成册，所报道成果一般须经过主管部门组织有关单位鉴定，其内容专深、可靠、详尽，而且不受篇幅限制，可操作性强，报告迅速。有些报告因涉及尖端技术或国防问题等，所以一般控制发行。

② 专利文献。

含义：专利文献是指发明人或专利权人申请专利时向专利局所呈交的一份详细说明发明的目的、构成及效果的书面技术文件，经专利局审查，公开出版或授权后的文献。广义的专利文献还包括专利公报（摘要）及专利的各种检索工具。

特点：数量庞大、报道快、学科领域广阔、内容新颖，具有实用性和可靠性。

③ 会议文献。

含义：会议文献是指各种科学技术会议上所发表的论文、报告稿、讲演稿等与会议有关的文献。

特点：传播信息及时、论题集中、内容新颖、专业性强、质量较高，往往代表某一学科或专业领域内最新学术研究成果，基本上反映了该学科或专业的学术水平、研究动态和发展趋势。会议文献是科技查新中重要的信息源之一。

④ 标准文献。

含义：标准文献是公认的权威机构批准的标准化工作成果，反映了当时的技术工艺水平及技术政策。标准文献是记录人们在从事科学试验、工程设计、生产建设、商品流通、技术转让和组织管理时共同遵守的技术文件。

特点：能较全面地反映标准制定国的经济和技术政策，技术、生产及工艺水平，自然条件及资源情况等；能够提供许多其他文献不可能包含的特殊技术信息。标准文献具有严肃性、法律性、时效性和滞后性。

⑤ 政府出版物。

含义：政府出版物是指各国政府部门及其设立的专门机构发表、出版的文件，可分为行政性文件（如法令、方针政策、统计资料等）和科技文献（包括政府所属各部门的科技研究报告、科技成果公布、科普资料及技术政策文件等），其中科技文献约占 30%～40%。

特点：内容可靠，与其他信息源有一定重复。借助于政府出版物，可以了解某一国家的科技政策、经济政策等，而且对于了解其科技活动、科技成果等，有一定的参考作用。

⑥ 学位论文。

含义：学位论文是高等院校和科研院所的本科生、研究生为获得学位资格（博士、硕士和学士）而撰写的学术性较强的研究论文，是在学习和研究中参考大量文献、进行科学研究的基础上而完成的。

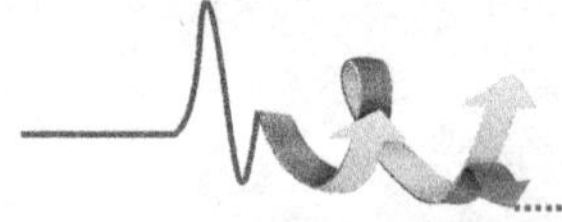

特点：理论性、系统性较强，内容专一，阐述详细，具有一定的独创性，是一种重要的文献信息源。学位论文除在本单位被收藏外，一般还在国家指定单位专门进行收藏。国内收藏硕士、博士学位论文的指定单位是中国科学技术信息研究所和国家图书馆。

⑦ 产品样本。

含义：产品制造商介绍他们产品的文献，如产品说明书、产品目录等。

特点：技术成熟可靠，装潢美观，图文并茂。对于技术人员的产品选型和外观设计有很大的参考价值。

⑧ 科技档案。

含义：科技档案是生产和科学研究在某种科研生产活动中所形成的具体工程对象的文件、设计图样、照片、图表、原始记录的原本以及复印件等。科技档案包括：研究计划、审批文件、技术措施、技术合同、试验方案、试验数据设计计算、设计图样等。

特点：科技档案内容准确、真实、可靠，它不仅能反映生产和科技活动的最后结果，同时还能反映生产和科技活动的全过程。

1.3 信息素养

1.3.1 信息时代的基本特征

信息素养是信息社会人们发挥各方面能力的基础，犹如科学素养在工业化时代的基础地位一样。信息素养是工业化时代文化素养的延伸与发展，但信息素养包含更高的驾驭全局和应对变化的能力，它的独特性是由时代特征决定的。

20 世纪 80 年代，关于“信息社会”的较为流行的说法是“3C”社会（通信化、计算机化和自动控制化），“3A”社会（工厂自动化、办公室自动化、家庭自动化）和“4A”社会（“3A”加农业自动化）。

90 年代，关于信息社会的说法又加上多媒体技术和信息高速公路网络的普遍采用等条件。具体而言，信息素养有如下三方面的特征：

（1）经济领域的特征

1）劳动力结构出现根本性的变化，从事信息职业的人数与其他部门的职业人数相比已占绝对优势。

2）在国民经济总产值中，信息经济所创产值与其他经济部门所创产值相比已占绝对优势。

3）能源消耗少，污染得以控制。

4）知识成为社会发展的巨大资源。

（2）社会、文化、生活方面的特征

1）社会生活的计算机化、自动化。

2）拥有覆盖面极广的远程快速通信网络系统以各类远程存取快捷、方便的数据中心。

3）生活模式、文化模式的多样化、个性化的加强。

4）可供个人自由支配的时间和活动的空间都有较大幅度的增加。

（3）社会观念上的特征

1）尊重知识的价值观念成为社会风尚。

2）社会中人具有更积极地创造未来的意识倾向。

21 世纪，信息社会的基本特征可以概括为：信息化、智能化、国际化、未来化。美国社

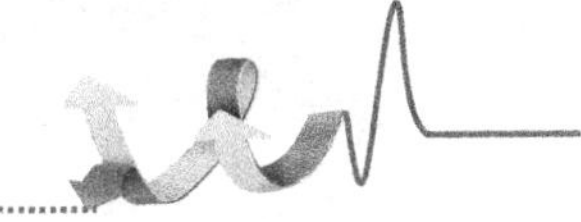

会预测学家约翰·奈斯比特认为信息社会具有以下特点：

① 信息是经济社会的驱动。

② 信息和知识在经济增长因素中起着举足轻重的作用。

③ 人们的时间和生活观念总是倾向未来。

④ 人与人相互交往的增多，使竞争和对抗成为人们相互作用的主要表现形式等。其中，"智力工业"和"知识工业"是信息社会的核心工业，这是信息社会的重要特点。如果说，产业革命时代现代化的主要特征是机器代替了人的体力，那么20世纪中叶以来的现代化的主要特征则是计算机代替了人的部分脑力，社会生产趋于智能化。

1.3.2 信息素养的概念和内涵

1. 信息素养的概念

信息素养最初由美国信息产业协会主席保罗·泽考斯基于 1974 年提出，包括文化素养、信息意识和信息技能三个层面。随着社会的不断发展及信息技术的突飞猛进，许多专家和机构都对其概念提出了新的看法。

（1）Burnhein, Robert《信息素养——一种核心能力》一文中指出，要成为一个有信息素养的人，他必须能够确定何时需要信息，并且他具有检索、评价和有效使用所需信息的能力。这是信息素养定义被引用最多、最经典的定义，他全面、简练地概括了信息素养中基本技能和思考技能两个方面的内容。

（2）Lenox, Mary F. 和 Michael L. Walker 认为，广泛地说，信息素养是指一个人获取和理解多种信息资源的能力。要真正实现信息素养则必须做到以下几点：

1）必须希望懂得和使用分析技巧去简单陈述问题，明确研究方法以及能对实验性（经验性）结论进行批判性的评价。

2）必须能利用越来越多的、复杂的方法寻求问题的答案。

3）一旦已经明确了要寻找的东西就一定能够找到。

（3）Doyle, C. S.在《国家信息素养论坛最终报告》中提出了信息素养的 10 点意见：

1）认识到精确和完整的信息是作出合理决定的基础。

2）确认对信息的一种需求。

3）形成基于信息需求的问题。

4）确认潜在的信息源。

5）制订成功的检索方案。

6）从包括基于计算机的和其他信息源中获取信息。

7）评价信息。

8）组织信息用于实际应用。

9）将新信息与原有的知识体系进行融合。

10）在批判性思考和问题解决的过程中使用信息。

（4）科罗拉多州教育媒体协会认为，信息素养学生是有能力的、独立的学习者。他们知道自己的信息需要，能积极参与到概念的讨论中。他们以解决问题的能力展示自信，懂得什么才是相关信息；会运用技术去获得信息，进行交流；能在存在多种答案及无答案的环境中自如地工作；会对自己的工作采取高标准，创造出高质量的产品。这些学生非常灵活，能适应变化，既可以从事独立工作也可以从事协同工作。

2．信息素养的内涵

国内最早阐释信息素养的是在王吉庆的《信息素养论》中，信息素养是一种可以通过教育所培养的，在信息社会中获得信息、利用信息、开发信息方面的修养与能力。它包括了信息意识与情感、信息伦理道德、信息常识以及信息能力等多个方面，是一种综合性的、社会共同的评价。

《信息技术课程标准》将信息素养定义为：信息的获取、加工、管理与传递的基本能力；对信息及信息活动的过程、方法、结果进行评价的能力；流畅地发表观点、交流思想、开展合作，勇于创新、并解决学习和生活中的实际问题的能力；遵守道德与法律，形成社会责任感。

随着对信息素养研究的不断深入，对信息素养的界定也说法不一，但其内容都不约而同地表示出了人们在信息社会到来后对信息行为质量和效果的高度关注和追求。经过分析综合，我们把信息素养界定为“个体（人）对信息活动的态度以及对信息的获取、分析、加工、评价、创新、传播等方面的能力，它是一种对目前任务需要什么样的信息、在何处获取信息、如何获取信息、如何加工信息、如何传播信息的意识和能力”，信息素养内涵示意图如图 1-2 所示。

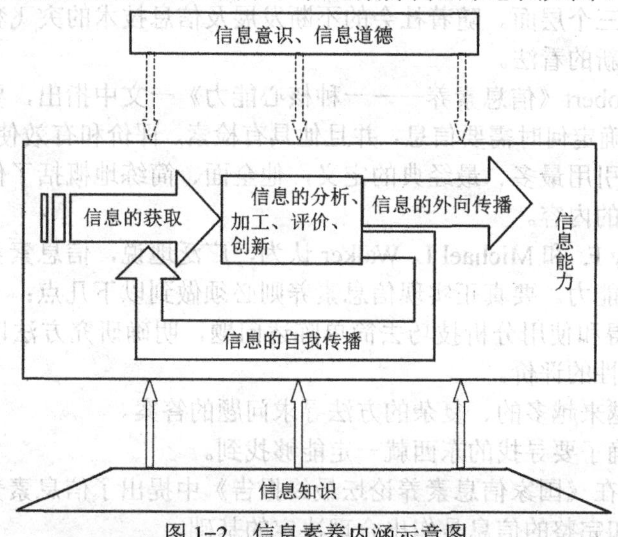

图 1-2　信息素养内涵示意图

从横向上来看，信息素养可以包含信息意识、信息知识、信息能力和信息道德这几方面。其中，信息意识是整个信息素养的前提，指的是个体对信息的敏感度。这要求个体具有敏锐的感受力和持久的注意力，能够意识到信息的作用，对信息有积极的内在需求。信息知识是个体具有信息素养的基础，指的是对信息学的了解和对信源以及信息工具方面知识的掌握。信息能力是整个信息素养的核心。从狭义上来说，指的是个体对信息系统的使用以及获取、分析、加工、评价信息并创造新信息、传递信息的能力；从广义上来讲，除了上述能力以外，还应该包涵语言能力、思维能力、观察能力、判断能力等间接能力。信息道德把握个体信息素养的方向，指的是个体在获取、利用、加工和传播信息的过程中必须遵守一定的伦理规范，不得危害社会或侵犯他人的合法权益。因此，无论个体的信息意识如何强烈，信息知识如何丰富，信息能力如何强，如果他将其才能用在违法犯罪上，那么他的信息道德是非常低下的。其具体阐述如下：

（1）信息意识。信息意识，是信息素养的前提，是人对信息的敏感程度，对信息敏锐的感受力、持久的注意力和对信息价值的洞察力、判断力等。它决定人们捕捉、判断和利用信息的自觉程度。信息意识包括主体意识、信息获取意识、信息传播意识、信息更新意识和信息安全意识等。

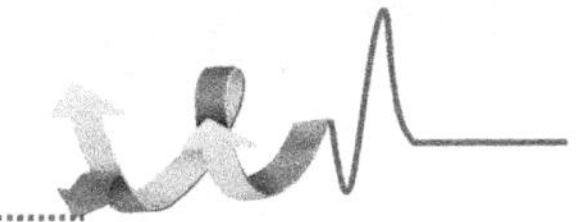

（2）信息知识。信息知识，是信息素养的基础，是有关信息的特点与类型、信息交流和传播的基本规律与方式、信息的功用及效应、信息检索等方面的知识。信息知识不但可以使人的知识结构改变，而且能够激活原有的学科专业知识，使文化知识和专业知识发挥更大的作用。

（3）信息能力。信息能力，是信息素养的保证，是信息素养最重要的一个方面。它包括人们获取、处理、交流、应用、创造信息的能力等。信息能力教育，是要培养和训练人们熟练应用信息技术，在大量无序的信息中辨别出自己所需的信息，并能根据所掌握的信息知识、信息技能和信息检索工具，迅速有效地获取、利用信息，并创造出新信息的能力。

（4）信息道德。信息道德，是信息素养的准则，良好的信息道德是信息素养中不可缺少的一部分。信息道德，是指在组织和利用信息时，树立正确的法制观念，增强信息安全意识，提高对信息的判断和评价能力，准确、合理地使用信息资源。

3．信息素养的主要表现能力

信息素养主要表现为以下 8 个方面的能力：

（1）运用信息工具。能熟练使用各种信息工具，特别是网络传播工具。

（2）获取信息。能根据自己的学习目标有效地收集各种学习资料与信息，能熟练地运用阅读、访问、讨论、参观、实验、检索等获取信息的方法。

（3）处理信息。能对收集的信息进行归纳、分类、存储记忆、鉴别、遴选、分析综合、抽象概括和表达等。

（4）生成信息。在信息收集的基础上，能准确地概述、综合、履行和表达所需要的信息，使之简洁明了，通俗流畅并且富有个性特色。

（5）创造信息。在多种收集信息的交互作用的基础上，迸发创造性思维的火花，产生新信息的生长点，从而创造新信息，达到收集信息的最终目的。

（6）发挥信息的效益。善于运用接收的信息解决问题，让信息发挥最大的社会效益和经济效益。

（7）信息协作。使信息和信息工具作为跨越时空的、“零距离”的交往和合作中介，使之成为延伸自己的高效手段，同外界建立多种和谐的合作关系。

（8）信息免疫。浩瀚的信息资源往往良莠不齐，需要有正确的人生观、价值观、甄别能力以及自控、自律和自我调节能力，能自觉抵御和消除垃圾信息及有害信息的干扰和侵蚀，并且完善合乎时代的信息伦理素养。

1.3.3　高职生提高信息素养的重要性

1．有助于强化高职生的生存能力

信息素养与高职生的生活密切相关，在日常生活中，高职生可以随时了解发生了什么事情，存在什么机会，解决当前的问题可以找到多种方法时，生活就变得更加丰富、有趣。具体表现如下几个方面：

（1）积极、健康的心态，良好的意志品质。进校前，很多学生对自身的兴趣爱好和实际情况认识不足，专业选择具有一定的盲目性。一进校门，三年教学计划安排，与自己理想中的专业有一定差距，易产生心理落差，导致对现状的无奈而致情绪低落；随着自我意识不断增强，在强烈的成功欲望和严峻的就业压力面前，一进校门就制订出许多宏伟的计划，对自己提出过高的期望等情况。这时就需要一种良好的心态去调整不良的情绪。

（2）正确的学习观。大学是人一生中最为关键的阶段。因为在这里我们开始走向独立，

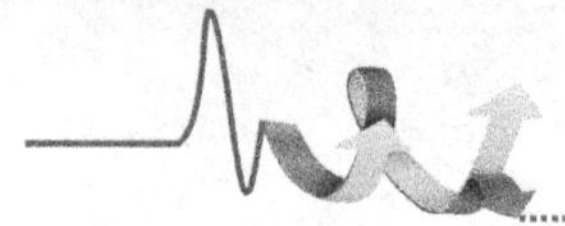

开始追逐自己的理想、兴趣、人生梦想。从第一堂课开始，就应该要求每一个学生对自己的大学生活有一个正确的认识和规划，使他们意识到今天的学习状态将决定三年后的生存能力，引导他们掌握学习自修之道、基础知识、实践贯通、兴趣培养、积极主动、掌控时间、为人处世等正确的学习观。从而成为一个有潜力、有思想、有价值、有前途的快乐的毕业生。

（3）正确的就业观。从一个人的职业生涯规划和管理的角度来理解，人的职业生涯分为内职业生涯和外职业生涯，内职业生涯是指在职业生涯发展中所获取的知识、观念、经验、能力等个人综合素质与职业技能的总和，它是别人无法替代和窃取的人生财富。外职业生涯是指在职业生涯过程中所经历的工作地点、工作时间、单位、职业角色（职位）及获取的福利待遇、社会地位及荣誉的总和，它是依赖于内职业生涯的发展而增长的。正确的就业观就是：能让自己的内职业生涯得到充分发展的工作就是好工作。

良好的信息素养是培养学生生存能力的关键。具备了良好的信息素养能力，可以及时获取现时的信息，及时找到机会，作出正确决策。同时，具有信息素养还可以丰富高职生个人生活，如可以通过网络免费享受耶鲁大学、哈佛大学等世界名校的公开课程，可以免费欣赏BBC、美国国家地理频道等拍摄的高清全球自然风光等。

2．有助于提高高职生的道德水平

文化多元是现代社会在文化方面的重要特征，各种社会思潮在这种社会环境中激荡，加上信息时代的到来，使得各种思潮的传播几乎达到无孔不入的地步，尤其是高职生这样的群体在可以很容易接触到各种信息的情况下，为了避免和减少他们受到不良信息的影响，仅仅从外界采取措施是不够的。高职生的思想并未完全成熟，坚定、独立的价值观也没有完全成型，加之青年时期本来好奇心就很强，并不能很好地抵制类似的不良信息，这对新时代高校信息德育构成巨大的挑战。要想应对这个挑战，加强正面宣传，增强高职生自身的免疫力才是根本。信息素养的灵魂是信息道德，增强高职生信息道德水平，有助于高职生整体道德水平的提高。信息素养作为多功能的载体，对道德水平建设的主要作用可以归纳为以下几个方面。

（1）推动大学生对思想道德理论的学习。要提高大学生的道德水平，形成正确的价值观，必须提高他们在理论上的认识能力和选择能力。大学生只有在理论上有了深刻的认识，才能自觉地确立主导价值观，他们的思想观念和行为才能深沉、持久。

（2）对大学生正确道德观的形成具有熏陶感染功能。人由生物个体成长为社会成员，需要一个漫长的社会塑造过程，在这个过程中，人总是自觉不自觉地接受各种环境的影响和熏陶。良好的信息素养日益陶冶学生的性情，净化学生的灵魂，使学生逐渐体验人生的意蕴，努力培养自己的良好习惯和高尚的情操。

（3）对大学生正确道德观的形成具有导向、同化功能。大学生处在世界观、人生观的形成时期，个人意识尚未定，良好的信息素养可使学生形成健康向上的人生观、价值观，从而提高其道德素养。

3．有助于推动高职生的自主学习能力

我国素质教育的目标之一，就是培养学生自主学习的能力。从学生的角度出发，实现从“要我学”到“我要学”的转变；从教育者的角度出发，就是要实现其从“授人以鱼”到“授人以渔”的角色转换。自学能力的培养在很大程度上与信息素养的培养具有一致性，只不过二者所提出的角度不同而已。信息素养教育对自主学习建设的主要作用可以归纳为以下几个方面。

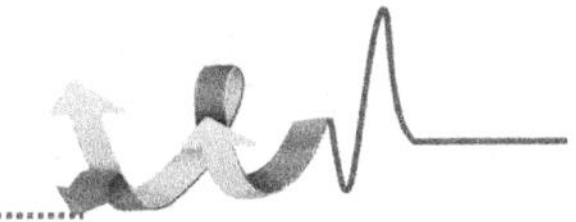

（1）激发学生自主学习兴趣。如今，社会信息化进程加快，社会信息资源不断扩展，图书馆文献资源以外的信息比重不断上升，且载体形式也不断发生变化。信息素养教育正是通过对知识、信息重要性的介绍，使高职生树立正确的信息观念，获得足够的信息知识，提升自主学习的兴趣。

（2）丰富教学模式，实现教和学的灵活转换。通过文献检索和利用信息技能和方法的训练使之具备过硬的信息能力，并在这个过程中形成良好的信息道德，能够利用网络寻求科学信息、进行交流合作；丰富教学内容，使学生通过学习扩大知识面，增强对课程的学习兴趣。

（3）提高学生自主学习的兴趣。具备良好的信息素养能够有目的地进行搜索、选择、应用信息；在既有信息基础上实现创新，真正摆脱学习过程中被动接受者的地位，成为有良好信息素养的终身独立的学习者。

4．有助于拓展高职生的择业路径

2009年全球性的经济危机，这次经济危机最大的特点之一就是大型跨国金融企业和本地中小企业，面临着市场的萎缩相继破产或者大量裁员。大量的失业者重新涌入社会，不得不再次寻找就业的机会。在这样一个择业求职的大战中，无疑谁拥有更多的就业信息就拥有更多的就业机会。因此这一场“求职战争”与其说是求职者之间的能力竞争，不如说是求职者之间信息的争夺和竞赛。具体表现如下：

（1）掌握网络就业信息的来源。对于高校大学生而言，网络就业信息的主要来源包括：政府网站；本校就业指导职能部门网站；综合招聘网站；相关院校的就业信息网，此类信息的检索适合于同一专业类别，如能源类毕业的同学，可查询相关专业发展较为成熟的院校就业网站上提供的招聘信息，当然所选择院校应和自身就读高校基本处于同一水平线。

（2）把握筛选就业信息的技能。网络信息的特点是：存储数字化、形式多样化、数量巨大、增长迅速、传播方式的动态性以及信息源的复杂性。因此，信息的筛选具有非常重要的意义。其核心内容应为关键词的选择与设定。对于筛选就业信息而言，则应注意辨别内容的真伪，通过时间、专业、岗位性质、就业地点的设定将过时、虚假及无用信息剔除；并按重要程度排队，以免走过多的弯路，耗费更多的精力；此外，对于感兴趣的重要信息应通过其他方式进行考证，只有详细掌握所选定单位的资料，才能够在后续的应聘过程中掌握主动。最后，就业信息的筛选应遵循“适合”原则，不可好高骛远和“病急乱投医”。

（3）建立就业信息文档。在综合分析自身实力，包括专业知识、技术能力、兴趣爱好和性格特征，明确目标与现实之间差距的基础上，信息检索后的归档能够使毕业生有的放矢，提高就业成功率和质量。就业信息文档的建立，应当包含以下几个部分：用人单位的准确全称与性质，所需专业、层次及岗位，单位的规模与前景，福利、待遇及联系方式。

总之，具备良好信息素养的人可以从更多的途径获得职位信息，能够在众多的职位信息中迅速地找到与自己相关的有效职位信息，能够对求职信息的有效性作出自己的判断，避免无谓的劳动，同时也可以将有用的信息及时、准确地传递给他们的朋友、同学和同事来帮助周围的人发现更有优势的工作。

5．有助于培养高职生的创新精神

现在，创新能力的具备是素质教育的核心内容。顾名思义，创新就是创造新的东西，是对既有内容的突破，包括了社会各个领域的各个方面，诸如学术的理论创新、企业的制度创新、国家的体制创新等。正是因为不断有新的东西取代旧的东西，才会有社会的发展和进步。而新的东西不是凭空产生的，需要既有的知识作后盾。牛顿就曾谦虚地将自己的

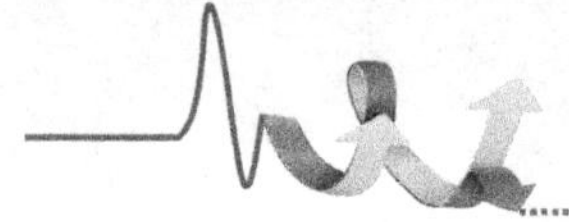

成就归因于“我站在巨人的肩上”。正因为如此，信息素养在创新能力的培养中是基础，可以这样说，没有一定的信息素养就谈不上创新。具备正确的信息观念、足够的信息知识和必要的信息能力，高职生才能实现创新，不断提高信息素养，促进创新能力发展。创新能力和信息能力这两种能力素质的培养需要特定的、有较高要求的教学环境的支持，以计算机为核心的现代信息技术可以优化教育、教学过程，能充分发挥学生的主动性和创造性，从而为学生创新能力和信息能力的培养营造理想的教学环境。

（1）以多媒体计算机和网络通信为基础的现代教育技术所营造的信息海洋能显著地培养学生的信息意识和信息能力，使求知欲望在任何时候都能得到满足。也为学生批判性思维、创造性思维的发展和创新能力的孕育提供了肥沃的土壤。学生的信息意识、信息能力和创造精神会一步一个脚印地被培养起来。

（2）以多媒体计算机和网络通信为基础的现代教育技术所提供的创造舞台能更好地培养学生的创新精神和创新能力，使创造激情得到充分发挥。

（3）以多媒体计算机和网络通信为基础的现代教育技术所构筑的交流的桥梁能有效地培养学生的协作精神和协作能力，使生活变得丰富多彩。

利用计算机网络资源的开放性、共享性、交互性，可以提高学生的学习兴趣，提高学生的协作学习能力，培养学生的信息获取、信息分析和信息加工能力，实现学生的知识创新、学习方法创新和思维意识创新，对培养具有自我学习能力、全面发展、信息驾驭能力、有世界视野、有创新精神、有实践能力、极具竞争能力的复合型人才具有重大的意义。

案 例

【案例 1-1】刘老师：小王，馆长让你把这张中科院招收图书馆学、情报学研究生的通知（约 600 字）打印出来，发在图书馆的 BBS 上。

小王：OK（三分钟后完成了任务）。

刘老师：完成了？你打字速度怎么这么快？

由此可以看出，信息素养的重要性，并不是小王打字快，而是他信息素养的综合能力强。

原理：搜索“中科院图书馆招生通知”，很快在网上找到了，复制和粘贴就可以了。

【案例 1-2】网络资源获取。

某一天，小王接到领导发来的邮件，打开一看却是乱码，当时领导又出差在外，又无人帮助。这时小王就上网查询。首先打开百度，在百度里输入关键字——邮箱乱码。后来他找到了相关的解决方法，方法如下：

最常见的邮件问题莫过于出现乱码了，像这样“NR3#8_P#，一)”在信件中出现时，很烦人。邮件乱码的形成原因很多，主要有以下几个方面：

（1）邮件服务器不支持 8 位（非 ASCII 码格式）。传输邮件传输机制或邮件编码的不同，可能造成邮件服务器不支持 8 位（非 ASCII 码格式）传输而形成邮件乱码。例如，直接发送中文或二进制等非 ASCII 码格式的邮件（如中文双字节文件、图片文件. jpg、可执行文件. exe 或压缩文件. zip 等二进制文件）时，邮件服务器有可能无法处理，便把信件中每个字符的第 8 位都过滤掉，从而造成邮件信息的失真或损坏，在收到邮件时就是一堆乱码。

对策：在发送 8 位格式的文本文件时，必须事先进行编码，将文件转换为 7 位 ASCII 码或更少位数的格式，然后才能保证文件的正确传送。收件人收到 7 位或更少位格式的邮件后，

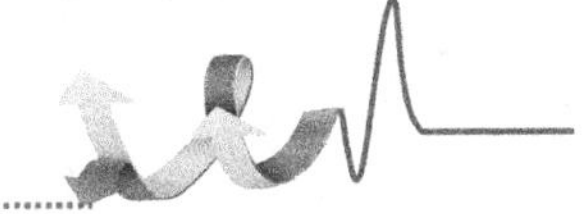

可以再转换为 8 位的格式，这样就可避免乱码。

（2）收发端使用的 E-mail 软件和设置不同。一般 E-mail 软件的“附件”功能都可以自动对信件先进行编码，然后送出。这样只要收信人使用的 E-mail 软件（如 Outlook、Netscape E-maiL 等）能区别信件的编码方式，就可以自动将信件解码。然而由于收发件人所用的 E-mail 软件默认配置不同或收发件人自己定制的一些选项不同，所以在收到编码的信件后，系统不一定能识别出信件所用的编码方法，自然无法自动解码，这样就会出现乱码。

对策：可以用 Winzip +IE 来解码，方法是：把乱码邮件的内容，复制到剪贴板中，然后粘贴到记事本中，存为文本文件（如 LI. txt），再将其后缀改为. uue（改为 LI. uue），单击此文件，会启动 Winzip，然后启动 IE，把 Winzip 中的 001. txt 文件拖到 IE 窗口中，就会显示邮件原来的内容，而不会看到乱码。

（3）操作系统语种不同。对于中文电子邮件，如果收信方所用的操作系统是英文环境而且没有外挂中文系统或未切换为中文（如四通利方或南极星等）编码方式，也会无法看到中文只见乱码。所有的双字节字符（如中文简/繁体的 GB 和 BIG5 码及日文的 JIS、EUC 和朝鲜文的 KSC 码等）在非本语种操作系统下都会出现乱码。同样在中文简体的 GB 码环境下看其他双字节字符时也只能看到乱码。

对策：安装多语言支持包或使用多内码显示平台（如四通利方或南极星等），对收到的邮件，根据其使用的语种切换到相应的编码方式即可消除乱码。

小王通过网络查询，最终将问题解决，很快地投入了工作，进行邮件处理。

本 章 小 结

在现代信息社会中，愈加凸显社会以及个体对信息素养的需求，加强信息意识、知识、能力的培养和获取极为重要，将信息资源整合利用，如何根据信息用户的信息需求查找所需信息都将成为塑造信息素养的重要方面，对于高职院校的学生的未来发展具有深远的影响。

练 习 题

1．信息、知识、情报、文献的概念分别是什么?
2．什么是信息检索？信息检索的类型有哪些?
3．信息资源有哪些类型?
4．文献有哪些类型？将文献分成这些类型的依据是什么?
5．什么是“核心期刊”？本专业的核心期刊有哪些?
6．信息素养或素质的具体内容有哪些?

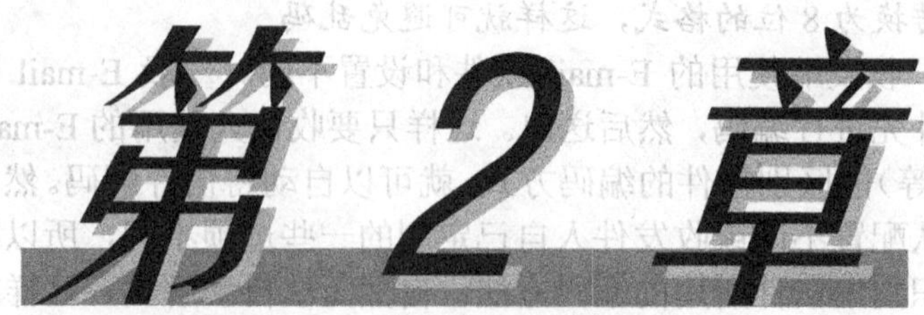

第2章 信息检索基本理论

学习目的：信息检索要有先进的检索工具来支撑，检索工具的选择是否适当，将直接影响检索效果。需要了解各种信息检索工具的功能、特点，是要清晰检索中文（国内）信息，还是外文（国外）信息；要检索什么类型的信息，例如，是期刊论文，还是专利文献；是要检索全文，还是二次信息；是要检索文献信息，还是事实与数值；要检索什么专业领域的信息等。同时对信息检索的途径、使用方法及基本步骤作了解，这样才会得到需要的信息。

2.1 信息检索工具

2.1.1 检索工具的概念与功能

1．检索工具的概念

检索工具是用来存储、报道和查找信息的工具，它是对信息进行搜集、整理、分析、加工、组织而形成的产物，同时，又是查找信息的前提条件和必要手段，如果没有检索工具，信息检索就无从谈起。

检索工具必须具备以下条件：

（1）必须有明确的收录范围和用途。

（2）必须存储原始信息或其替代品。

（3）必须有揭示信息内容特征和形式特征的检索标志，如主题词、分类号等；必须按照检索标志排序，建立索引系统；必须能够提供多种检索途径。

2．检索工具的功能

（1）存储功能。存储功能是指既可以存储原始信息，也可以存储原始信息的替代品，并且通过一定的检索语言，描述信息的内容特征和形式特征，再按照一定分类体系或排检方法组织起来，从而完成信息存储过程。

（2）检索功能。检索功能是指提供各种检索手段，便于人们在需要这些信息的时候，按照既定的检索方法，从中找出所需要的原始信息，或者至少是原始信息的替代品，从而完成信息检索过程。

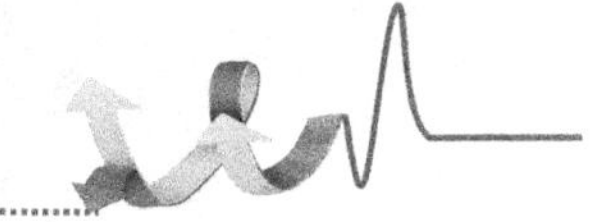

2.1.2　检索工具的类型与特点

1．检索工具的类型

（1）按照记录信息的技术划分。

1）印刷型检索工具。印刷型检索工具包括印刷型的目录、索引、文摘、词典、手册、年鉴、指南、名录、百科全书等。随着数字化、网络化的发展，这类检索工具的利用率有所降低。

2）数字型检索工具。数字型检索工具主要是指数据库、网站、网页等。这类检索工具包括目录数据库，如国家工程技术数字图书馆馆藏目录；文摘索引数据库，如中国专利文摘数据库、全国报刊索引数据库；全文数据库，如中国期刊全文数据库；事实与数值数据库，如中国科学院科学数据库，中国企业、公司及产品数据库，中国科技统计数据概览和《中国大百科全书》（网络版）等。随着数字化、网络化的发展，这类检索工具日益增多，利用率越来越高，也是本书的重点。

（2）按照记录信息的完备性划分。由于印刷型检索工具不具备全文检索的功能，所以这里只涉及数字型检索工具。

1）全文检索工具。全文检索工具主要是指全文数据库，它有两层含义：一层是可以为检索结果直接提供全文；另一层是可以对全文中的字、词、句进行检索。全文数据库不但包括一次信息或原始信息，还包括三次信息，如中国统计年鉴全文数据库等。

2）二次检索工具。二次检索工具主要是指目录、文摘、索引数据库，其优点是收录范围广、数量庞大、全面、系统，遗漏较少；其缺点是不能直接提供全文，还需进一步寻找。

（3）按照记录信息的边界划分。

1）数据库检索工具。在数据库检索工具里检索，只能检索和获取该数据库内的信息，不能检索该数据库外的信息。也就是说，检索被限制在特定数据库内进行。通常所说的数据库检索指的就是利用这种检索工具。

2）搜索引擎检索工具。搜索引擎也是一种检索工具，它可以根据用户的要求，对网上的绝大多数网站、网页进行搜索，而不限于某一特定数据库，并将搜索到的结果提供给用户。与数据库检索工具相比，用搜索引擎检索的结果数量十分庞大，但满足要求的不多。对于工程技术信息检索来说，最常用的是Google Scholar（Google学术搜索）。

2．检索的特点

（1）有明确的收录范围和用途，能存储原始信息或其替代品。

（2）详细描述文献的内容特征，外表特征。

（3）每条文献记录必须有检索标志，如主题词、分类号等。

（4）文献条目按一定顺序形成一个有机整体，可建立索引系统；能够提供多种检索途径。

以上特点也是检索工具形成的必备条件。

2.1.3　检索工具的选择

检索工具的类型多种多样，特点各有千秋，检索工具的选择是否适当，将直接影响检索效果。为了完成检索课题，应当选择哪个或哪些检索工具呢？这是动手检索前必须解决的问题。针对这个问题，应当考虑两个方面。

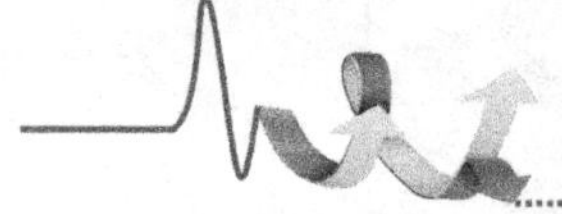

1．必须考虑检索工具是否与检索课题相符合

具体地讲，应当明确以下内容：

（1）是要检索中文（国内）信息，还是外文（国外）信息。

（2）要检索什么类型的信息，例如，是期刊论文，还是专利文献。

（3）是要检索全文，还是二次信息。

（4）是要检索文献信息，还是事实与数值。

（5）要检索什么专业领域的信息等。

针对这些问题选择对口的检索工具。一般地说，选择检索工具应当是先中文（国内）后外文（国外），先专业后综合，先全文检索后二次检索，先数据库后搜索引擎。

2．根据检索工具的自身条件来选择检索工具

具体来讲，一般应明确以下内容：

（1）尽量选择涵盖国家多、专业面广、类型齐全、数据量大的检索工具。

（2）每年或每月报道信息的数量。报道量越大，信息密度越大，信息来源越广，有利于检索全面。

（3）信息的更新速度。更新越快，就越能检索到最新的信息。

（4）著录格式是否规范，检索标志是否准确，检索手段是否完备，检索功能是否强大等。

（5）检索途径越多，就越能够从不同角度来检索，用户越感到方便。

选择合适的检索工具要综合考虑、全面衡量上述各种因素。另外，鉴别一个检索工具的优劣，归根结底，还是要通过反复实践来检验，从而全面、准确地看待一个检索工具。

2.2 信息检索语言

2.2.1 检索语言概述

1．检索语言的概念

检索语言，又称为标引语言、索引语言、文献检索语言、信息存储与检索语言等，是用于描述信息系统中信息的内部特征和外部特征及表达信息用户需求提问的一种专门语言，是标引和检索之间的约定语言。检索的匹配就是通过检索语言的匹配来实现的。使用检索工具和检索系统必须掌握语言，它是掌握和提高检索技能的基础。

检索语言的本质是对信息所包含的外部特征和内部特征按照一定的语言（包括词、词组、短语、符号）来描述，如果把这些词、词组、短语、符号等作为标志，按一定规律排列起来，就等于把信息按某种特征进行组织。检索时，再从这些标志入手，就能检索出某种特征的信息。这种经过组织形成的标志系统就是检索语言。而这些检索语言就成为信息检索途径，也称检索字段或检索项。

2．检索语言的特征

（1）必须具有必要的语义和语法规则。

（2）必须具有表达概念的唯一性。

（3）必须具有将检索标志和提问特征进行比较和识别的方便性。

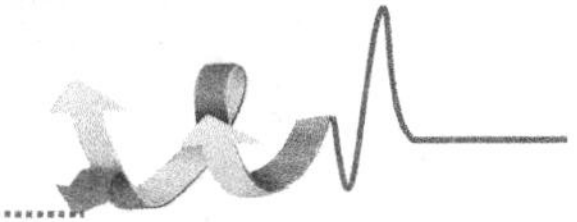

3．检索语言的作用

（1）能准确地标引信息的内容及特征，保证不同的标引者在标引信息时表达一致。

（2）能在标引者和检索者之间起到桥梁作用，使二者在对信息的主题概念的理解和表达上达成一致，提高检索的准确性。

（3）可使内容相同和相关的信息集中，使大量、分散的信息存储系统化、组织化，便于进行有规律的检索，提高检索效率。

2.2.2　检索语言的分类

由于不同的信息检索系统，如检索匹配方式不同、覆盖的学科领域不同、文献数量及类型不同，用户群体不同等，通常需要采用不同的检索语言，以适应不同的检索特性要求。即便是同一个检索系统，也往往同时采用多种检索语言，形成多种不同的检索途径和角度。因而，在信息检索领域中，为适应检索技术、检索系统的不断更新发展，先后出现了种类繁多的检索语言，并且不断地互相吸收融合、推陈出新。根据不同的划分方法，信息检索语言主要有如下几类。

1．按是否受控划分

（1）人工语言。人工语言就是对检索语言的概念加以控制和规范，即把检索语言中各种同义词、多义词、同形异义词等进行规范化处理，使每个检索词只能表达一个概念。例如：分类款目、标题词。

（2）自然语言。自然语言是与人工语言相对应的一个概念，就是对检索语言中的同义词、多义词等不加工处理，取其自然状态。例如：单元词、关键词。

2．按检索时的组配实施状况划分

（1）先组式检索语言。先组式检索语言是指在实施检索前，检索词已被预先组配好，检索时，用户只能严格按照预先设定的检索词去查找信息而不能任意组配。例如：分类款目、标题词。

（2）后组式检索语言。后组式检索语言是指在检索前检索词在检索系统中没有被预先组配，检索时可以对某些词进行任意组配，构成所需要的检索概念。例如：单元词、叙词、关键词。

例如，要检索“立体声家庭影院”方面的价格信息或电路制作资料，不能把“立体声家庭影院”作为检索词，而是用“立体声”和“家庭影院”这两个检索词进行组配，才能检索出所需信息。

3．按内容性质划分

（1）分类语言。分类语言是用分类号和相应分类款目来表达各种概念的，它以学科体系为基础将各种概念按学科性质和逻辑层次结构进行分类和系统排序。分类语言能反映事物的从属派生关系，便于按学科门类进行族性检索。例如，“四部分类法”，它将全部图书分为经、史、子、集四类。经部主要收集儒家经典及其传、释和文字学方面的著作。史部主要收集历史以及地理、时令、政书、目录等方面的著作。子部收集先秦以来诸子百家和佛道宗教的著作，包括哲学、军事、天文、算法、医学、农业、艺术、工商等方面的著作。集部收录总集、别集以及其他文学、戏曲方面的著作。《四库全书总目》的分类体系即为“四部分类法”的代表作。分类语言按分类方式的不同，分为以下几种：

1）体系分类语言。它是直接体现等级概念的标志系统。它以科学分类为基础，以文献内容的学科性质为对象，运用概念的划分方法与概括方法，按照知识门类的逻辑次序，从上到下，从

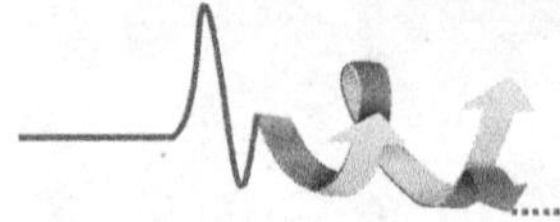

总到分，进行层次划分。每划分一次，就产生许多类目，逐级划分，就产生许多不同级别的类目。这些类目层层隶属，形成一个严格有序的等级结构体系，如《中国图书馆分类法》使用的即是典型的体系分类语言。分类表则是这种语言的具体体现。该分类法将在第 3 章作详细介绍。

2）组配分类语言。它是用科技术语进行组配的方式来描述文献内容。这些科技按其学科性质分为若干组，称为"组面"。组面内各个术语都附有相应的号码。标引文献时，根据文献内容选择相应的组面和有关术语，把这些术语的号码组配起来，构成表达这一文献内容的分类号，如印度阮冈纳赞的《冒号分类法》。

《冒号分类法》由 S.R.阮冈纳赞创制，用"："作分面连接符号而得名。冒号分类法是分面分类法的典型，在基本类下按照不同分类标准同时列出多组单独概念，形成若干分面，在类分文献时，根据文献主题因素，在各分面中选取对应概念，然后将代表这些概念的标记符号按预先规定的分面排列次序组配成代表该文献主题的分类号。除了主类表外，还有通用复分表，称之为共同焦点。它的类表篇幅小，容纳性大，标引文献能力强，能及时反映新学科和新主题。

3）混合分类语言。它是结合体系分类语言和组配分类语言所形成的检索语言。因对两者的侧重点不同，混合分类语言又可明显地分为体系—组配分类语言和组配—体系分类语言，如《杜威十进分类法》和《国际十进分类法》。

《杜威十进分类法》（Dewey Decimal Classification，DDC），1876 年由美国人杜威发明，该分类由大类、门、纲、目、子目等组成。它把所有图书分成十大类，每个大类由 3 位阿拉伯数字作为标记符号。

图书的十大类：

000	总论	500	自然科学
100	哲学	600	应用科学
200	宗教	700	美术
300	社会科学	800	文学
400	语言学	900	历史

《国际十进分类法》（Universal Decimal Classification，UDC），又称为通用十进制分类法。原由比利时人 P.-M.-G.奥特莱和 H.-M.拉封丹在《杜威十进分类法》第 6 版的基础上编成。此法把人类的全部知识划分为十大门类，UDC 采用阿拉伯数字为主要符号，同时也采用多种符号和数字组成复分号和辅助号，反映类目的隶属关系。一级类目用一位数字表示，二级类目用两位数字表示，三级类目用三位数字表示，以此类推。

UDC 分类：

0	总论	5	数学 自然科学
1	哲学，心理学	6	应用科学、医学、工学、农学
2	宗教、神学	7	艺术、美术、摄影、音乐、娱乐、竞技
3	社会科学、法律、行政	8	语言学、文学
4	语言学、文献学	9	地理、传记、历史

1964 年 UDC 将"4 语言学、文献学"并入"8 语言学、文学"，目前一级类目 4 暂缺。

（2）主题语言。主题语言就是对表达信息主题内容特征的主题词汇概念规范化处理所形成的检索语言。由于主题词汇表达概念准确，所以主题途径是检索信息的主要途径。主题语言按照主题性质的不同，又分为以下几种：

1）标题词语言。它以标题词作为文献内容标志和检索依据。所谓标题词就是从文献的内容或题目中抽选出来，经规范化处理，用以描述文献内容特征的词和词组。标题词表是由

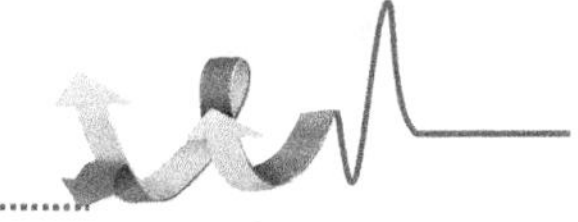

标题词按字顺排列组成的，使用时，用所选标题词在词表中按字顺查找，即可查到所需信息。例如，美国工程信息公司出版的《工程索引》中的《工程标题词表》（SHE）。

工程索引（EI）是由美国工程信息公司（Engineeringinformation Inc.）编辑出版，历史上最悠久的一部大型综合性检索工具。EI在全球的学术界、工程界、信息界中享有盛誉，是科技界共同认可的重要检索工具。

2）叙词语言。叙词语言是以叙词作为文献内容标志和检索依据的主题语言。所谓叙词就是从文献题目、正文或摘要中抽取出来的，用以表达文献基本内容的概念单元。叙词受词表控制，词表中词与词之间无从属关系，都是相互独立的概念单元。检索时，可根据需要选出相应的叙词，按照组配原则任意组配检索概念。因此，它特别适用于计算机检索。例如，《汉语主题词表》和《INSPEC叙词表》等，就是典型的叙词语言。

《汉语主题词表》是我国第一部大型综合性的叙词表，由中国科技信息研究所和北京图书馆负责主持，1975年开始编制，1980年正式出版。分为社会科学、自然科学和附表3卷，共10个分册，全表收录主题词108568个。其中正式主题词91158个，非正式主题词17410个，词族数3707个，一级范畴数58个，二级674个，三级1080个。该词表主要供电子计算机系统存储和检索文献用，也可用来组织卡片式主题目录和书本式主题索引。

《INSPEC叙词表》是由英国电气工程师学会下属“物理、电工、计算机与控制情报系统”（INSPEC）专门编制的，其作用为：可帮助检索者了解哪些是规范化主题词，哪些是仅用于参考的非规范化主题词。从字顺表和词族表中可了解同族主题词间的相互关系，从而准确选用标引和检索用主题词，并可扩大查找范围。可帮助检索者从字顺表中了解主题词的分类号，以便从分类途径检索文献。

3）单元词语言。单元词语言是以单元词作为文献内容标志和检索依据的一种主题语言。例如，常用的单元词语言检索工具有美国的《化学专利单元词索引》和《世界专利索引（WPI）——规范化主题词表》等。

所谓单元词就是从文献正文、摘要或题目中抽取出来的最基本的、其概念不可再分的词。例如，“机械工程”就不是单元词，而“机械”和“工程”分别是单元词。它一般未经规范化，也无词表，检索时，根据检索课题的内容特征，选取恰当的单元词进行组配检索。

4）关键词语言。关键词语言是以关键词作为文献内容检索入口的一种主题语言。关键词是指从文献的标题、正文或摘要中直接抽取出来，能揭示信息内容特征的、未经规范化处理的自由词。除了某些自由词（如冠词、连词、副词、介词等）外，几乎所有具有实际意义的信息单元都能作为关键词。关键词不受词表控制，标引文献时根据文献内容选择恰当的词汇进行组配，以表达文献的内容特征。

关键词是为了文献标引工作从报告、论文中选取出来用以表示全文主题内容信息款目的单词或术语。这个概括至少说明这样三层意思：

一是关键词用于文献标引。文献标引是根据文献的特征，赋予某种检索标志的过程。例如，依据文献的外部特征（包括题名、著者等），有题名标引、著者标引；依据文献的内部特征，有分类标引、主题标引，关键词是主题词的一种（主题词还包括标题词、元词、叙词等），即以能揭示和反映文献主题的关键词用作文献标引。所以，关键词的选定，实际上是文献标引的一个过程。

二是关键词要反映文献主题。关键词是从文献的题名、摘要和正文中选取的对表达文献主题内容具有实质意义的词语。这就说明，关键词之所以“关键”，是因为它所选择的词语必须是能反映文献的中心或主题的，不能揭示文献核心内容的词语，就不能被选作关键词。

三是选择关键词，应是单词或术语。关键词虽然是一种自然语言（它是直接从文献中选

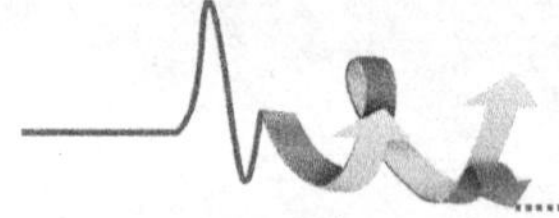

取的著者的自然用语），它不要求在词义、词形上作严格的规范化处理（标题词、元词、叙词等主题词则是一种受控语言，选用时，要作规范化处理，即要查对词表，如《汉语主题词表》），但所选用的词应是能揭示文献主题内容的实词，包括名词、名词性词组等。

标引关键词应遵循的基本原则如下：

① 专指性原则。一个词只能表达一个主题概念为专指性。例如，“飞机防火”在叙词表中可以找到相应的专指词“专机防火”，那么就必须优先选用，不得用其上位词“防火”标引，也不得用“飞机”与“防火”这两个主题词组配标引。

② 组配原则。叙词组配应是概念组配。分交叉组配（指 2 个或 2 个以上具有概念交叉关系的叙词所进行的组配，其结果表达一个专指概念）和方面组配（指表示事物的一个叙词和另一个表示事物某个属性或某个方面的叙词所进行的组配，其结果表达一个专指概念。例如，“信号模拟器稳定性”可用“信号模拟器”与“稳定性”组配，即用事物及其性质来表达专指概念）。

③ 自由词标引。几种情况下关键词允许采用自由词标引。主题词表中明显漏选的主题概念词；表达新学科、新理论、新技术、新材料等新出现的概念；词表中未收录的地区、人物、产品等名称及重要数据名称；某些概念采用组配，其结果出现多义时，被标引概念也可用自由词标引；自由词尽可能选自其他词或较权威的参考书和工具书，选用的自由词必须达到词形简练、概念明确、实用性强；采用自由词标引后，应有记录，并及时向叙词表管理部门反映。

5）引文语言。引文语言是以文献之间的引用与被引用关系作为文献主题内容之间的联系，对引用文献或被引用文献，通常按著者姓名的字顺排检，作为标引和检索文献标志的一种自然语言。它没有固定的词表，是非规范化的后组式检索语言。例如，创刊于 1961 年的《科学引文索引》。

美国《科学引文索引》（Science Citation Index，SCI）于 1957 年由美国科学信息研究所（Institute for Scientific Information，ISI）在美国费城创办，创办人为加菲尔德（Garfield）。SCI 是当代世界最为重要的大型数据库，被列在国际六大著名检索系统之首。它不仅是一部重要的检索工具书，而且也是科学研究成果评价的一项重要依据。它已成为目前国际上最具权威性的、用于基础研究和应用基础研究成果的重要评价体系。它是评价一个国家、一个科学研究机构、一所高等学校、一本期刊，乃至一个研究人员学术水平的重要指标之一。

根据各类检索语言的含义，可用检索语言的分类关系图（见图 2-1）直观反映各检索语言间的关系。

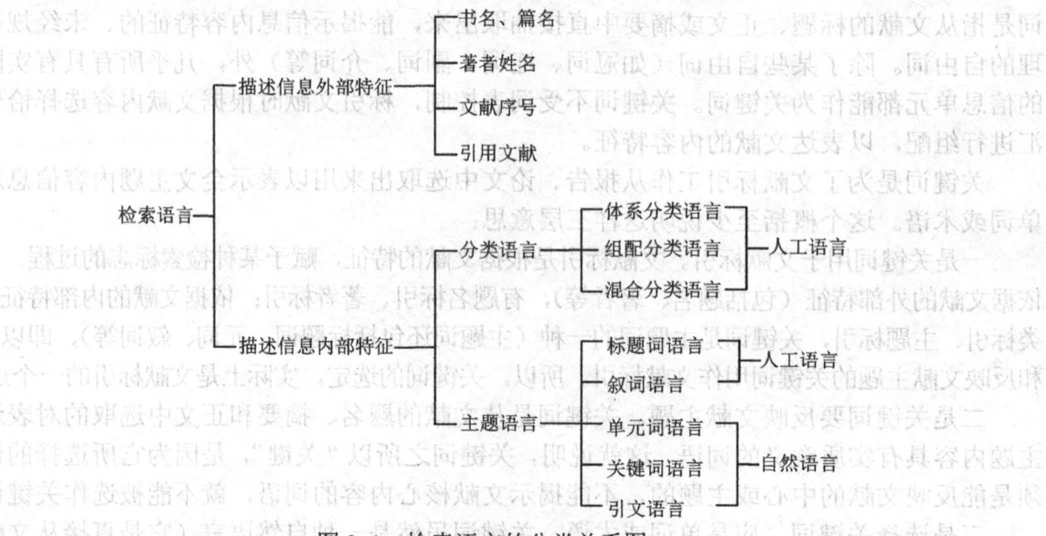

图 2-1　检索语言的分类关系图

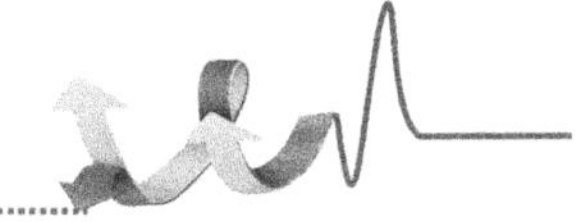

2.3　信息检索的途径、方法与步骤

2.3.1　信息检索的途径及其选择

检索前，除了要选择好检索工具以外，还要确定从哪里入手，这就涉及检索途径（路径）的选择问题。每个检索工具都提供了自己的检索途径，选择检索途径必须考虑：一个是打算从哪个或哪些途径入手；另一个是所选的检索工具能够提供哪些途径。

如上所述，信息检索与信息存储是一个互逆的过程，也就是说，如何存储决定了如何检索。信息在被存储的时候设立了多个项目或字段，如题名、作者、关键词、摘要等。在检索时，这些项目或字段就成为检索入口，即检索途径。归纳起来，检索途径包括以下两大类型。

1．内容特征途径

这是指从信息的内容（内部）特征角度进行检索的途径，主要包括：

（1）主题途径。从主题途径检索，首先选择题名、主题词、关键词、摘要、全文等检索项或字段，然后在检索输入框里输入具体的词语或代码。题名包括书刊名、论文名、专利名、标准名、报告名等。对于科技信息来说，题名能够在很大程度上反映出信息的内容。

（2）分类途径。从分类途径检索，首先选择分类号检索项或字段，然后查阅相应的分类表，找出检索课题所属的类目，再把对应的分类号输入到检索输入框中。

2．形式特征途径

这是指从信息的形式（外部）特征角度进行检索的途径，主要包括：

（1）作者途径。作者途径既包括个人作者，也包括团体作者，还包括专利权人、专利发明人、专利申请人等。通过选择作者检索项，并输入作者名，即可实现作者途径检索。定期或不定期地检索某一作者的信息，可以跟踪他的科研成果和动态。

（2）机构途径。这里所说的机构不是指团体作者，而是指作者所属机构。选择机构检索项，并输入机构名，即可实现机构途径检索。连续定期或不定期地检索某一机构的信息，可以跟踪该机构的科研成果和动态，并作出评价。

（3）号码途径。号码途径包括国际标准书号（ISBN）、国际标准刊号（ISSN）、科技报告号、技术标准号、专利申请号和专利号等。

（4）引文途径。从科技文献之间的引用和被引用的角度来进行检索，工程技术人员最常用的引文检索工具是科学引文索引（SCI），有些检索工具也有引文检索功能，如中国期刊全文数据库和中文科技期刊全文数据库等。

2.3.2　信息检索的一般方法

信息检索的一般方法有常规法、回溯法、交替法和搜索法 4 种。

1．常规法

常规法是指利用全文数据库、目录数据库、文摘数据库、索引数据库、事实与数值数据库等常规的检索工具，从常规的检索途径（如主题、分类、作者等）进行检索。根据需要可以对时间加以选择，例如，不分时间的通查法、划分出时间段的断代法。

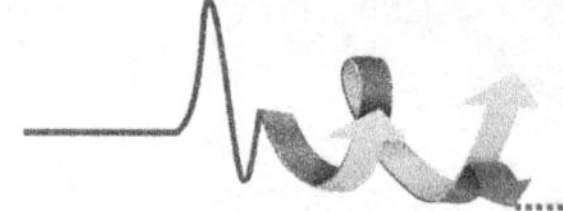

2．回溯法

回溯法也叫引文法，包含两层含义：一是利用引文数据库（如 SCI），从被引作者、被引文献和被引年代等角度进行检索，检索出来的结果是由远及近的；二是通过某一已知的最切题的最新文献后面的参考文献，查找较早的文献，检索出来的结果是由近及远的。

3．交替法

交替法也叫综合法、分段法、循环法，是指交替使用常规法和回溯法，相互配合，取长补短，取得更好的检索效果。

4．搜索法

这是指通过搜索引擎在网上搜索网站和网页，同时也充分利用网站和网页上的超链接，不断地扩大检索。

事实上，任何一个检索都不能单一使用某种方法，在大多数场合，要根据具体需要和遇到的各种情况及时进行调整，变换各种方法，直到取得满意的结果。

2.3.3 信息检索的基本步骤

尽管任何成功的检索都不是一模一样的，都有自己的不同于别人的做法和特色，因而也不可能有一个对任何人都适用的、固定不变的检索模式，但是，从众多成功的检索中，可以总结出一些普遍性规律，供读者参考。通常信息检索按照以下步骤展开。

1．分析检索课题

分析检索课题的目的是要明确课题的性质和要求。为了取得满意的检索结果，必须对检索课题进行认真分析。分析检索课题通常要解决以下问题：课题的范围、类型及所属的专业领域；课题的主要内容和重点；课题的核心概念和术语；课题所需信息的时间范围和语种；课题对检全和检准的倾向性等。分析检索课题是检索过程中最重要的环节，直接影响检索结果与效果。

2．选择检索工具

在了解相关检索工具的性质、内容和特点的基础上，比较各种检索工具，针对检索课题的各种要求，选择一种或多种合适的检索工具。

3．选择检索方法

根据检索条件、检索要求，选择一种或多种合适的检索方法。

4．选择检索途径

检索途径的选择主要取决于两个方面：一方面是检索课题的范围、已知条件以及对检全和检准的要求；另一方面是所选检索工具能够提供的检索途径。如果已知作者、专利权人、专利号、报告号、标准号等，则可选形式特征途径。如果只提出了内容上的要求，则使用主题、分类、代码等内容特征途径。如果倾向于检全，可采用分类途径，如果倾向于检准，可采用主题途径。

5．选择检索标志

（1）对于分类途径来说，检索标志就是分类号，选择分类号就是通过查阅分类表来确定分类号。

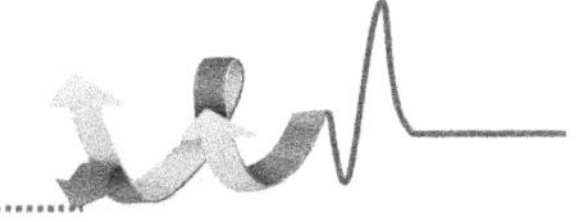

（2）对于主题途径来说，检索标志就是检索词，选择检索词首先要搞清楚所选检索工具使用的是受控语言还是非控语言。如果使用受控语言还要通过查阅主题词表来确定检索词。

6．制定检索策略

检索策略是由检索标志和检索运算符组合而成的，检索运算符主要是指逻辑运算符，包括“与”（and）、“或”（or）、“非”（not）以及截断运算符、位置运算符、左右括号等。制定检索策略分初级检索、高级检索和专业检索 3 种类型。以中国期刊全文数据库为例：

（1）初级检索策略，是一步一步地制定和实施的，每一步都要选择检索项、检索词及其他检索条件，后续步骤是在前一步骤的检索结果中再进行检索。

（2）高级检索策略，是一次性制定和实施的，逻辑运算符、检索项、检索词以及括号内的逻辑关系都是系统事先布局好的，用户只需加以选择和往里填写即可，但参加运算的检索词的数目受到系统的限制。

（3）专业检索策略，也是一次性制定和实施的，但检索策略完全是由用户按照系统的规定自己制定的，这需要具有较高的信息检索专业水平。

7．实施和调整检索策略

每一次检索之后都要对检索结果进行检查和评价，如果与信息需求不符合，则需要修改和调整检索策略，重新进行检索，这个过程可能反复多次，直至获得满意的检索结果为止。对于较大型的检索课题来说，在正式检索之前，通常需要进行少量的、快速的试检，以此来检验所制订的检索策略是否合理、有效。如果检索结果不理想，则修改检索策略；如果对检索结果满意，则可开始正式检索。

8．获取全文

对于直接使用全文检索工具的检索来说，这一步可以省略。对于使用二次检索工具的检索来说，检索结果只是全文的替代品，而不是全文，在这种情况下，就要根据检索出来的文献线索找到全文，这通常需要使用各个图书情报信息单位的联合目录和馆藏目录，通过文献传递等方式才能索取全文。

检索途径、检索方法和检索步骤并非一成不变的，需要根据检索过程展开的具体情况加以调整、变换和重组。只要掌握了基本的途径、方法和步骤，就可以举一反三，运用自如。

案 例

【案例】背景：城市噪声给居民造成的干扰和危害日益严重，已经成为城市环境的一大公害。城市噪声主要有交通噪声、工业噪声、建筑施工噪声和社会生活噪声。对长期噪声暴露的听力保护的要求 8 小时等效连续声级为 70～90 分贝，对于吵闹干扰的容许值要求日间等效声级为 40～60 分贝，夜间为 30～50 分贝。但是很多情况下城市的交通噪声、工业噪声和施工噪声均不能达标，城市噪声干扰居民的工作、学习、休息和睡眠，严重的还会危害人体的健康，引起疾病和噪声性耳聋（见噪声的生理效应、噪声对听力的影响）。

1．确定要查找的文献学科范围、类型、文种、时间等

学科范围：环境工程（交通工程）。

文献类型：图书、期刊、学位论文、会议文献等。

文种：中文。

时间：2005 年至今。

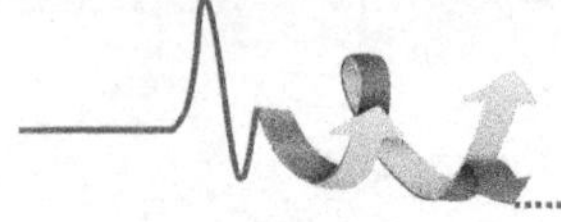

2．确定要查找数据库及检索途径

（1）电子图书数据库　超星/书生/国家图书馆电子图书。

（2）期刊数据库　知网数字化期刊/万方/维普期刊。

（3）学位论文数据库　CNKI 优秀硕士学位论文数据库。

（4）会议文献数据库　CNKI 重要会议文献数据库。

3．对问题进行概念分析

交通噪声。

控制+防治→控制+抑制+治理+防治+衰减+降低。

城市→城市+城区+城镇。

4．拟订检索表达式（以 CNKI 为例）

检索 1：关键词。

关键词=交通×噪声×（控制+抑制+治理+防治+衰减+降低）×（城市+城区+城镇）0 条记录

检索 2：题名。

题名=交通×噪声×（控制+抑制+治理+防治+衰减+降低）×（城市+城区+城镇）102 条记录

检索 3：主题。

主题词=交通×噪声×（控制+抑制+治理+防治+衰减+降低）×（城市+城区+城镇）615 条记录

5．查找并阅览文献并分析检索结果

（1）题名　轨道交通的噪声及屏障降噪技术的研究。

关键词　噪声防治；声屏障；VxWorks 操作系统；远程实时监控。

（2）题名　城市道路交通噪声的危害与防治办法。

关键词　道路交通噪声，城市道路交通噪声的危害，噪声防治。

（3）题名　城市规划关于公路交通噪声的分析和防治。

关键词　公路交通噪声，城市规划思想，交通噪声污染，声屏障，公路建设，降噪措施，防治。

（4）题名　环境友好型城市轨道结构型探析。

关键词　城市轨道交通，噪声控制，环境振动控制，景观美化。

（5）题名　城市交通噪声的现状分析及防治措施

关键词　交通噪声，污染防治。

（6）对结果不满意，修正检索关键词和检索项重新检索

检索 1：关键词。

关键词=交通×噪声×（控制+抑制+治理+防治+衰减+降低）×（城市+城区+城镇）×声屏障 0 条记录

检索 2：题名。

题名=交通×噪声×（控制+抑制+治理+防治+衰减+降低）×（城市+城区+城镇）×声屏障 102 条记录

检索 3：主题。

主题词=交通×噪声×（控制+抑制+治理+防治+衰减+降低）×（城市+城区+城镇）×声屏障 615 条记录

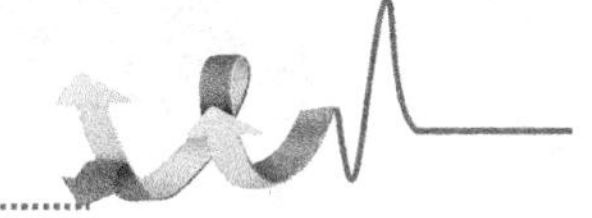

本章小结

信息的检索、获取、操作需要检索工具来完成，检索工具是用来存储、报道和查找信息的，由它对信息进行搜集、整理、分析、加工、组织。信息检索是查找信息的前提条件和必需手段，每个检索工具都提供了自己的检索途径，根据信息检索的相关特征相应选择检索语言和工具路径，明确信息检索的基本步骤，掌握信息检索的基本方法，才可以获取信息检索的需要结果。

练习题

1. 什么是检索工具？检索工具的类型有哪些？

2. 从外部特征与内部特征来看，检索语言的类型各有哪些？不同特性各举一简单的检索式。

3. 为什么要创建“检索语言”，它有哪些类型？比较分类语言和主题语言的优缺点。

4. 信息检索的一般方法有哪些？

第3章

图书馆的使用

学习目的：图书馆是搜集、整理、收藏图书资料供人阅览、参考的机构。早在公元前3000年就出现了最早的图书馆，图书馆有保存人类文化遗产、开发信息资源、参与社会教育等职能。通过介绍图书馆的产生和发展，可以了解到它不仅收集、加工、整理、科学管理文献资源，以便广大的读者借阅使用。作为保存各民族文化财富的机构，图书馆担负着保存人类文化典籍的任务，是图书馆最古老的职能。图书馆又是以文献为物质基础而开展业务活动，因此需要对图书馆的图书分类和目录组织进行了解，以便提高图书馆的使用效率。

3.1　图书馆概述

3.1.1　图书馆的概念和功能

1．图书馆的概念

图书馆是一个收藏资讯、原始资料、资料库并提供相关服务的地方，由公共团体、政府机构或者个人组织开办。其用意是让人们使用那些他们不愿意购买（或者无力购买）的馆藏，这些馆藏可能个人不能提供，或者需要专业协助。

在传统意义上，图书馆是收藏图书和各种出版物的地方。然而，现在信息保存已经不止是保存图书，许多图书馆把地图、印刷物，或者其他档案和艺术作品保存在各种载体上，例如，微缩胶片、磁带、CD、LP、盒式磁带、录像带和DVD。读者通过访问CD-ROM、订购数据库和互联网享受服务。因此，人们渐渐把现代图书馆重新定义为能够无限制地获取多种来源、多种格式信息的地方。图书馆除了提供资源，还向读者提供专家和图书馆员的服务。作为图书馆的管理者，他们善于解释信息需求，善于寻找和组织信息。近些年，人们对图书馆的理解已经超越了建筑的围墙，读者可以用电子工具获得资源，图书馆员用各种数字工具来引导读者和分析海量知识。

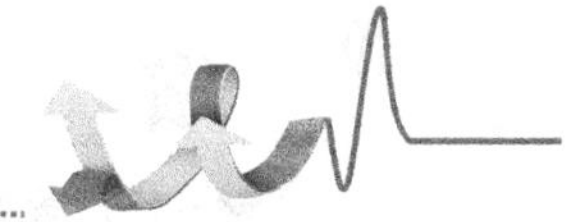

2. 图书馆的功能

（1）保存人类文化遗产。自从有了文字，用来记录这些文字的载体——图书也就应运而生。它记载了从古至今人类历史的发展和演变。图书馆的功能之一，就是要收集、加工、整理、科学管理这些珍贵的文献资源，以便广大读者借阅使用。图书馆作为保存各民族文化财富的机构而存在，担负着保存人类文化典籍的任务，这是图书馆最古老的职能。图书馆是以文献为物质基础而开展业务活动的，但近年来由于计算机网络化的实现以及科学技术的突飞猛进，图书馆不但保存手写和印刷的文献，还保存其他载体形式的资源，保存的目的都是为了更好地使用。

（2）开发信息资源。图书馆收藏着大量的文献信息资源，积极地开发，广泛地利用这些文献资源是图书馆的重要职能之一，它也是图书馆承担各种职能的基础。由于当今社会文献存在生产数量大、增长快；类型复杂、形式多样；时效性强；传播速度快；内容交叉重复；语种扩大、质量下降等特点，使人们普遍感到利用起来十分不容易。图书馆通过对文献信息资源进行加工整理、科学分析、综合指引，形成有秩序、有规律、源源不断的信息流，促进信息的广泛交流与传递，使读者更好地利用它们。图书馆的文献资源开发包括下面几项内容：第一，对到馆的文献进行验收、登记、分类、编目、加工，最后调配到各借阅室，以便科学排架，合理流通；第二，对馆外文献信息资源进行搜索、过滤，成为虚拟馆藏，形成更加宽广、快捷的信息通道；第三，通过现代化的手段，即计算机网络操作技术使馆藏文献走向数字化。

（3）参与社会教育的职能

1）思想教育的职能。图书馆是文献信息资源的集散地，是传播文献信息资源的枢纽。在馆藏建设上，不同的国家、不同的阶级都有一定的原则和倾向。我国是社会主义国家，图书馆的思想政治教育作用，目的是要引导和帮助读者树立正确的世界观、人生观、价值观，为确立建设中国特色社会主义而奋斗的政治方向打下科学理论的基础。图书馆的管理人员，时刻不要忘记图书馆的思想政治教育宣传阵地的职能和自己服务育人的神圣职责。

2）两个文明建设教育的职能。图书馆是人类文明成果的集散地。在社会主义两个文明建设中，肩负着重要的教育职能作用。图书馆可以借助丰富的馆藏向读者提供文献信息服务；可以通过对馆藏的遴选、加工、集萃，向读者提供健康有益的精神食粮；可以通过画廊、墙报、学习园地等各种活动大力宣传两个文明建设。

3）文化素质教育的职能。图书馆进行社会教育主要表现在可以为社会、为读者提供最完备的学习条件——资源、场地、设备。受教育者可以长期、自由地利用图书馆进行学习。图书馆还是学校教育的重要组成部分，是学校基本的教育设施，它被誉为“知识的宝库、知识的喷泉”，“大学的心脏”，“学校的第二课堂”，直接承担着培养人才的重任。图书馆向社会所有成员敞开大门，教育他们如何才能获取文献资源的过程和方法，掌握进行终身学习所必需的技能。

4）丰富群众文化生活教育的职能。丰富群众的文化生活也是教育职能的组成部分。健康的文化娱乐是人类社会生活中不可缺少的组成部分。图书馆是社会文化生活中心之一，在传播文化、活跃群众业余文化生活方面具有很重要的地位和作用。人们可以从图书馆里借阅自己喜爱的图书，回家细细品味；也可以到阅览室里随便翻翻报纸、看看画报，欣赏一下美术作品，享受读书之乐；还可以到图书馆计算机网络中心上网聊天，或给亲朋好友发电子邮件等。

3.1.2 图书馆的产生和发展

1．古代的图书馆

文字的产生和文献的出现，是人类社会进入文明阶段的重要标志。恩格斯在研究人类通过劳动使自己进入文明时代的问题时，指出："从铁矿的冶炼开始，并由于文字的发明及其应用于文献记录而过渡到文明时代。"当人类意识到需要将经验和知识用文字记录下来以供利用时，最古老的文献便产生了。当人们认识到需要对已产生的文献进行连续不断的收集，并将收集到的、有一定数量的文献有序地存放在一起以便长期保存和利用时，最早的图书馆便诞生了。

考古发现，约公元前 3000 年在两河流域的古巴比伦王朝的一座寺庙废墟附近，就有大批泥板文献被集中在一起，成为已知最早的图书馆。公元前 7 世纪，亚述巴尼拔国王在尼尼微建立了藏有大约 2.5 万块泥板文献的皇宫图书馆。古埃及最迟在古王国时期（约公元前 28 世纪—公元前 23 世纪）就有了王室图书馆和寺院图书馆。古希腊、罗马时期也都有为奴隶主阶级及其贵族知识分子保存资料的图书馆。特别值得一提的是在公元前 4 世纪—公元前 1 世纪托勒密王朝曾建立了规模宏大的亚历山大图书馆。

在我国，关于图书的起源，《易·系辟上》说："河出图，洛出书。"可见在周代以前早已有了藏书之举，不过没有载于典籍罢了，到了周代就有了"史"这一官吏，来掌管四方之志、三皇五帝之书。《史记》说，老子曾任周朝的"守藏室之史"，班固的《汉书·艺文志》也说，老子做柱下史，博览古今典籍。可见老子担任过当时的图书馆馆长是确凿无疑的了。孔子周游列国，得读 120 国的书籍。楚左史倚相能读三坟、五典、八索、九丘。墨子也说，他自己曾见过百国春秋。当时图书馆之多，藏书之丰富，于此可见。西汉政府重视图书事业，汉武帝时第一次由政府下令在全国征集图书，在宫内建立了颇具规模的收藏图书的馆舍。有人说这是我国历史上第一次见诸文字记载的图书馆。随后由刘向父子开始了我国历史上政府图书馆的第二次校书编目工作。但以上所说恐多是国家典藏，非普通人能够借阅的。

中国古代"图书馆"特点大概是：①多为皇家所办，也有文人墨客或者收藏家开办的。②不对公众开放。③重收藏，轻利用。④与图书编纂和出版为一体。⑤实际上与现代的图书馆有很大区别，叫藏书楼、档案馆也蛮合适的。

2．当代的图书馆

提供图书和其他出版物如杂志、音像资料、微缩胶片和电子出版物等，是当代图书馆与古代图书馆的最大区别。当代图书馆向使用者或部门提供其所收藏的资料、文献和信息的服务。当代图书馆作为教育场所，承担改善读者阅读习惯的任务。当代图书馆的发展方向是向读者提供一个信息汇集、便于查找和使用信息及方便于读者学习的地方。像美国的一些大学图书馆为了最大程度地满足读者，图书馆 24 小时开放。

在我国，图书馆可能会依不同出版物，分有中文图书区、外文图书区、视听中心和儿童图书室，另外还有自修室、阅报室、杂志区，较大型的图书馆设有放映室，不定期举行电影欣赏，并在影片过后进行主题式的讨论或讲习。由于计算机的发展，许多图书馆也设置了上网区，供民众上网查询资料。

在图书馆中工作的人称为图书馆员，有关图书馆以及其他信息管理部门的管理、组织和功能的科学称为图书馆学。

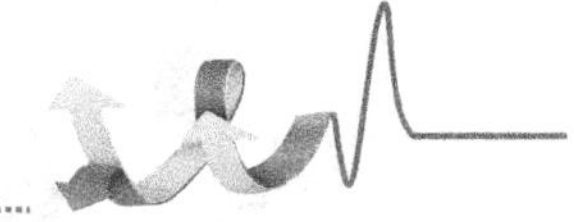

3．未来的图书馆

以互联网为代表的信息技术革命将继续促进图书馆的发展，传统图书馆在 21 世纪的命运成为近期图书馆学界关注的重要课题之一。

关于新形态图书馆，目前集中在三个概念上，即电子图书馆、数字图书馆和虚拟图书馆。

（1）电子图书馆。根据美国图书馆学家、信息学家和教育家兰开斯特的观点，电子图书馆的思想可追溯到范·布什（Vannevar Bush）。1945 年他在论文《如我们所能想象的》中提出了名为 Memex 的桌面以类似于人脑行为的方式将文献加以存储、连接和检索的构想。

20 世纪 60 年代电子书刊的兴起，尤其是之后电子检索期刊在国际联机检索中的成功应用，为电子图书馆提供了舆论和技术上的准备。

1962 年，在美国西雅图举办的“21 世纪图书馆”展览上，提出了“没有图书的图书馆”的观点。

1969 年，美国国会图书馆正式发行 MARCII 型机读目录，这一事件标志着图书馆进入自动化阶段。

1975 年，美国图书馆学家克里斯蒂安（R. W. Christian）在《电子图书馆：书目数据库：1975-1976》一书中，首次提出了“电子图书馆”这一名词。

1984 年，美国人道林在《电子图书馆：前景与进程》一书中，首次提出电子图书馆定义：“所谓电子图书馆是一个提供存取信息的最大可能性并使电子技术增加和管理信息资源的机构。”

1997 年，我国学者汪冰提出，电子图书馆“是建立在图书馆内部业务高度自动化基础之上，不仅能使本地和远程用户联机存取其 OPAC 以查寻传统图书馆馆藏（非数字化和数字化的），而且也能使用户通过网络联机存取图书馆内外的其他电子信息资源的现代化图书馆。”

（2）数字图书馆。1993 年美国政府提出了一系列由政府资助的数字图书馆研究和设计项目，1993 年 9 月，美国首次通过“数字图书馆倡议”由美国国家科学基金会（NSF）、美国国防部高级研究署（DARPA）、国家航空航天局（NASA）联合发起“数字图书馆创始工程”（Digital Library Initiatiue，DLI）。“数字图书馆”一词迅速被计算机界、图书馆界以及其他各领域所采纳。所谓数字图书馆具有如下特征：

1）信息资源存储数字化。也就是说数字图书馆的信息资源都是以便于计算机识别和存储的数字化的形式存在的。

2）信息传输网络化。数字图书馆的信息传输是以网络化为主的，读者可以通过网络方便地获取自己所需要的资源。

3）信息资源高度共享。资源共享是一个“古老”的话题，也是图书馆人苦苦追求的目标，但实现起来困难重重。数字化图书馆的建设为实现资源共享创造了条件。而建设数字图书馆的目的之一就是实现信息资源的共享。

4）服务突破时空限制。现在人们要获得图书馆服务，无需到图书馆去。而在以前，传统图书馆只能提供到馆服务，读者必须要到图书馆去，才能享受到相关的服务。而数字图书馆的建设则彻底打破了时间和空间的限制，无论什么时候，也无论是在家中，还是在办公室里，甚至出差在外，都能获得图书馆服务。

（3）虚拟图书馆。虚拟图书馆是通过虚拟链接网上站点，从而使用户可以存取计算机的信息资源的一种环境。Beiser 认为虚拟图书馆即没有围墙的图书馆。它以电子方式将世界范围内的图书馆、个人、机构及商业公司连接起来，并提供检索其存储的学术信息资源。这些资源不仅包

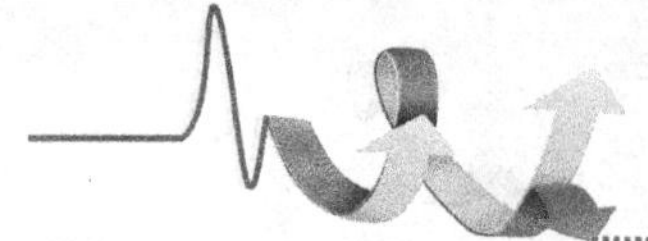

括正式的图书馆信息，还包括数据库、电子文本、多媒体对象，以及相互作用的人类智力（因素）。

关于究竟哪种形态的图书馆将取代传统图书馆的主体地位，三种观点相持不下。许多人倾向于电子图书馆将是 21 世纪图书馆的主体，在国内以科学院文献情报中心汪冰博士为代表；在美国，虚拟图书馆的观点似乎占有一定的优势。现在的关键问题在于，由于新形态图书馆发育尚不成熟，人们对于三个概念的界定并不清晰，在很大程度上混用三个概念。关于什么是数字图书馆，有不同的提法：有的观点认为数字图书馆是电子图书馆进一步发展；有的观点把数字图书馆与虚拟图书馆等同起来；有的观点把数字图书馆的概念理解为传统图书馆的数字化和通过网络提供服务；也有观点认为，数字图书馆中只存在数字化电子格式的信息而不包括传统文献。美国福克斯（Fox）认为："数字图书馆资料都已被数字化并存储起来，而且能在网络化的环境中被本地和远程用户存取，还能通过复杂和一体化的自动控制系统为用户提供先进的、自动化的电子服务。"其实上述表达的是电子图书馆的概念。我国某些机构进行的数字图书馆起步工程，多数实际上也是传统图书馆结合数字化文献建设的电子图书馆模式。

3.1.3 图书馆的性质、类型和职能

1．图书馆的性质

（1）图书馆的本质属性。图书馆作为社会组成的一个部分，既受到社会各方面的制约，又受到社会文化教育事业的影响，其性质呈现较为复杂的状况。但图书馆作为一种独立的社会事业，同样具有本质属性和一般属性。图书馆与其他教育、科学、文化教育机构既有区别，又有联系。

事物本质属性是事物所特有的，能够反映、揭示事物根本特点和性质，并与其他各类对象区别开来的属性。图书馆的本质属性，自然应该是图书馆这一领域所特有的，能够反映、揭示事物根本特点和性质的属性。

对于什么是图书馆的本质属性，我国图书馆界众说纷纭，提出了各种不同的见解，例如，是"收藏图书与提供使用"，是"系统交流客体知识"，是"知识的积累，知识的交流"，是"知识的中介者"等。我们主张采用"图书馆的本质属性是中介性"这一说法。图书馆的本质属性为图书馆所特有，所有图书馆都具有，并且构成图书馆特有矛盾的主要矛盾，派生出图书馆的其他属性，决定了图书馆的产生、发展和变化，贯穿于图书馆发展过程的始终，渗透到图书馆事业的各个领域，从而成为图书馆事业发展的根本动力。

（2）图书馆的一般属性。

1）图书馆的社会性。这不仅是因为图书馆由于社会的需要而产生和发展，还是因为图书是人类共同的财富，图书馆是组织人们共同使用图书的场所，对图书和图书馆，人们应该共享。阅读图书是一种社会性活动，图书馆事业和图书馆工作具有社会性。

2）图书馆的学术性。图书馆的学术性有时也称为图书馆的科学性。所谓图书馆的学术性，是图书馆本质的一种表现。但它又不同于一般以出科研成果为宗旨的研究机构，它是学术性的服务机构。意思就是说在服务过程显示它的学术性（当然不排斥出科研成果）。其主要表现在如下方面：

第一，图书馆工作是科学性劳动，图书资料的收集、分类、编目、整理、流通、参考咨询、文献检索以及在各个工作环节中广泛使用现代化设备等，本身就是一种学术活动，要求图书馆工作人员具有综合研究能力。

第二，图书馆工作是科学研究的重要组成部分。现在的社会分工越来越细，科学研究离不开文献资料，对资料进行搜集、整理、鉴别本身就是科学研究的前期劳动。现在信息爆炸，文献激增，需要专门人员从事文献资料工作，为科学研究人员腾出更多时间从事他们的研究工作。

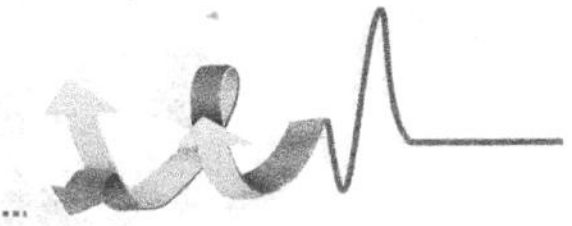

第三，图书馆的工作人员，有很大一部分是属于科研人员，他们有真才实学，有一定的研究能力，所从事的许多工作实际上已参与了课题的研究。

综上所述，可以说图书馆的学术性是不言而喻的。但要说明的是图书馆的学术性不是先天自然而然带来的，而是应当在工作上体现出来的。所以说图书馆是学术性的服务机构，每个图书馆，每位工作人员都应当扪心自问：你认识到了吗？你做到了吗？

3）图书馆的教育性。图书馆是教育机关。李大钊（李守常）曾经指出："现在的图书馆已经不是藏书的地方，而是教育的机关。"又说："图书馆和教育有密切的关系，想发展教育，一定要使全国人民不论何时、何地都有研究学问的机会，换句话说，就是使全国变成一个图书馆或研究室。"图书馆是普及科学文化知识的场所，不但能提高全民思想素质和科学文化水平，而且能促进科学文化事业发展。图书馆是自学的阵地，终身进行教育的场所。图书馆教育对象极为广泛，所以人们把图书馆称为"第二课堂"，"没有围墙的大学"。没有任何先决条件和限制，只要能识字，就可以利用图书馆充实自己，提高自己。所以图书馆在社会教育中占有非常重要的地位，有着不可替代的作用。它对科学文化事业的发展、对推动社会文化的进步有很大的作用。美国图书馆学家杜威指出：图书馆是一所学校。

4）图书馆的服务性。图书馆具有学术性、教育性，但毕竟不是专门的教育部门或科研机构，而是通过书刊资料的收集、整理和传播使用，为政治、经济、科研、教学、普及科学文化服务的。图书馆是"为他人做嫁衣"，想读者之所想，急读者之所急，"为人找书，为书找人"，在图书馆这个岗位上，需体现"以人为本"的服务宗旨。图书馆的作用正是通过它的服务性，才能体现出来。社会上一些人甚至还有图书馆中的少数人，把图书馆借还的事务性的工作与图书馆的服务性等同起来，这样看是片面的。图书馆虽然少不了"借借还还"（不能小看），但并不仅止于此，图书馆的服务性并不能等同于"借借还还"。为社会服务，为读者服务，才是图书馆的宗旨。

2．图书馆的类型

图书馆因类型不同，其馆藏特点和职能也不相同。目前对图书馆类型的划分，世界上尚无统一的标准，不同的国家有不同的划分方法。1974 年国际标准化组织颁布了"ISO2789—1974（E）国际图书馆统计标准"。该标准将图书馆划分为以下 6 种类型：

（1）国家图书馆。它是由国家主办的，面向全国的中心图书馆。它担负着国家总书库的职能，是一个国家图书馆事业发展的首要推动者，是各类图书馆的指导者。它代表着一个国家的政治、经济、文化教育水平与现状。

目前全世界 100 多所国家级图书馆，根据图书馆的性质，国家图书馆又分为 4 种类型：①公共性的中央图书馆，其服务对象是全社会，如中国国家图书馆、法国之家图书馆等。②政府性的社会图书馆，除了具有公共图书馆的性质外，它的主要任务是为社会服务，如美国工会图书馆、日本的国立国会图书馆等。③以科学图书馆兼作国家图书馆，如罗马尼亚科学图书馆等。④以大学图书馆兼作国家图书馆，如芬兰的赫尔辛基大学图书馆、挪威的奥斯陆大学图书馆等。

（2）公共图书馆。它是由国家投资兴办，向社会、公众开放的图书馆，它属于公众所有。公共图书馆的藏书特点为综合性与地方性，其宗旨是为每一个进馆的社会成员提供服务。

（3）科研、专业技术图书馆。它属于专门性图书馆，按科研和专业系统组织起来，直接为科研和生产技术服务的图书馆。藏书特点是科技及专业的基本理论著作，特别是最新科学技术著作，突出了科技信息。

（4）学校图书馆。它是学校的三大支柱之一，学校信息情报的中心，教学的重要组成部分。其特点是读者对象比较单一，其文化水平比较整齐；读者需求随教学活动的进程而具有

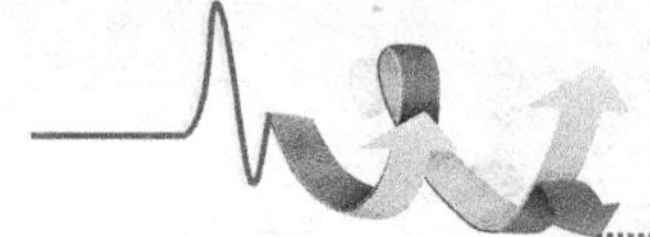

周期性、规律性；担负着为科研提供文献信息的任务。藏书特点：结合学校专业，专业资料要求有一定的深度和广度。

（5）科技情报图书馆。它的藏书特点是以收集本行业的特种文献（多语种图书、地图、技术标准等）为主，在某一行业或某几个专业方面收藏文献比较齐全，内容专深。

（6）其他类图书馆。如工会图书馆、少儿图书馆、盲人图书馆等。

以上对图书馆类型的划分一些国家赞同，一些国家也存在异议。我国在实际工作中对图书馆类型的划分主要采取以下标准和方法：

（1）按领导系统划分。按领导系统划分有文化部系统的公共图书馆、教育部系统的学校图书馆、科学与专业系统的科学图书馆、工会系统的工会图书馆、军事系统（包括军事院校）的军事图书馆，以及农村图书馆（室）等。

（2）按藏书成分划分。综合性图书馆，它包括各级公共图书馆、综合性大学图书馆、工会图书馆等。专业图书馆，它包括科学研究机构图书馆、专业院校图书馆以及厂矿企业的技术图书馆。

（3）按读者对象划分。按读者对象，可以划分为普通图书馆、儿童图书馆、青年图书馆、民族图书馆和盲人图书馆等。

（4）按藏书册数划分。它包括大型图书馆、中型图书馆、小型图书馆三类。大中小是相比较而言，大、中、小图书馆没有严格的界限，一般说来大型图书馆是指藏书100万册以上，中型图书馆是指藏书50万～100万册，小型图书馆是指藏书50万册以下。

（5）按所有权划分有国家所有的图书馆、集体所有的图书馆和私人所有的图书馆。

综上叙述，我国图书馆类型划分标准繁多，图书馆种类呈现多样性，因此，图书馆在管理体制上存在多元化、纵向化和分散化。在各类型图书馆中以公共图书馆（包括国家图书馆）、高等院校图书馆、科学院图书馆三种类型图书馆发展比较迅速，规模比较大，成为我国图书馆事业的三大支柱。因为这三大系统图书馆藏书丰富、技术力量雄厚、设备先进，已起到藏书中心、协调中心和服务中心的作用，在整个图书馆事业上起着举足轻重的作用，所以人们习惯上称为“三大系统图书馆”。

3．图书馆的社会职能

（1）社会文献信息流整序的职能。图书馆行使社会文献信息流整序的职能主要体现在以下两个方面：第一，控制社会文献信息流的流向；第二，发挥文献信息的潜在能量。

（2）传递文献信息的职能。图书馆传递文献信息的职能主要通过以下几个方面体现出来，传递文献的内容信息，传递关于馆藏文献的信息，传递网络信息。传递文献信息的形式，有主动传递与被动传递之分。利用图书馆的终端设备及其提供的网络资源导航等硬件、软件资源，实现馆际互借、文献传递，达到资源共享，读者可以以最快的速度和最短的时间获得有关学科全面的网上信息。

（3）开发智力资源，进行社会教育的职能。智力资源的开发主要包含三层意思：一是开发馆藏文献资源；二是开发网上信息资源；三是启发用户的智力，培养用户进行科学思维的能力。此外，图书馆进行智力开发，还体现在对用户进行的各种图书馆教育上。这些教育包括：书目知识教育、文献检索知识方法教育、网络信息检索方法教育、阅读方法教育和学习方法教育等。

（4）搜集和保存人类文化遗产的职能。保存人类文化遗产的职能，是图书馆最古老的职能。直到现在，保存文化的职能仍然是图书馆其他职能的基础。可以说，如果图书馆没有保存文化遗产的职能，它也就不可能完成文献信息流整序、文献信息传递和教育、娱乐的职能。

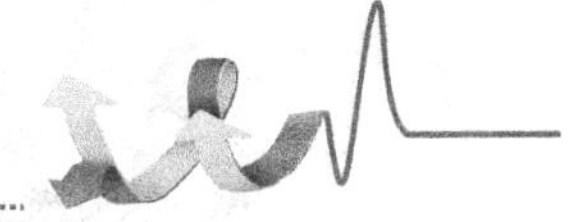

（5）满足社会成员文化欣赏娱乐消遣的职能。图书馆是社区的文化娱乐中心。图书馆所提供的文献信息中，包括文学作品、音乐美术作品、影视作品、游戏软件等，可以满足社会成员文化欣赏娱乐消遣的职能。儿童图书馆还可根据少年儿童的特点，组织游戏、故事会等活动。今后，图书馆要利用计算机和互联网开拓服务领域，充分满足用户的休闲娱乐需求。

3.2 图书馆图书分类与目录组织

3.2.1 中国图书馆图书分类法

1.《中图法》简介

《中国图书馆分类法》（原称《中国图书馆图书分类法》）是我国建国后编制出版的一部具有代表性的大型综合性分类法，是当今国内图书馆使用最广泛的分类法体系，以下简称《中图法》。《中图法》出版于1975年，2010年出版了第5版。修订后的《中图法》第5版通过新增类目，调整完善类目体系，修改类名、扩大类目外延，增加使用注释等修订方法，补充了新主题、新概念，增强了类目主题的容纳性，明确了类目含义和使用方法；另外，第5版对与人类生活息息相关的经济、生产和生活服务业（包括金融、房地产、公共设施、社会福利、娱乐业等），以及发展迅速的通信业、交通运输业、计算机技术等方面的大类进行了重点修订，使其更符合社会发展趋势。

2.《中图法》分类原则

《中图法》按如下原则进行编制：以马克思主义、列宁主义、毛泽东思想为指导思想，以辩证唯物主义和历史唯物主义为编制依据。在类目的确立及其序列安排上，既从科学概念出发，又考虑内容的思想政治性。在分类体系上，既符合科学性的原则，以科学分类为基础，采取从总到分、从一般到具体的逻辑系统，又考虑图书资料分类的特点，不仅能容纳古代的和外国的图书资料，而且能充分反映新学科和新事物。在类目安排和标记符号的设置上，力求简明、易懂、易记，以适应图书资料分类实践的需要。在实际使用中，既照顾各类型图书馆和情报资料单位类分图书和资料的需要，又要为全国图书资料统一分类编目创造条件。

3. 体系结构

《中图法》分类表由主表和辅助表两部分组成。主表包括5个基本部类和22个基本大类、简表、详表。辅助表包括总论复分表、世界地区表、中国地区表、国际时代表、中国时代表、世界种族与民族表、中国民族和通用时间、地点表。

（1）基本部类和基本大类。基本部类又称基本序列，由5大部类组成。基本大类又称大纲，是在基本部类的基础上展开的第一级类目，由22个大类组成，

1）基本大类及其序列是《中图法》的第一级类目，并以此为基础展开全部类目。基本大类的确定，决定了某部类所包含的独立的知识领域，既要考虑科学学科的划分，也要考虑习惯的知识领域划分。作为综合性的分类法，基本大类的设置还要考虑到各学科领域的平衡。社会科学和自然科学这两个部类的内容很多，发展很快，因此在社会科学部类下展开为9个大类，自然科学部类下展开为10个大类，以满足文献分类和文献检索的需要。

2）在社会科学（包括人文科学）领域中，政治、经济、文化是三个重要组成部分，独立编列为三个基本大类。法律与政治的关系最为密切，因此将法律与政治并列设为一个类组，

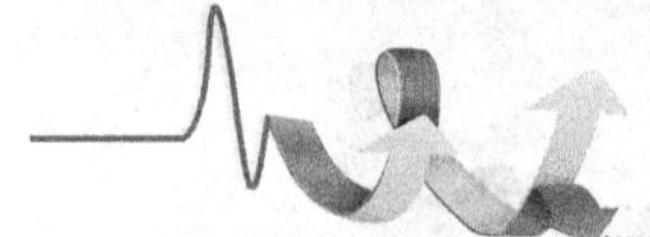

不单独立类。军事是研究战争和战争指导规律的科学，故也单独列为基本大类。文化、科学、教育、文学、艺术、语言文字等，虽都属于广义的文化范畴，但文学、艺术、语言文字在文化发展史上早已形成独立的知识领域，因而将文学、艺术、语言文字分别单独列为基本大类。“文化、科学、教育、体育”概括为一个类组。历史和地理分别是从时间、空间角度综合研究人类社会发展及社会环境的密切相关的科学，将它们概括为一个类组。社会科学部类的排列次序，主要根据基本大类间关系密切的程度和与其他部类的关系来确定，政治与哲学的关系比其他科学更密切，这样排列使两个部类之间的衔接性更好。军事从某种意义上说是政治的继续，与政治的关系最密切，故列于政治之后。属于意识形态范畴的一组大类，首先序列概括文化事业的“文化、科学、教育、体育”。“语言、文字”对发展文化有重要的作用，同时又是文学和艺术的基础，编列在文学和艺术之前，然后依次排列“文学”、“艺术”、“历史”、“地理”编列在社会科学最后，带有总结和归纳的性质。

3）根据自然科学学科的属性，遵循从一般到特殊、从简单到复杂、从低级到高级、从理论到应用的次序，大体划分为“基础理论—技术科学—应用科学”三个范畴。

自然科学是自然界物质结构和运动形态、自然现象一般规律的科学，包括数学、物理学、化学、天文学、地球科学、生物学。首先将研究自然界物质结构和运动形态最基本、最具普遍规律的几门科学概括为“数理科学和化学”，它们对各门自然科学都有普遍的意义，故列于首位。其次列出研究天体物质和人类物质环境的“天文学、地球科学”。在研究无机界的科学之后，列出以有机物质的生命现象作为研究对象的“生物科学”。

4）技术科学是以基础科学理论为基础。“医药、卫生”和“农业科学”都是以生物科学为基础，同属于生命科学的范畴，因此列于生物科学之后。农业不仅是提供人类生存的资料，而且是提供工业生产的原料，它是国民经济的基础，因而把它列于医药卫生之后工业技术之前。

5）应用科学是以技术科学为基础而形成的直接应用于生产、生活的技术和工艺。除列出“工业技术”之外，“交通运输”和“航空、航天”综合利用各种技术的成果，又广泛应用于其他各门学科和国民经济各大领域，具有很高的独立性，因此把它们作为基本大类，依次排在“工业技术”的后面。“环境科学”是研究人与自然界中各种因素相互作用的规律，并能动地控制这一规律，为人类创造有利的环境的一门科学，“安全科学”是研究安全生产，防止损害人体健康的科学，这两门科学属性相近，都是保护生态环境、维护人类安全，具有高度综合性的科学，为此把二者编列为一个类组，排在自然科学的最后。“工业技术”是一个庞大的学科群，为适应文献分类的需要，再展开为16个大类。

此外，在社会科学和自然科学各大类之前，均分别列出“社会科学总论”和“自然科学总论”类，这是根据文献的特点，按照从总到分、从一般到具体的编制原则编列的总论性类目，以组成社会科学和自然科学的完整体系。这样，在5个基本部类框架的基础上，形成22个基本大类的分类体系结构。《中图法》（第4版）基本部类和基本大类见表3-1。

表3-1 《中图法》（第4版）基本部类和基本大类表

基本部类（基本序列）	基本大类（大纲）—— 第一级类目
1. 马克思主义、列宁主义、毛泽东思想	A. 马克思主义、列宁主义、毛泽东思想
2. 哲学	B. 哲学
3. 社会科学	C. 社会科学总论 D. 政治、法律 E. 军事 F. 经济 G. 文化、科学、教育、体育 H. 语言、文字 I. 文学 J. 艺术 K. 历史、地理
4. 自然科学总论	N. 自然科学总论 O. 数理科学和化学 P. 天文学、地理科学 Q. 生物科学 R. 医学、卫生 S. 农业科学 T. 工业技术 U. 交通运输 V. 航空、航天 X. 环境科学、劳动保护科学（安全科学）
5. 综合性图书	Z. 综合性图书

（2）简表。简表是在基本大类上展开的二级类目表，总共分为如下 22 个大类：

A 马克思主义、列宁主义、毛泽东思想

1 马克思、恩格斯著作　　2 列宁著作

3 斯大林著作　　4 毛泽东著作

5 马克思、恩格斯、列宁、斯大林、毛泽东著作汇编

7 马克思、恩格斯、列宁、斯大林、毛泽东的生平和传记

8 马克思主义、列宁主义、毛泽东思想的学习和研究

B 哲学

0 哲学理论　　1 世界哲学

2 中国哲学　　3 亚洲哲学

4 非洲哲学　　5 欧洲哲学

6 大洋洲哲学　　7 美洲哲学

80 逻辑科学（总论）　　81 逻辑学

82 伦理学　　83 美学

84 心理学　　9 无神论、宗教

C 社会科学总论

0 社会科学理论与方法论　　1 社会科学现状、概况

2 机关、团体、会议　　3 社会科学研究方法

4 社会科学教育与普及　　5 社会科学丛书、文集、连续性出版物

6 社会科学参考工具书　　7 社会科学文献检索工具书

8 统计学　　91 社会学

92 人口学　　93 管理学

94 系统论（系统学、系统工程）　　96 人才学

D 政治、法律

0 政治理论　　1/3 共产主义运动、共产党

4 工人、农民、青年、妇女运动与组织　　5/7 世界各国政治

8 外交、国际关系　　9 法律

E 军事

0 军事理论　　1 世界军事

2 中国军事　　3/7 各国军事

8 战略、战役、战术　　9 军事技术

99 军事地形学、军事地理学

F 经济

0 政治经济学　　1 世界各国经济概况、经济史、经济地理

2 经济计划与管理　　3 农业经济

4 工业经济　　5 交通运输经济

6 邮电经济　　7 贸易经济

8 财政、金融

G 文化、科学、教育、体育

0 文化理论　　1 世界各国文化事业概况

2 信息与知识传播　　3 科学、科学研究

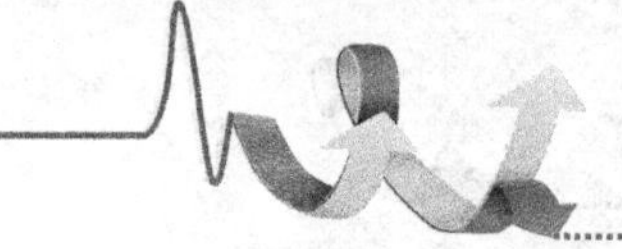

4 教育　　8 体育

H 语言、文字

0 语言学　　1 汉语
2 中国少数民族语言　　3 常用外国语
4 汉藏语系　　5 阿尔泰语系
7 印欧语系

I 文学

0 文学理论　　1 世界文学
2 中国文学　　3/7 各国文学

J 艺术

0 艺术理论　　1 世界各国艺术概况
2 绘画　　3 雕塑
4 摄影艺术　　5 工艺美术
6 音乐　　7 舞蹈
8 戏剧艺术　　9 电影、电视艺术

K 历史、地理

0 史学理论　　1 世界史
2 中国史　　3 亚洲史
4 非洲史　　5 欧洲史
6 大洋洲史　　7 美洲史
81 传记　　85 文学考古
89 风俗习惯　　9 地理

N 自然科学总论

0 自然科学理论与方法　　1 自然科学现状、概况
2 自然科学机关、团体、会议　　3 自然科学研究方法
4 自然科学教育与普及　　5 自然科学丛书、文集、连续出版物
6 自然科学参考工具书　　7 自然科学文献检索工具书
8 自然科学调查、考察　　91 自然科学研究、自然历史
94 自然科学系统论

O 数理科学和化学

1 数学　　3 力学
4 物理学　　6 化学
7 晶体学

P 天文学、地理科学

1 天文学　　2 测绘学
3 地球物理学　　4 气象学
5 地质学　　7 海洋学
9 自然地理学

Q 生物科学

1 普通生物学　　2 细胞学
3 遗传学　　4 生理学

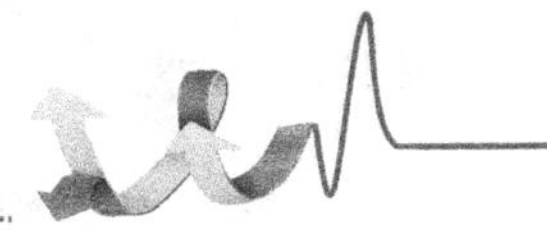

5　生物化学　　6　生物物理学
7　分子生物学　　81　生物工程学
91　古生物学　　93　微生物学
94　植物学　　95　动物学
96　昆虫学　　98　人类学

R　医学、卫生

1　预防医学、卫生学　　2　中国医学
3　基础医学　　4　临床医学
5　内科学　　6　外科学
8　特种医学　　9　药学

S　农业科学

1　农业基础科学　　2　农业工程
3　农学（农艺学）　　4　植物保护
5　农作物　　6　园艺
7　林业　　8　畜牧、兽医、狩猎、蚕、蜂
9　水产、渔业

T　工业技术

TB　一般工业技术　　TD　矿业工程
TE　石油、天然气工业　　TF　冶金工业
TG　金属学、金属工艺　　TH　机械、仪表工业
TJ　武器工业　　TK　动力工程
TL　原子能技术　　TM　电工技术
TN　无线电电子学、电信技术　　TP　自动化技术、计算技术
TQ　化学工业　　TS　轻工业、手工业
TU　建筑科学　　TV　水利工程

U　交通运输

1　综合运输　　2　铁路运输
4　公路运输　　6　水路运输
8　航空运输

V　航空、航天

1　航空、航天技术的研究与探索　　2　航空
4　航天（宇宙航行）　　7　航空、航天医学

X　环境科学、劳动保护科学（安全科学）

1　环境科学基础理论　　2　环境保护管理
3　环境综合研究　　4　灾害及其防治
5　环境污染及其防治　　7　三废处理与综合利用
8　环境质量评价与环境监测　　9　劳动保护科学（安全科学）

Z　综合性图书

1　丛书　　2　百科全书、类书
3　辞典　　4　论文集、全集、选集、杂著

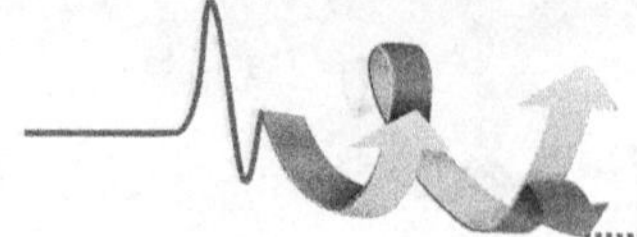

5　年鉴、年刊　　　　　　　　　　　　6　期刊、连续性出版物

8　图书目录、文摘、索引

（3）详表。详表是分类表的主题，它依次详细列出类号、类目和注释。以“分时操作系统”说明类号、类目展开示例，“绿化系统规划”说明类号、类目展开示例见表 3-2。

表 3-2 “绿化系统规划”说明类号、类目展开示例

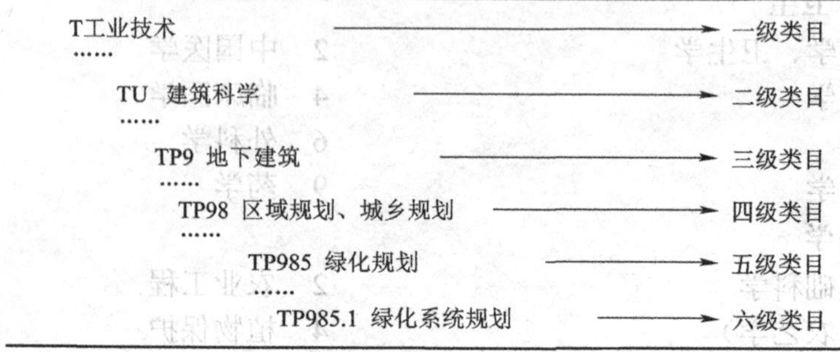

3.2.2 工业技术类分类简表说明

《中图法》（第 4 版）工业技术类分类简表见表 3-3。

表 3-3 《中图法》（第 4 版）工业技术类分类简表

T	工业技术	分类
TB	一般工业技术	1. 工程基础科学 2. 工程设计与测绘 3. 工程材料学 6. 制冷工程 7. 真空技术 8. 摄影技术 9. 计量学
TD	矿业工程	
TE	石油、天然气工业	
TF	冶金工业	0. 一般性问题 1. 冶金技术 3. 冶金机械、冶金生产自动化 4. 钢铁冶炼（黑色金属冶炼）（总论） 5. 炼铁 8. 有色金属冶炼
TG	金属学、金属工艺	1. 金属学、热处理 2. 铸造 3. 金属压力加工 5. 金属切削加工及机床 7. 刀具、磨料、磨具、夹具、模具、手工具
TH	机械、仪表工业	11. 机械学（机械设计基础理论） 12. 机械设计、计算与制图 13. 机械零件及传动装置 14. 机械制造用材料 16. 机械制造工艺 6. 专用机械 7. 仪器仪表

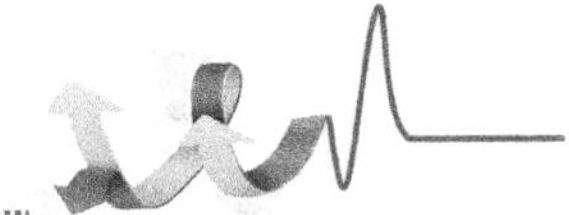

（续）

T	工业技术	分类
TJ	武器工业	
TK	动力工程	0. 一般性问题 1. 热力工程、热机 11. 热能 17. 工业用热工设备 2. 蒸汽动力工程 3. 热工量测和热工自动控制 4. 内燃机工程 5. 特殊热能及其机械 6. 生物能及其利用 7. 水能、水利机械 8. 风能、风力机械 91. 氢能及其利用
TL	原子能技术	
TM	电工技术	0. 一般性问题 1. 电工基础理论 2. 电工材料 3. 电机 5. 电器 6. 发电、发电厂 7. 输配电工程、电力网及电力系统 8. 高电压技术 92. 电气化、电能应用 93. 电气测量技术及仪器
TN	无线电电子学、电信技术	1. 真空电子技术 2. 光电子技术、激光技术 3. 半导体技术 4. 微电子学、集成电路（IC） 6. 电子元件、组件 7. 基本电子电路 8. 无线电、电信设备 91. 通信
TP	自动化技术、计算技术	1. 自动化基础理论 2. 自动化技术及设备 3. 计算技术、计算机 31. 计算机软件 6. 射流技术（流控技术） 7. 遥感技术 8. 远动技术
TQ	化学工业	0. 一般性问题 11. 基本无机化学工业 2. 基本有机化学工业 31. 高分子化合物工业（高聚物工业） 32. 合成树脂与塑料工业 33. 橡胶工业 34. 化学纤维工业 43. 胶黏剂工业 44. 化学肥料工业 62. 颜料工业 63. 涂料工业
TS	轻工业、手工业	0. 一般性问题 2. 食品工业 95. 其他轻工业、手工业 97. 生活供应技术

（续）

T	工业技术	分类
TU	建筑科学	1．建筑基础科学 2．建筑设计 3．建筑结构 4．土力学、地基基础工程 5．建筑材料 6．建筑施工机械和设备 7．建筑施工 99．市政工程
TV	水利工程	1．水利工程基础科学 22．水利勘测、设计 5．水利工程施工 6．水利枢纽、水工建筑物 7．水能利用、水电站工程

3.2.3 图书馆馆藏排架方法（又称索书号）

馆藏排架又称馆藏排列，是图书馆按一定规划和方法将馆藏有序地排列在书架上，使每种书在书库中都有相对固定的位置。图书馆在进行馆藏排列时，应达到以下基本要求：第一，排列有序。馆藏应遵循一定的逻辑次序，以便于查找和存储。第二，方法统一。同一书库或相同类型的文献应尽量采用相同的排架方法。第三，方便读者。开架书库馆藏排列要符合读者的检索习惯。第四，书目一致。文献排列次序应与排架目录和公务目录取得一致，以便于馆藏清点和核查。第五，预留空位。书架上馆藏摆放不能过于拥挤，预留一定空间，可在补充新书时减少倒架次数。第六，整齐美观。同一书型的文献摆放姿势要一致，不能有的横放，有的竖放，使书库过于紊乱。

1．种次号

种次号是书次号的一种，即根据同类书分编的先后次序，按种编顺序号。例如：I247．4是中国文学类章回小说的分类号，按分编章回小说的先后次序，第一本为I247．4/1、第二本为I247．4/2……以此类推。其优点是取号容易，号码单纯、简短，较适合排架要求。但号码只是偶然的顺序，它们之间无内在关系，无法据次进行检索，因此是不大科学的。并且不利于集中编目与标准化的实现。

种次号的编制方法是：先确定以哪一级类目作为取种次号的起点。藏书少的图书、情报单位可按一、二级类目取，藏书多的可按排架分类号的类目取，每类的种次号都从“1”开始。然后根据确定的类目，把属于它的所有图书，按收到先后分别给予1、2、3、4等种次号。对复本书、不同版本、多卷次的书，则须查重后仍取原种次号，不另给新号。为保证一种书一个号，早期的图书馆往往设置种次号记录卡，来确定种次号，现在多为标引系统自动给号。

2．著者号

著者号是根据图书责任者的姓名字母与字顺规律特点而形成的号码。

著者号归纳起来有拼号法和查号法两类：拼号法指无需编制著者号码表，而依据规则取号。例如，依据著者的姓名外文首字母或汉语拼音首字母取号，依据四角号码规则取号等。这种方法往往会造成过多的重码，故一般较少采用。查号法指依据事先编制好的著者号码表取号，著者号码表如美国的《克特著者号码表》、俄国的《哈芙金娜著者号码表》、日本的《植

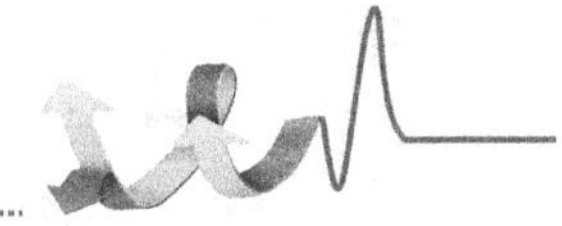

村长三郎著者号码表》、我国的《通用汉语著者号码表》等。这种方法具有较好的规范控制性，有利于集中编目和在版编目，有利于标准化和资源共建共享，故采用较多。

《通用汉语著者号码表》基本采用一位字母与三位数字来为著者编号，规则中规定了一字著者、二字著者、三字著者、四字以上著者的编号与取号；不同名称的同一著者、多著者的图书、无责任者图书、外国著者中译名、团体著者等的编号与取号；同一类内，重号著者再区分编号与取号；未收录表中的著者取号等。

各种著者号码表的编号与取号方法虽各不相同，但其基本编制原理是一致的，许多具体规定也是相同或相似的。

案例

【案例3-1】一名高职院校建筑类专业的学生曾抱怨图书馆收藏本专业的图书很少，在书架上找不着。实际情况却并非如此。

该生没有运用OPAC书目查询去查找图书，而是直接在书架上找。如果采用题名为“建筑类”和任意匹配检索模式，进行检索，目前可检索到多达上千条记录。主要通过题名、作者、主题词等检索项查找本馆馆藏信息。

【案例3-2】如何在馆藏中查找陈氢主编的《信息检索与利用》方面的图书。

以前查找馆藏图书信息一般都使用馆藏目录卡片，现在图书馆都已将馆藏目录数字化，所以，查找馆藏图书信息使用本馆的（馆藏目录）或馆藏电子图书数据库。

馆藏目录检索：这里以浙江建设职业技术学院图书馆的馆藏目录为例，介绍检索的简要过程。

（1）确定检索途径、检索词。查找已知书名的图书“信息检索与利用/陈氢主编”，则直接从“题名”或“著者”途径进行查找，即题名为《信息检索与利用》的所有图书或著者为“陈氢”的图书。

（2）登录馆藏目录。登录图书馆的网站，进入馆藏目录检索页面。

（3）确定检索策略，实施检索。

选择的文献类型为“中文图书”。

选择的查询类型（检索途径）为“题名”。

选择的查询模式为“前方一致”。

然后在“馆藏目录检索”框中输入检索词“信息检索与利用”，单击“检索”按钮，即出现检索结果。

（4）检索结果。从中选择正确的记录（第一条），单击书名“信息检索与利用”，即可链接到查阅该图书的基本信息及馆藏分布情况，根据馆藏分布，选择借阅。

（5）运用同样的方法，从“著者”途径入手，同样可以达到检索目的。

本章小结

感知图书馆的功能和作用，更新、明晰图书馆的概念，以及未来的演变和趋势，掌握图书馆图书分类的一般方法、特点和组织目录的编排。

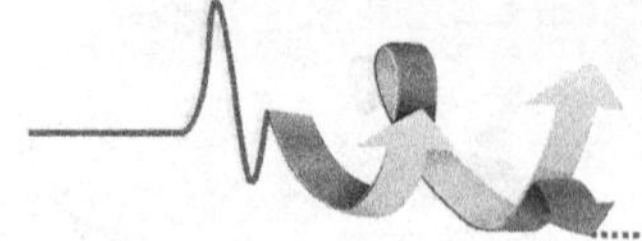

练　习　题

1．根据自己专业里开设的课程名称（5门课程），查找本校图书馆馆藏内的有关参考书

（1）将课程名称进行分类，利用《中国图书馆分类法》分清属于哪个基本大类。

（2）从分类途径，正确确定书库的藏书分类号。

（3）完成表3-4的填写。

表3-4　与本专业课相关的本校图书馆馆藏图书

课　程　名	基本大类	参　考　书	本校馆藏的分类编号

2．查找本校图书馆收藏的图书，并完成以下内容

（1）检索郭沫若的小说，请写出书名和索书号。

（2）检索关于提高大学生素质教育的图书，写出书名、索书号和主要内容。

（3）检索“建筑工程造价”相关的图书，写出书名、索书号、作者和出版年代等。

（4）请推荐你认为有价值的图书和期刊各3种，要求按喜好程度排序，写出书名、ISBN和刊名及ISSN等。

3．根据自己的专业背景，查找本校图书馆收藏的相应专业期刊

（1）找出自己所学专业领域的5种期刊，每种期刊内选取2篇文章。

（2）摘录每篇文章的关键词，并思考关键词的来源和提取方法。

（3）完成表3-5的填写。

表3-5　与本专业课相关的本校图书馆馆藏的相应专业期刊

专业领域	期　刊　名	篇　　名	关　键　词

第4章 参考工具书检索

学习目的：工具书因其参考性、易检性、知识性、权威性等众多优点而成为人们学习、工作和科研不可缺少的助手，它包括辞书（字典、词典）、百科全书、类书、年鉴、手册、名录、表谱、地图集以及统计资料。通过本章的学习，了解工具书的概念、类型及特点，掌握工具书的排检方法，以便能够更好地选择常用手工或网络工具书来解决日常学习工作中的检索需要。

4.1 工具书概述

4.1.1 工具书的概念、类型及特点

1．工具书的概念

工具书是系统汇集有关的知识资料或文献信息，按一定的排检次序加以汇编，专供读者检索查考有关知识、资料或事实的文献。我国的工具书历史悠久，源远流长。据史料记载，公元前8世纪周宣王就有字书《史籀篇》。如果先秦是工具书的萌芽时期，那么两汉则是工具书的奠基时期。《方言》、《说文解字》、《别录》、《七略》等一批定型的字典、词典、书目，为以后工具书的发展打下了坚实的基础。随着工具书的不断发展，种类也变得越来越多，出版形式多种多样，有图书、期刊、卡片、数据库等，但因其最初以图书形式出现，人们仍习惯地把它统称为工具书。

2．工具书的类型

工具书的范围很广，种类繁多，根据不同的标准可以划分不同的工具书类型，其中最重要的是工具书的性质标准和功用标准。中文工具书按性质和功用划分为以下6种类型：

（1）线索性工具书。线索性工具书包括文献指南、书目、索引、文摘，主要提供查找文献线索。指南是说明各类文献特点及其查找方法，并且具体介绍常用工具书及其使用方法的工具。书目一般是指各种图书文献的书本式目录，它揭示图书的名称、著者、卷册、版本、出版者、出版年、价格和内容简介等。索引是揭示图书、报纸、杂志中的篇章、文句、人名、

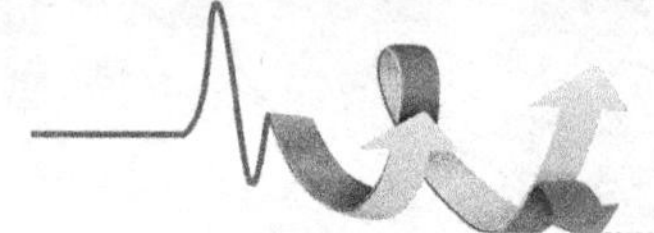

地名、术语等内容。文摘是对某一著作或文章的提要式简介。

（2）词语性工具书。词语性工具书包括字典、词典。字典主要汇集单字并解释字的形、音、义及其用法，但往往对复音词也附带进行解释。词典主要汇集词语并解释说明词语的概念、意义和用法，常常以单字为词头并详加解释。总之，两者都解释字、词，只是主次和详略有所不同，没有严格的界限，可以统称为辞书。

（3）资料性工具书。资料性工具书主要有年鉴、手册、类书、政书、百科全书、名录等。年鉴是一种按年度连续出版的汇集一年内重要资料的工具书。手册类似年鉴，但编辑出版时间不受限制，主要汇录某一学科或主题既概括全面又具体实用的知识和资料。类书是一种把古籍资料汇集在一起的资料汇编，范围非常广泛，大多按类编排。政书是专门辑录和记述历代或某一朝代的典章制度资料，类似专科性类书。百科全书是概述各个学科或某一学科的知识，它类似辞典和类书，以辞典的形式编排，但比辞典更详尽、更深入。名录是一种专门对人名、地名、机构名及其他事物名称进行汇集并予以简要揭示和介绍的工具书。

（4）表谱性工具书。表谱性工具书包括年表、历表和其他专门性表谱，是一种以表格或其他较为整齐简洁的形式，附以简略的文字来记录史实、时间、地理等资料的工具书。年表按年代顺序编制，专供查考历史年代、历史大事等资料；历表是汇集不同历法的年月日资料。专门性表谱主要用于查考人物、职官、地理及科技数据等资料。

（5）图录性工具书。这类工具书主要以图的形式来反映各种事物、现象和地理状况，包括地图、历史图录、文物图录、科技图像等。地图概括反映了地表事物和现象的地理分布情况。历史图录、文物图录、科技图像都是以图像为主体或附以文字说明来揭示历史人物和事物或者科技事件发生与发展的过程、仪器与设备的图片等方面的工具书。

（6）边缘性工具书。边缘性工具书主要是指那些介于工具书和非工具书之间，既具有一般图书的阅读功能，又有工具书的查检功用的文献，这类文献主要是各种资料汇编、各种史书、各种方志等。资料汇编是把有关原始资料按一定方式编排起来以供人们使用的工具书。古代史书是指古籍中专门记载历史的书，在四库分类之中就是史部。方志，也叫地方志，是记载某一地方的地理、历史、风俗、教育、物产、人物等情况的书，如县志、府志等。

3．工具书的特点

（1）系统性。就文献组织而言，工具书具有高度的逻辑性和组织性，是一个严密、有效的系统。

（2）知识性。就文献内容而言，工具书是在大量普通图书的文献基础上，经过提炼浓缩而成的信息密集型文献，能为人们提供系统、详尽的基本知识和高密度的信息资料。

（3）准确性。就文献作用而言，工具书只收录比较成熟的、可靠的、公认的、权威的观点和概念，对有不成熟的、有争议的、含糊不清的概念和知识不予以收录。

（4）资料性。就文献类型而言，工具书所收资料广采博收，论述精炼，出处详明，为人们提供尽可能准确的知识资料或文献信息。

（5）概括性。就文献体制而言，工具书较之任何文献都具有高度的概括性，它是从大量的原材料中提炼加工后而形成的信息密集型文献，内容广博而又高度浓缩，使读者在检索时省力。

（6）检索性。就文献结构而言，工具书采用科学编排方式和严谨的体系结构，力求易检、易查，方便迅速，检索性是工具书的最基本属性。

（7）查考性。就文献功能而言，工具书将原本松散无序的一次文献组合为有序的易于检

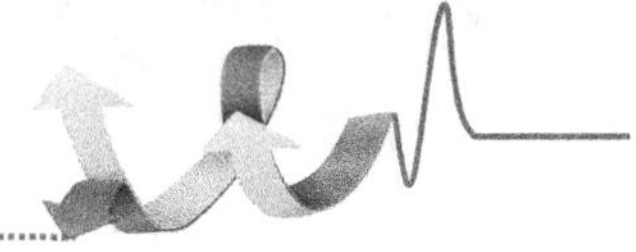

索的知识，在编排上科学实用，这就使得工具书具有利于查考的功用。

4.1.2 工具书的主要排检方法

1．字顺排检法

字顺排检法是中外文工具书的一种主要排检方法。它的最大优点是：读者完全不知道条目所包含的内容和意义，也可据字顺寻检。它因文种不同而有种种差异。

外国文字多为字母，根据其书写字母就能拼读出音来。据字母形式排，也就是据字音排，形和音是一致的。通常它只有据单词排列（word by word）和据字母排列（1etter by letter）之分。据单词排列是一个一个单词分开排，先比首词字母顺序，首词完全相同时，再比第二个单词，并依此类推。据字母排列则是将单词连缀在一起组成一个字母群体据其字母顺序排。例如，据单词排列，bloodpressure（血压）在前，bloodless（无血的）在后，据字母排列 bloodless 在前，bloodpressure 在后，像美国的《布氏古尔德医学词典》（Blakiston's Gould medical dictionary），便是据单词排列，而英国的《简明医学词典》（Concise medical dictionary），则是按字母排列。

汉字为象形文字，它不是由字母组成，而是由笔画笔形组成的方块字，一个汉字一个音节，字形和字音之间没有必然联系。因此汉字可以分别根据字形和字音排检，有形序法和音序法之分。

（1）形序法。形序法有部首法、笔画法和笔顺法。

1）部首法是根据汉字的形体特征，按部首、偏旁的相同部分归类。使用部首法查阅工具书时，应首先分析字形结构，查出部首，再数清部首以外的笔画数目，然后查字。对于一些难于确定部首的字，可直接查“检字表”或“索引”。例如，《中华大字典》、《辞源》、《辞海》等。

2）笔画法是按汉字笔画数目的多少为排列次序的检字法。检字时，先计算所要查的字的笔画，然后按画数多少的次序去找。笔画数目相同的字，再按每个字的部首或起笔加以区别。例如，《中国人名大辞典》等。

3）笔顺法是按汉字合理的笔画书写顺序为排列次序的检字法。汉字的笔顺现今被越来越多的人所忽视，如不按规范笔顺书写汉字，检字时将遇困难。例如，《新华笔顺字典》等。

（2）号码法。号码法有四角号码法和起笔笔形代码。

1）四角号码法是把每个字分成四个角，每个角确定一个号码，再把所有的字按着四个号码组成的四位数的大小顺序排列。它把汉字笔形分为10类—— 头、横、垂、点、叉、插、方、角、八、小，再分别用数字0～9表示。每个字四个角的笔形按其位置左上、右上、左下、右下的顺序取号。查字时，按四位号码大小查找该字。为避免相同号码过多，每个字除四个号码之外，又另取一个附号。

号码口诀：横一垂二三点捺，叉四插五方框六，七角八八九是小，点下有横变零头。

2）起笔笔形代码是指把汉字起笔笔形分为横、直、点、撇、角，并分别用“1、2、3、4、5”作为代码。将书名每个字的起笔连成5位数的号码（超过5个字的书名只取5个号码，书名中有非汉字的则用0作为代码）。决定起笔的原则是先上后下，先左后右，先外后内。这种检字法仅为《全国总书目》于1954年以前书名索引所采用。

（3）音序法。音序法有汉语拼音字母法和注音字母法。

1）汉语拼音字母法就是根据汉字在普通话里的读音，用《汉语拼音方案》中的拼音字

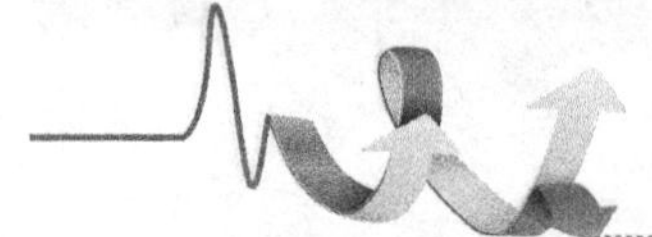

母注音，而后依照字母顺序排检汉字。

2）注音字母法是中国第一套法定的汉字形式的拼音字母。1913 年“读音统一会”议定，1918 年北洋政府教育部公布。1918 年—1958 年在汉语拼音方案公布前推行了 40 年，目前仍在中国台湾使用。注音字母又名“国音字母”。1930 年国民党政府改名为“注音符号”。

字母共有 39 个。1920 年审音委员会增加“ㄜ”字母，成为 40 个，即ㄅㄆㄇㄈ万、ㄉㄊㄋㄌ、ㄍㄎ兀ㄏ、ㄐㄑ广ㄒ、ㄓㄔㄕㄖ、ㄗㄘㄙ、ㄧ（直行作一）ㄨㄩ、ㄚㄛㄜㄝ、ㄞㄟㄠㄡ、ㄢㄣㄤㄥ、ㄦ。

2．主题排检法

主题排检法是根据描述文献主题内容的规范化名词术语主题词进行排检的方法。它需要首先对文献内容进行主题分析，找出它所包含的主题，用能表达这个主题的语词——主题词作为文献主题标志，然后再依主题词字顺排检。

主题排检法需要一个主题词表作为标引和检索的依据。目前国内依主题法编排的工具书主要是依据《汉语主题词表》标引和寻检，医学工具书则主要依据美国国家医学图书馆的《医学主题词表》（Medical SubJect Headings， MESH），如《医学索引》（Index Medicus）、《国际护理学索引》（International Nursing Index）等都是依据 MESH 表。当前国内标引医学文献，西医药是采用 MESH 表，中医药则大都采用中国中医研究院图书情报所编制的《中医药学主题词表》。

依主题法编排的工具书，通常都附有本书主题词表，以供读者使用时寻检主题词。读者使用按主题法编排的工具书时，应首先根据寻检的内容主题，利用这个词表找出相应的主题词，然后再按查出的主题词去翻检，应尽可能选用专指的主题词。

3．分类排检法

分类排检法是将工具书收载的知识材料按其内容性质、学科属性分门别类地加以归纳并排列的一种排检方法。它也是中外文工具书的一种主要排检法。

根据分类标准的不同，它大体上可分为两大类型：

（1）事物性质排检法。现代的一些年鉴、手册等，大都是按事物性质分类编排。例如，《中国内科年鉴》分设一年回顾、内科文选、专家论坛、医界人物、大事纪要、学术活动和出版动态 7 个栏目，汇集上年度的资料。需要注意的是：人类对事物的认识有时是有局限性的，也存在着差异。一些依事物性质归类的古代工具书，是按古代对事物性质的认识分类编排的。例如，蝙蝠不是昆虫，但在一些古代工具书里将其划入虫类，这反映了古人认识事物的时代局限性。

（2）学科系统排检法。文化教育科学的发展形成了大大小小的学科，每个学科都有自己的严密的学科知识体系。学科系统排检法就是按照知识的学科属性归类，按照学科体系排检。

它主要用于编排书目、索引、百科全书等。按学科体系排检，有利于各专业人员按类迅速索取本学科的系统的知识资料。他们对自己所从事的专业学科体系和相关学科，是比较熟悉的，查找起来十分方便。但这种排检法对不熟悉学科体系的读者而言，查检就比较困难，常常需要借助按字顺编排的类目索引和其他辅助索引。

4．时序排检法

时序排检法是依内容的时间顺序排检。例如，一些人物传记便是按人物的历史朝代和生卒年的顺序编排的。使用这种方法编排的工具书除了人物工具书外，还有年表、历表等。

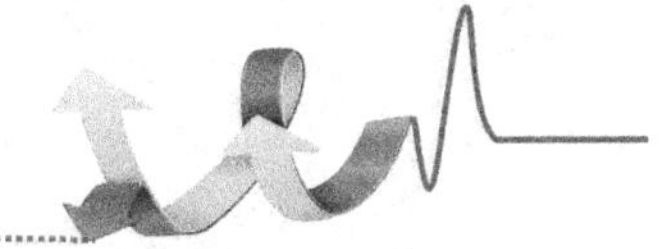

以时间为序编排历史资料，需要统一历史纪年，一般采用公元纪年。编排和寻检历史资料，常常遇到需要换算时间的情况，换算时间要使用专门的工具书，如《中国历史纪年表》、《两千年中西历对照表》、《中西回史日历》和《中国和日本朝鲜越南四国历史年代对照表》等。

5．地序排检法

地序排检法是依内容的地域顺序排检。例如，地图集都是分洲、分国、分省、分县编排的。使用这种方法编排的工具书主要是地图集、方志目录、地方文献书目、机构名录以及一些地名工具书、人物工具书。

4.1.3 工具书的鉴别与挑选

1．工具书的鉴别

一本好的工具书可以使我们在读书治学或生活中碰到有关难题时得到迅速满意的解答，所以使用工具书时，首先要对工具书的好坏进行鉴别。那么，如何来鉴别工具书呢？可从以下几个方面来考虑：

（1）考察工具书的内容、材料是否可靠、科学。所谓可靠、科学，是指工具书的内容、材料要丰富、完备，解释引证要准确、客观，报道的信息要有效、及时、新颖，校勘要精确无误。我们使用工具书，是为了解难释疑，问题希望能得到科学的解释。如果一本工具书的内容、材料陈旧过时，错误较多，那必将把读者误入歧途。因此，考察工具书的科学价值就显得十分重要。

（2）注意工具书体例编排是否实用、完备。工具书的编排体例，包括它的编排方式、排检方法、印刷质量等，这是影响工具书检索速度和使用效率的关键因素。一般来说，应该选择那些编排方式明了、排检方法易检易查、检索功能多样便利、表达简明正确、附录齐全、印刷清晰的工具书。

（3）分析工具书的政治思想倾向是否客观、公正。所谓客观、公正，是指工具书收录的内容及释义是否符合客观事实和规律。由于工具书往往是一个时代的产物，不免带有时代的印记而反映一定的思想倾向，社会科学方面的工具书更是如此。我们应该坚持知识性和思想性的统一，有分析地、合理地使用这些工具书。

（4）了解工具书的版本是否权威、新颖。所谓权威、新颖的版本，一是指同样的工具书应该挑选有关的权威性出版社出版的。因为这类出版社组织的编撰人，一般是人们公认的学术专家、权威人士，具有一定的学术造诣与声望。二是指同一种工具书，要注意选其较好的新版本。一般来说，版本不同，其取材可靠性是不同的。旧版至新版，总会有内容的变动，或增补、或删减、或更正等。挑选时应该注意：现代工具书要挑选最新版本，这是因为科学技术飞速发展，最新成果只会体现在最新的版本中。新版本经过了多次修订再版，经受了时间的考验。而古代工具书则应选用老版本或是近年经过校勘重印的。

2．工具书的挑选

具体选择工具书时可采用以下方法：

（1）考查工具书的编著者与出版者是否具有权威性。编著者与出版者的资力和声誉是鉴别和选择工具书的重要依据，因为编者、撰稿人和出版者对工具书的质量关系甚大。

（2）考查工具书编撰和出版的年代，以了解工具书的取材是否新颖、及时。

（3）考查工具书的序跋、凡例和目次。通过序跋、凡例和目次，大体上能把握工具书在

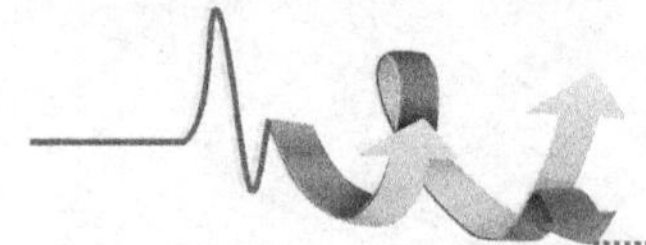

内容及编排上的一些特点。序跋：即前言和后记，说明编撰目的、使用对象、收录内容、取材范围及编撰过程等；凡例：介绍内容材料、编排体例及使用方法等；目次：进一步反映内容构成或详细揭示其框架结构、编排体例、相关附录等。

（4）翻阅工具书的正文。工具书的正文，即工具书的主体部分，是其内容及价值的真正所在。

（5）参阅工具书的书评资料。书评资料是人们研究和使用工具书的经验总结，通过书评可以了解该书的社会反响。工具书的书评资料主要分布在以下几种文献类型中：工具书研究刊物，如《辞书研究》等；书评刊物，如《中国图书评论》等；图书情报专业杂志，如《中国图书馆学报》和《世界图书》等；一般刊物，如《文献》等。

3．工具书指南

工具书品种和数量日益增多，人们将面临着一个如何选择的问题，首先要知道有哪些关于解决该问题的工具书可利用，在这些工具书中哪本合适，这就需要有工具书的工具书（也称工具书指南）——工具书指南大体分为三类：

（1）以教学为目的。以培养学生的情报意识，提高他们在学习和科学研究活动中利用工具书解答疑难和独立检索文献的能力为主要目标。结合教学要点介绍常用的、重要的和最新出版的工具书，如《中文工具书使用法》等。

（2）以普及工具书知识为目的。既给读者提供有关文献和工具书的基础知识，同时，或以工具书类型为纲重点介绍重要的工具书，或以问题为线索，重点介绍常用的工具书，如《参考工作与参考工具书》等。

（3）工具书的工具书。读者按它的指引，知道解决某一问题有什么工具书可供查考，从而开阔视野，提高学习与科研的效率，如《中国工具书大辞典》、《社会科学工具书七千种》、《中国社会科学工具书检索大典》、《国外工具书指南》、《国外科技工具书指南》和《Guide to reference book》等。

4.2 常用工具书手工检索

工具书名目繁多，根据工具书的基本性质和使用功能，可以划分为检索性工具书，包括书目、索引、文摘等和参考性工具书，包括字典和词典、百科全书、类书、政书、年鉴、综述、手册、名录、表谱、图录等。另外还可以根据语种、学科内容、规模大小等标准进行划分。以下分别介绍各类工具书的特点、分类及主要功用。

4.2.1 书目、索引、文摘

书目、索引、文摘都是对一定范围内的文献进行整序，揭示其外部特征和内部特征，并提供一定检索手段的检索工具书。根据揭示文献特征的深度和记录文献特征的方式不同，文献可划分为各具特殊功能的三种类型。

1．书目

书目，也称目录，是指群书之目录。古人所说的目录，包括“目”和“录”。目，主要是指一部书的篇目。录，是一部书的叙录，是对作者、成书经过、书籍内容等的介绍和评价，相当于提要。现代对书目的解释是“一批相关文献的揭示与记录”，即对文献的名目、特征加以著录描述，并按一定次序编排而成的工具书。书目对文献的名称、责任者、卷册、版本、出版时间和出版单位加以揭示与记录，有的还提供内容提要、作者简介和收藏情况等，也涉

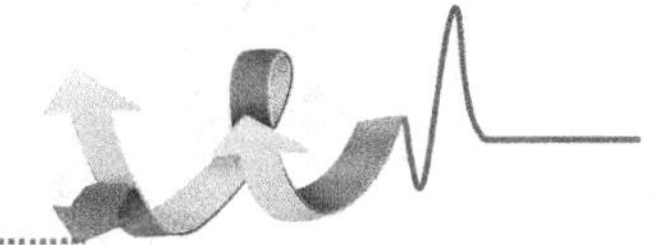

及文献所属学科及其源流。

书目在我国有悠久的历史。“古者史官既司典籍，盖有目录以为纲纪”，但是“体制湮灭，不可复知。”（《隋书·经籍志》）西汉刘向撰《别录》，刘歆在此基础上撰成综合性群书目录《七略》（两书均已亡佚）。班固将其改写为《汉书·艺文志》，开创了史志书目的体例。此后历代艺文志和官、私书目源源不断编成，蔚为大观。清代官修的《四库全书总目》成为古典书目的典范。近代以来，逐步采用科学分类法，形成了我国独具特色的现代书目体系。在西方，书目的起源也很久远。英文 Bibliograghy（书目）一词即源于希腊文 Biblion（书）和 Graphien（抄写）。

书目可分为古典书目和现代书目两大系统：一类是古典书目，包括史志书目、官修书目、私撰书目、版本书目等。另一类是现代书目，按收录文献的类型分为图书目录、报刊目录、丛书目录；按文献涉及的学科分为综合性书目和专科（专题）书目；按收录文献涉及的范围（主要是地域）分为国家书目、地方文献书目和个人著述书目；按反映文献收藏的情况分为联合目录、馆藏目录和私藏书目；按反映文献出版的时间和书目编制时间关系分为回溯性书目、现行书目和预告书目；按书目的用途还可分出导读书目（推荐书目）和书目之书目等。

书目大多采用分类方法编排，也有采用主题法的。为了查考方便，往往附有书名索引、著者索引等，可以从不同的途径检索。

书目具备检索、报道和导读功能，可发挥以下作用：

（1）通过书目提供的文献信息和检索途径，读者可以迅速查到自己不知或所知不详的文献线索，进而追踪所需要的文献。

（2）通过书目可以了解所著录图书的基本情况，除外部特征外，还可从内容提要了解其学术价值。

（3）书目是学术发展史的一个缩影，通过书目可以了解某一时期或某一学科的基本状况，了解学科的渊源及发展演化过程、学术发展的盛衰，并进而考察一定时期的文化学术发展概况和学术思潮。

（4）通过书目可以了解某一学科或某一课题的研究水平和发展方向，了解前人已取得的研究成果和研究现状，能避免重复研究，也便于进行新的探索。

（5）书目还可以推荐图书，指导阅读，指引读书治学的门径。

2. 索引

“索引”一词源自日语，也曾据英语 Index 音译为“引得”。我国旧有“备检”、“通检”、“韵编”、“串珠”等名称。

索引是将图书、报刊中的有关项目（篇目、字词、句子、专名、事项等）摘录出来，以此作为标目，注明出处，按一定的顺序加以编排的工具书。其基本功能是揭示文献的内容，指引读者查找文献。

索引最早出现于西方，主要是中世纪欧洲宗教著作的索引，最早的是《圣经》的索引。18 世纪以后西方开始有主题索引，至 19 世纪末，内容分析索引被广泛使用。中国的索引出现较晚。一般认为，明末傅山所编的《两汉书姓名韵》是现存最早的人名索引。清代乾嘉时期，章学诚曾力倡编纂群书综合索引。20 世纪 20 年代，随着西方索引理论与编制技术的传入，中国现代意义上的索引编制与研究才蓬勃展开。1930 年钱亚新发表《索引和索引法》，1932 年洪业发表《引得说》，标志着具有中国特色的现代索引理论、技术已迅速发展起来。20 世纪 50 年代，计算机技术被运用于索引编制。此后，机编索引的大量出现，使索引编制理论、技术、索引载体形式发生了深刻变革。

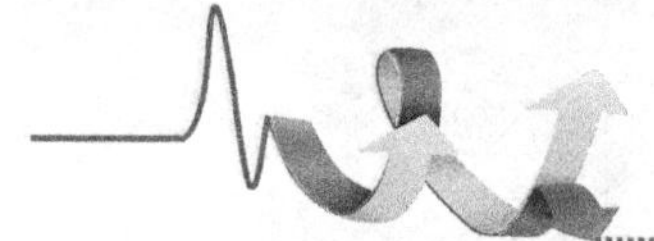

索引有综合性索引和专科（专题）索引之分。按索引所揭示的文献类型，可分为图书索引、期刊索引和报纸索引，又可分为多种书刊索引和单一书刊索引。按照检索的内容和项目，索引可分为篇目索引和内容索引。内容索引包括字词索引、句子索引、专名索引、引文索引。

（1）篇目索引。以报刊或图书中的篇目作为检索对象的索引。报刊文章篇目的索引，常又称为“题录”、“论文索引”、“报刊资料索引”。有些论文索引包含专著书目，则合称“论著索引”或“论著目录”。图书的篇目索引多以古籍的篇目为主，如《清代文集篇目分类索引》。篇目索引主要采用分类编排。

（2）字词索引。以图书中的字、词为索取对象的索引。字词索引主要分为逐字索引和关键词索引。逐字索引把书中所有单字逐一编为索引，是索引中最细密的一种。也有以词（单音词、复音词）为标目编成的逐词索引。关键词索引则是选择对于揭示文献内容具有实质意义和检索意义的词语，抽取出来立目编成。字词索引多按字顺编排。

（3）专名索引。以图书中的专名为索取对象，有人名索引、地名索引、书名索引等。

（4）句子索引。以一书或群书中的句子作为索取对象的索引。《十三经索引》将十三经逐句编为索引，是这类索引的代表。而“名句索引”则是选择一定范围的句子编为索引。

（5）引文索引。引文索引是一种以文献之间的引证关系为基础编制的索引。它以某一文献（包括作者、题名、发表时间、出处等基本著录项目）为标目，标目下详细列出引用或参考过该文献的其他文献及其出处。这种索引主要供读者从某一被引文献查出若干种引用文献（即有引文的文献，又称来源文献），能够揭示出一些科学发现、理论观点之间的内在联系，对于检索相关文献，特别是检索交叉学科、新兴学科的文献极为有用。引文索引还可用于分析论文与期刊被引用的情况，统计引用率，从而评估这些论文、期刊的影响和价值。它以美国费城科学情报研究所（ISI）的三大引文索引《科学引文索引》（SCI，1961 年创刊）、《社会科学引文索引》（SSCI，1973 年创刊）、《艺术与人文科学引文索引》（A&HCI，1978 年创刊）为代表。1995 年，《中国科学引文索引》（中国科学院文献情报中心编辑出版）创刊，并建立了中国科学引文数据库。

索引能够提高文献检索的深度和检索效率。和书目相比，书目以文献整体作为记录和检索单元，而索引则以文章篇目或文献内容中的字词、句子、事项等作为检索单元。索引不仅提供文献线索，也可供查找散见在书刊中的有关资料。利用索引可以节省时间和精力，避免单凭记忆的不可靠和局限性，一些索引还具有特殊的功用。

3．文摘

文摘是原始文献的摘要，以简明扼要的文字揭示文献的主要内容，并注明出处。作为检索工具的文摘，是由一定数量的摘要条目有序编排而成的。每个条目包括题录（标题、作者、报刊名称、日期、卷期等）和摘要两部分。条目一般分类编排，后附主题索引、作者索引等，便于读者从不同角度进行检索。文摘通常以期刊形式定期出版，也有附载于报刊和卡片式的（如中国人民大学书报资料中心出版的专题文摘卡片）。

文摘起源于公元前 3600 年的苏美尔文化时期，当时是用楔形文字记载在湿黏土表面上，经烧结后保存下来的黏土板。国外文摘期刊出现于 18 世纪末。21 世纪初，世界刊行的文摘杂志已超过 60 种。各国于 19 世纪末在普遍编辑出版文摘杂志的基础上，又大步向前发展。法国于 1939 年创刊了全学科综合文摘刊物。前苏联于 1953 年创刊了包括自然科学全领域的文摘杂志。英国的《科学文摘》、美国的《化学文摘》，都是历史悠久、影响较大的文摘期刊。据统计，目前世界文摘刊物达 3500 种以上。我国在近代才出现文摘。1897 年创刊于上海的

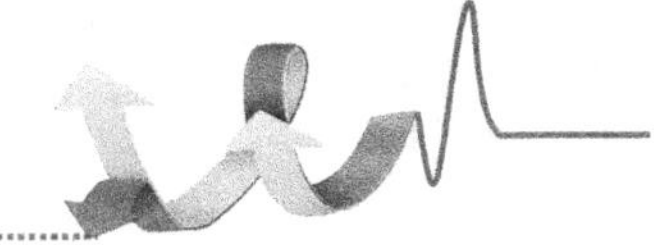

《集成报》是最早的文摘旬刊。到20世纪50年代才出版具检索性的文摘期刊，现在较重要的文摘期刊有100多种，多数是理、工、医、农方面。社会科学方面的文摘期刊有《高等学校文科学报文摘》、《现代外国哲学社会科学文摘》、《经济学文摘》和《管理科学文摘》等。

学术论文的文摘按其摘要的方式，可分为指示性文摘，对原文献的高度浓缩，只指出文献所探讨的对象、目的和主要结论，不涉及具体内容，概括性强，这类文摘有时称为简介；报道性文摘，对原文献内容创造性部分的全面客观的报道，包括原文献讨论的范围、目的、研究手段和方法，主要成果和结论，有关的事项和数据等，在一定程度上可以代表原文，信息量较大。目前我国一些社会科学文摘期刊还常采用压缩原文、节录观点的方法，与上述两种稍有不同。

文摘期刊以“全、快、便”为目标，即搜集文献要全，报道要快，检索要便捷。文摘条目及文摘杂志具有报道、检索、示址、参考和交流等功能，是开展情报交流的重要手段。其主要作用是让读者在较短的时间内获悉大量文献的主要内容，了解学术动态，选择自己所需要的文献，并可根据条目注明的出处追踪原文。文摘既起到了论文索引的作用，又进一步揭示出文献的重要内容，帮助读者克服语言上的障碍，在节省查阅文献时间和精力的同时，又可更准确地选择文献。

中国国家标准局在20世纪80年代先后发布了《检索期刊编辑总则》（GB 3468—1983）、《检索期刊条目著录规则》（GB 3793—1983）、《文摘编写规则》（GB 6447—1986），对文摘期刊的编辑出版提出了规范性要求。但是，目前各种文摘期刊的编排体例仍不统一，规范化程度高低不同。较突出的问题是，不少文摘期刊每期不附索引，也缺少年度索引或多年累积索引。还应该指出的是，一些提供书刊摘要的出版物虽称为“文摘”，实际上是供阅读的普及性文摘，与检索性文摘有所不同。例如，《新华文摘》（月刊），即是介于普及性文摘与检索性文摘之间的出版物。

4.2.2　字典、词典

1．字典

字典是一种以字为单位，按一定次序排列，并一一注明其读音、意义和用法的工具书。在西方，没有字典的概念，字典是汉语和类似的语言文字（如西夏文、契丹文）所特有的一种语文词典。以单个的字为收录对象，也兼收少量复词。

字典源远流长，在中国古代称为字书（一说字书兼指字典、词典）。字书一词，作为解释文字的著作的泛称，在南北朝时已经通用，但历代史志将其归入小学类，直至清乾隆年间编《四库全书》时才在小学类中单列字书一类。见于著录最早的字书，是相传周宣王时出于太史籀之手的《史籀篇》（据近人考证，该书实为春秋战国间秦人所作）。战国至西汉，为中国字书的萌芽时期。代表作除《史籀篇》外，还有秦代李斯的《苍颉篇》、赵高的《爰历篇》、胡毋敬的《博学篇》，西汉史游的《急救篇》、扬雄的《训纂篇》等。它们大都只是编次文字，并无解说。第一部有系统的字书，是东汉许慎的《说文解字》〔成书于东汉永元十二年（100）〕。该书是我国第一部系统地分析字形和考究字源的字书，也是世界上最古的字书之一。它首创部首编排法，对字义、字形、字音进行全面诠释，为以后字书的发展奠定了基础。其后仿照《说文解字》编成的字书很多，现存主要有南朝梁陈之间顾野王的《玉篇》，北宋王洙、司马光等的《类篇》，明梅膺祚的《字汇》等。清康熙五十五年（1716）张玉书等编的《康熙字典》问世后，“字典”一词较“字书”更为通行。取“字典”为书名的，通常认为始于《康熙字典》，也有人认为唐代慧琳《一切经音义》中已引用《字典》一书，“字典”一词的出现可上

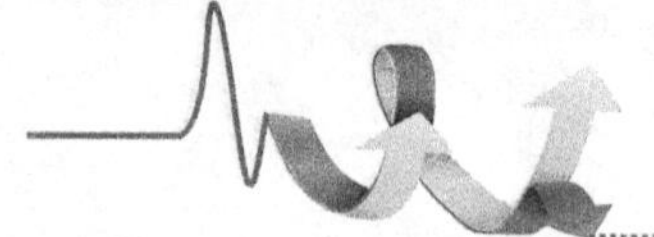

溯至唐以前。

字典可分为详解字典和特种字典。详解字典是就字的形、音、义进行全面解释，如《新华字典》、《汉语大字典》等。特种字典也称专门字典，它仅就字的某一方面进行解释，如正字字典、正音字典、虚字字典、难字字典等。

现代的字典都提供了很多功能，其中两大功能分别是：以沟通为主，帮助对文字的理解、翻译及五笔等；以知识为主，针对某事物来寻获知识。

2．词典

词典是用来解释词语的意义、概念、用法的工具书。广义的词典包括语文词典及各种以词语为收录单位的工具书；狭义词典仅指语文词典。为了配合社会发展需求，词典收词数量激增并发展出不同对象、不同行业及不同用途的词典。随着吸收百科全书的元素，更有百科辞典的出现。

中国古代包括词典在内的以解字释词为主要内容的专书统称为字书。《尔雅》、《方言》、《说文解字》是中国出现最早的有代表性的字书。《汉语大词典》是中国当代规模最大的词典。世界上现存最古老的词典是公元前 7 世纪亚述帝国时编的苏美尔-阿卡德语双语难词表。1612 年意大利出版的《词集》是第一部欧洲民族语词典。牛津大学出版社出版的《牛津英语词典》12 卷，又补编 1 卷（1884 年—1928 年）是近代西方最大的词典。

根据编制目的和选收词语的范围，词典可以分为语文词典、知识性词典和综合性辞书三大类。

（1）语文词典。它包括字典，主要以一般字词为收录对象。又可分为：

1）综合性语文词典。收词比较广泛，对字、词的解释也是形、音、义并重，收词或贯通古今，或只收某一时期的字词。例如，常用的《新华字典》、《现代汉语词典》和《汉语大字典》等。

2）专门词典。只选收某一类字词，或只解释形、音、义的某一方面，是对综合性词典的重要补充。专门词典种类很多，如方言词典、虚词词典、外来语词典、同义词词典和成语词典等。

3）字表（词表）。字表是指只汇集字、词，一般不加解释或仅作简要说明，如《汉语古文字字形表》和《现代汉语词表》等。

（2）知识性词典。知识性词典是指以解释专门词语、术语、事物概念为主，着重提供专业知识。知识性词典又可分为：

1）百科词典。百科词典是综合性多学科词典，汇集各学科的术语和专有名词并给以概括解释，提供最基本的知识。一般不收录普通语词，如《中国百科大辞典》。

2）专科词典。专科词典只收录某一学科或专门领域的名词术语、概念和专名词并加以解释，较系统地反映专业知识概要，提供的知识内容较百科词典的相应部分更为详尽，如《哲学大辞典》、《中国历史大辞典》和《世界知识大辞典》等。此类词典数量最多，一些为专书编纂的词典，如《红楼梦大辞典》也可以归入此类。

3）专名词典。收录人名、地名、书名等专名词，介绍有关专名的概况，提供基本的事实和资料，如《中国历代人名大辞典》、《中华人民共和国地名词典》和《中国图书大辞典》等。

（3）综合性辞书。兼具语文词典和知识性词典的特点，既收普通词语，又收各学科名词术语和专名。《辞海》和《辞源》可作为综合性辞书的代表。

从语种的角度来分类，可分为单语词典（用一种语言编写的）和双语或多语词典。后者是两种或多种语言文字对照翻译和解释的词典，如《藏汉大辞典》和《新英汉词典》等。

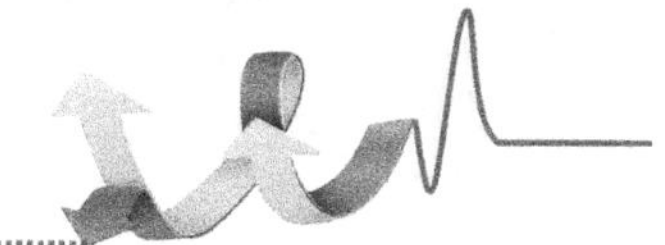

现代词典的结构一般包括凡例（编制说明）、目录、正文、索引（检字）和附录几个部分。凡例是使用词典的指南，说明选词范围、编纂体例和查阅方法。正文由词条组成，按一种排检法编排。索引是为了方便查检，以其他排检方法编成，以增加检索途径。附录是正文的补充，或是有关的参考资料，应该注意充分利用。

词条是词典的基本结构单元，也是检索单元，包括词目和释文。语文词典一般以单字（单音词）立目，其下列出同一字头的词语，也有直接以词语或词组立目的。词目（字头、词头）是字、词的标准形式，也附列繁体、异体字等。释文包括注音、释义（分条释义的，每条称为一个“义项”）和例证（书证和用例）。词目的编排，一般以部首、笔画、音序（汉语拼音）、四角号码几种方法中的一种为主，辅以用其他方法编制的索引。知识性词典以词语、专名或词组立目，词目采用笔顺法（多为笔画法和汉语拼音法）排列，也有少数采用分类法的。

词典是一种高密度、大容量的知识载体，应具有知识性、规范性、权威性和稳定性。词典不仅能提供语言文字知识和科学知识，供读者释疑解惑，还能促进语言的规范化发展。语文词典通过提供有关字词形态、语音、语义、语法的信息，确立读、写和使用字、词的规范，帮助读者熟练掌握语言的表达方法，提高语文水平。知识性词典则帮助读者理解专门术语，掌握专业知识。

4.2.3　百科全书

百科全书是概要记述人类一切知识门类或某一知识门类的工具书。百科全书在规模和内容上均超过其他类型的工具书。百科全书的主要作用是供人们查检必要的知识和事实资料，其完备性在于它几乎包容了各种工具书的成分，囊括了各方面的知识。常被誉为“没有围墙的大学”。百科全书主要供查检所需知识和事实资料之用，但也具有扩大读者知识视野、帮助系统求知、诱发人们浏览趣味的作用。而且百科全书也是一个国家和一个时代科学文化发展水平的标志。

百科全书（Encyclopedia）一词源于希腊文 enkyklios（普通的）和 paedeia（教育或学识）。古希腊学者亚里士多德曾编写过全面讲述当时学问的讲义，被西方奉为“百科全书之父”，中国汉初的《尔雅》，是中国百科全书性质著作的渊源。中文“百科全书”一词是 20 世纪初才出现的。近现代百科全书的奠基者是法国学者 D.狄德罗，以他为首的法国百科全书派于 1751 年～1772 年编纂出版了《百科全书，或科学、艺术和手工艺分类字典》。18 世纪至 20 世纪，英国、德国、法国、意大利、苏联、日本，西班牙等国相继编纂出版了一批权威性的百科全书，如《不列颠百科全书》、《美国百科全书》、《苏联大百科全书》和《世界大百科事典》等。西方现代百科全书大多按字顺编排，突出工具书的检索功能，并采用小条目主义的编纂思想。注重百科全书教育功能的则采用大条目主义。修订的方式有再版制、补卷制、出版年鉴和连续修订制 4 种。中国古代的类书是一种百科全书式的资料汇编，偏重古文史。中国第一部综合性百科全书——《中国大百科全书》自 1978 年起开始编辑出版的，总计 74 卷，历时 15 年，于 1993 年 8 月全部出齐，并于 2009 年出版了第 2 版。

1．中国百科全书

百科全书作为一种大型参考书，可按以下标准进行分类：

（1）按内容范围的宽狭分。

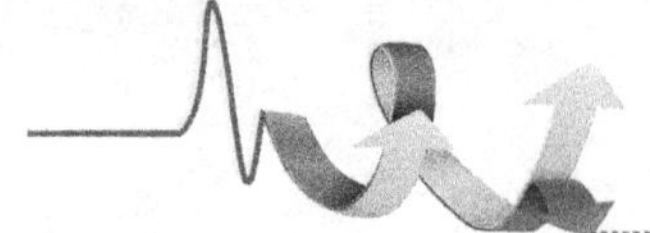

1）综合性百科全书，包罗一切学科和所有工作部门的基本知识，如《不列颠百科全书》。

2）专业性百科全书，又称专题性百科全书。收录某一学科或某一领域知识的百科全书。选收的范围有宽有狭，宽者选收广阔的知识领域，如美国的《社会科学百科全书》，狭者选收某一领域的知识，如《中国古代小说百科全书》。

（2）按百科全书按部头大小分。

1）大百科全书，一般在20卷以上。

2）小百科全书，一般在10卷以下。

3）单卷本百科全书，又称为百科词典，多为单卷本，属案头工具书。

（3）按地域、观点分。

1）国际性百科全书，反映全世界的情况。

2）地域性或国家性百科全书，仅反映某一地区或某一国家的情况。

3）宗教性和民族性百科全书。

百科全书在内容上与词典不同。词典注重有词必释，但只作简要的解释；百科全书则注重知识的系统性，对有关的知识内容加以深入的阐述，而不局限于术语的解释，因此，百科全书不能取代各种专科词典。但百科全书在结构上与词典相近，正文由众多条目组成。条目是百科全书的基本寻检单元，是一个知识主题或独立概念的系统概述，包括条头和释文两部分。条头通常是一个名词术语或词组，即知识单元的标题。条目采用词典的编排形式，一般按字顺（汉语拼音或笔画）编排，也有按分类或分类结合字顺编排的。条目之间靠“参见”互相联系，交叉而不重复，参见系统有助于扩大检索范围，把一个主题有关的知识沟通并系统化。完备的检索系统是百科全书的特色之一，百科全书往往编有多种索引。最重要的是内容分析索引，即对条目释文进行分析，把其中有名可查、有事可考和有数据可依的知识信息都选作主题，抽取关键词按字顺排列，注明卷次、页码，使读者能够深入检索条头未能反映出的知识内容。百科全书在编排上一般采用三种方法：一是按字顺编排，大多数现代百科全书属于这一类；按分类编排；先按大类类目划分，再按卷内条目字顺编排，即分类与字顺编排相结合的形式。

2．外国百科全书

世界著名的ABC三大百科全书为：

（1）《美国百科全书》（共30卷）Encyclopedia American. International Edition. New York:Grolier，Inc.30v.（ISBN 0-7172-0110-4）这是标准型的综合性百科全书，为世界著名的ABC三大百科全书之A。初版是德国移民F. Lieber于1829年～1833年以德国《布罗克豪斯社交词典》第7版为范本编成的，共30卷，约3150万词，收录约6万个条目。虽称“国际版”，但内容上偏重于美国和加拿大的历史、人物和地理资料。

（2）《不列颠百科全书》（第14、15版）Encyclopedia Britannica. Chicago:Encyclopacdia Britannica，Inc.14th ed.这套百科全书被认为是现代最有权威的大型综合性百科全书，为著名的ABC三大百科全书之B。已有220多年的历史，第15版于1974年出版，书名改为《新英国百科全书》（New Encyclopedia Britannica），这一版将《百科类目》（知识纲要）、《百科简编》（便览和索引）和《百科详编》（知识深入）三个部分合而为一。

（3）《科里尔百科全书》（共24卷）（Collier’s Encyclopedia. New York: Macmillian Education Corp. 24v.）是一部20世纪新编的大型英语综合性百科全书，为著名的ABC三大百科全书之一。Collier是出版家的名字，全书的现行重印本是1980年版本，共24卷，约2100万个词，收录约25万个条目。该书适用对象广泛，雅俗共赏；材料更新及时，内

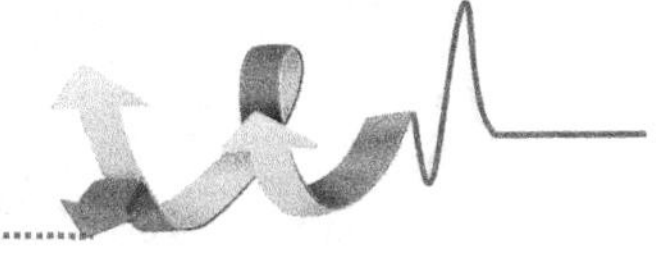

容新颖可靠，重事实轻论点；参考书目的编选为各家百科全书之冠；书中的“学习指南”把条目内容与学校课程联系起来。

4.2.4　类书、政书

类书是具有百科全书性质的资料汇编型工具书。政书，原是史书的一个门类，因具有资料汇编性质，往往被视为工具书，甚至被当做类书的一类。类书和政书都是中国古代特有的工具书。

1. 类书

类书辑录各种古籍中的资料，或按内容分类、或按字顺韵部汇为一编，以供寻检和征引。类书虽然包罗各门类知识，但一般只采辑前人的论述加以汇编，偶有略加概述或加按语考证辨析的，无论内容或编纂体例都与百科全书不同。类书之名始见于宋欧阳修所撰《新唐书·艺文志》和宋王尧臣等撰《崇文总目》，但类书的起源却远早于此。三国魏文帝曹丕时编纂《皇览》(已佚)，一般认为是最早的类书。此后历代多有编纂，据统计至清末共有400多种类书。类书可分为综合性类书和专门性类书。

(1) 综合性类书。最著名的是唐代《艺文类聚》、宋代《太平御览》、明代《永乐大典》(仅存残卷) 和清代《古今图书集成》。

(2) 专门性类书。专门性类书往往只撷取某一方面的资料或只采摭辞藻、典故、诗文。如采撷史事的《册府元龟》，汇辑辞藻的《佩文韵府》和《骈字类编》，汇辑图录的《三才图会》和《图书编》，考究事物起源的《事物纪原》等。

类书的编排主要采用分类，资料按以类相从的“类聚”方法，分列于类目之下。也有采用按韵目编排的。

由于类书的资料采自各种古籍，不同时代编纂的类书都保存了很多珍贵的古文献，至今仍有较高的参考价值。因此，类书除了用于查考史实掌故、名物起源，查找辞藻典故、诗词文句的出处，寻检参考资料之外，还可用于校勘古籍、辑录散佚或残存古书的佚文。

现代也采用类书的形式汇编资料，如《中国历代文献精粹大典》等。正在编纂中的《中华大典》也是在继承和弘扬古代类书优良传统的基础上参考现代图书分类法编纂的新型类书。

类书虽被称为“中国百科全书”，但与百科全书还是有区别的。两者的共同点是都包罗各门类知识，但类书只是汇编前人的资料，而且偏重于文史方面，对所摘录的资料既不加解释，也不作系统论述，沿袭传统观念；而百科全书则是概括各学科的知识，通过条目作完整、系统的论述，偏重于科学文化的新成就、新进展。类书的编排不便于检索，而百科全书却以检索便捷为特点。

2. 政书

政书是辑录历代或某一朝代有关典章制度方面的文献资料，并以分类方式编排与叙述的古籍。政书是历史著作的一个门类，即典章制度专史。因为政书分门别类汇辑政治、经济、军事、文化制度资料，具有资料汇编的性质，且查检方便，一般也作为工具书的一个类型。政书除供查考古代典章制度及史实外，由于保存了大量亡佚的古文献资料，也可用于校勘和辑佚。

首创政书体裁的是唐代刘秩（著名史学家刘知几之子）。刘秩撰《政典》35卷，已佚。唐杜佑据《政典》补充扩展成《通典》，宋郑樵撰《通志》，元马端临撰《文献通考》，这三部记载历代典章制度的典志体史书，就是著名的“三通”。

政书一般分两大类，一是记述历代典章制度的通史式政书，以“十通”为代表；二是记述某一朝代典章制度的断代式政书，称为会典、会要。

（1）“十通”。“十通”是《通典》、《通志》、《文献通考》、《续通典》、《续通志》、《续文献通考》、《清朝通典》、《清朝通志》、《清朝文献通考》和《清朝续文献通考》10 部通代型政书的合称，记述了上古至清末的典章制度。20 世纪 30 年代商务印书馆缩印《十通》，并编辑出版《十通索引》。

（2）会要和会典。会要和会典都是断代型政书，均记述某一朝代或某一时期的典章制度。会要多为私人撰写，记一代典章制度的变化，分门别类记事，只罗列事实，不作论述。会典则多为官修，记述政府法令、官吏职掌和有关事例，按官署机构分别排列。

断代式政书主要有会要、会典等。会要有宋王溥编撰《唐会要》（100 卷）、《五代会要》（30 卷），南宋徐天麟编撰《西汉会要》（70 卷）、《东汉会要》（40 卷），清徐松辑《宋会要辑稿》（现存 366 卷）。清代学者补撰《春秋会要》（4 卷）、《秦会要》（26 卷，清孙楷撰、徐复订补）、《三国会要》（22 卷）、《明会要》（80 卷）等。其中《唐会要》、《五代会要》、《宋会要辑稿》等史料价值较高。就某一朝代而言，会要所收集的材料比“十通”更为丰富、详细。会典中最早的一部是唐玄宗时所编《大唐六典》。明清官修的会典，不以门类汇辑材料，而以吏、户、礼、兵、刑、工六部为纲，注重章程法令和各种典礼。“十通”与会要、会典可相互参照、考稽。

4.2.5 年鉴、手册、名录

年鉴和手册、名录都属于能迅速、直接提供所需资料（事实、数据等）的所谓“事实便览型工具书”，但名录具有指南性质。

1．年鉴

年鉴是以全面、系统、准确地记述上一年度事物运动、发展状况为主要内容的资料性的、信息密集型的工具书。汇辑一年内的重要时事、文献和统计资料，按年度连续出版的工具书。它博采众长，集辞典、手册、年表、图录、书目、索引、文摘、表谱、统计资料、指南、便览于一身，具有资料权威、反应及时、连续出版、功能齐全的特点。每一本年鉴提供的资料在横向上范围广泛，而逐年连续出版的年鉴系列则具有纵向的可比性，这一特点是其他工具书所不具备的。

年鉴的编纂始于欧洲。直到 18 世纪才有各类年鉴大量出版，英语中的 Yearbook、Annual 和 Almanac 都译为“年鉴”，但却稍有区别。Almanac 以综合性为主，往往包含大部分的基本回溯性资料，不作逐年更新；而 Yearbook 和 Annual 的内容围绕一定的专题，逐年更新，Annual 一般仅为文字叙述，没有统计资料。我国到 20 世纪初才有现代年鉴问世。到了 20 世纪 80 年代，年鉴得到充分发展。据统计，1991 年初各类年鉴数量已达 405 种。90 年代以后，年鉴发展延缓，部分年鉴已停刊。

年鉴的种类多种多样，根据不同的分类标准，可进行如下划分：

（1）按收录的内容范围分，可分为综合性年鉴（如《中国百科年鉴》）和专科性年鉴（如《中国历史学年鉴》）。

（2）按反映的地域范围分，可分为世界性年鉴（如《世界哲学年鉴》）、国家性年鉴（如《中华人民共和国年鉴》）和地方性年鉴（如《广东年鉴》）。

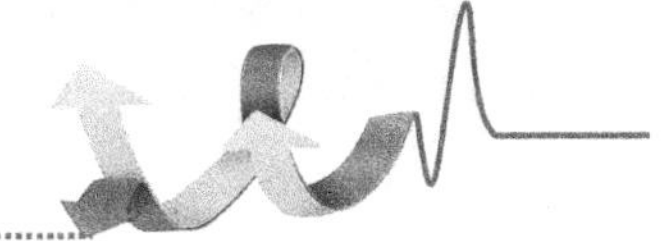

（3）按编纂的形式分，可分为记述性年鉴（如《中国人物年鉴》）、统计性年鉴（如《中国统计年鉴》）和图谱性年鉴（如《中国摄影年鉴》）等。

年鉴的内容主要通过文字记述和统计资料表现出来。大小不等的条目组成栏目，各种栏目的组合构成年鉴的框架结构。年鉴一般包括概况、专题、文章、纪事、二次文献、统计资料、附录等部分。专题部分通常采用分类编排。年鉴的条目不同于辞书的条目，主要提供事实和资料，并用标题加以揭示。年鉴的目录有时无法列条目的细目，要通过栏目或利用内容索引检索。目前编制有内容索引的年鉴还不多。年鉴封面所标年份一般与出版年一致，所记载的内容是上一年度的。部分年鉴所标年份与内容一致，不同于出版年，使用时要注意区分。

通过年鉴，可以查找国际、国内时事，各部门、行业的进展及各学科、专业的研究动态；可以查找政府颁布的重要法律、法规和逐年可比的统计数据；可以查找学术论著的线索及有关评价；还可查找有关机构、企业的简介及著名人物生平，以及一些实用性的指南资料（如名录等）。

2．手册

手册是汇集某一学科或某一主题等需要经常查考的资料，多采用分类编排，供读者随时翻检的工具书。手册就是各行各业、不同地域、不同职业的人在进行某种行为时所需要的一种了解相关信息的材料。手册主要为人们提供某一学科或某一方面的基本知识，方便日常生活或学习。手册中所收的知识偏重于介绍基本情况和提供基本材料，如各种事实、数据、图表等。通常按类进行编排，便于查找。英文中，常用 Handbook 和 Manual 表示，前者侧重“何物”（what）一类的信息，如数据、事实等，后者偏重“如何做”“（how-to）之类的问题。

手册在中国出现很早。在敦煌石窟曾发现唐代的《随身宝》，此后有元代阴时夫撰《居家必备》、明代的《万事不求人》、清代石天基撰《万宝全书》等，都是具有类书性质的汇辑日常生活知识的手册。只不过“手册”一词是近现代才出现，有时标以指南、要览、便览、大全等名称。

手册具有以下特点：简明扼要地概述某一学科、专题的基本知识，提供一些基本公式、数据、日期、名称、规章、条例等；注重图表和数据的使用；提供的知识和数据资料，涉及时间长，准确、可靠、稳定；形式灵活多样。手册与年鉴相比，更注重实用性，它所提供的知识和数据资料，涉及的时间长，而且灵活多样，可以满足读者多方面的需要。

根据收录的内容分，手册可分为以下两类：综合性手册，收录广泛的基本知识和资料，如《国际资料手册》、《当代新学科总览》；专业性手册，汇辑某一学科或某一业务范围的资料，如《当代国外社会科学手册》。专业性手册必须反映最新的知识和成果，并注意修订和更新内容。

3．名录

名录是简要提供机构概况、人名、地名资料的工具书。在英文中，名录（Directory）仅是指机构名录，也译为指南。根据我国的实际情况，名录包括机构名录、人名录和地名录。

（1）机构名录。机构名录简要介绍某一专业或行业各种机构的概况。一般采用表格、栏目形式，提供有关机构的新资料，包括宗旨、职能、业务范围、组织、人员、地址等，如《中国工商企业名录》。年鉴、手册中常附有机构名录。

（2）人名录。人名录是介绍某方面人物的简历及著作等，近似人名词典，但以在世人物为主，也称名人录。按固定格式提供有关人物的最新传记资料，需逐年更新、补充，如英国

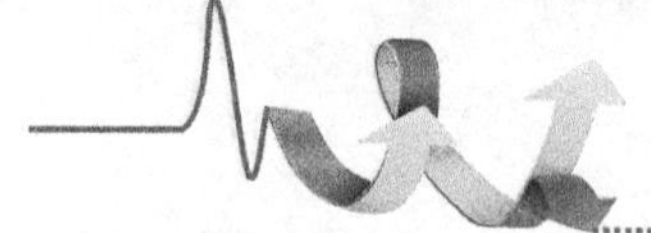

出版的《国际名人录》。

（3）地名录。地名录是提供地名的书写形式和地理位置的简要资料，一般不加以解释，不同于地名词典，如《世界地名录》和《中国地名录》。

名录提供的资料准确、简明，内容较新，可补其他工具书的不足。机构名录则为沟通联系、交流信息提供了方便。

4.2.6 表谱、图录、地图

表谱和图录都是常用的参考工具书，地图是图录中特殊的一类。它们的共同特点是简明扼要，一目了然，无需过多的文字记载，表格和图像可补文字叙述之不足，利于考索辨正。

1. 表谱

表谱是用编年、表格等形式来揭示时间概念或列举历史事实的工具书。其特点是眉目清楚，简要易查。常用于查检时间、历史事件、人物资料等。

汉司马迁《史记》中的《十二诸侯年表》等十表，开创了表谱的体例。由此演变出各种不同类型的表谱，大体上可分为年表、历表和专门表谱三类。

（1）年表。年表是用于查考和对照不同纪年方法的年代。年表又可分为：

1）纪年表。它只对照不同纪年方法（公元纪年、帝王年号纪年、干支纪年）的年代，如《中国历史纪年表》。

2）大事年表。它是以纪事为主，又称大事记。除对照年代外，还按年纪事，（详者按月、日纪事），如《中外历史年表》。

（2）历表。历表是以科学方法编制而成的历书。现代历表是不同历法（公历、农历、回历）年月日序列的对照表，用于查考和换算不同历法的日期。

（3）专门性表谱。专门性表谱是为某学科、专题或人物编制的表谱，数量很多，主要有：

1）职官表是查考官制或官职变化、人事更替的工具书，如《历代职官表》和《清代职官年表》。

2）地理沿革表是查考不同历史时期地名和疆域变化的工具书，如《历代地理沿革表》。

3）生卒年表用于专门记载历史人物的生卒年，如《中国历史人物生卒年表》。

4）谱系表是指家谱、族谱、世系表等，可用于查考史事，如《蒙古世系》。

5）年谱是记载个人生平事迹的编年体著作，也称年表，包括著作年表在内，如《鲁迅年谱》和《明清江苏文人年表》。

2. 图录

图录是以图像为主，辅以文字说明的工具书，又称图谱。中国古代随着金石学的发展出现了古器物的图谱。宋吕大临《考古图》就是现存最早而又有系统的一部文物图录。现代图录大体上可分为：

（1）文物图录。它收录文物图像（照片、线描图、拓片等），如《中国古代度量衡图集》。

（2）历史图录。它收录有代表性的文物、人物图像，重大历史事件遗存实物、场景的照片、图画等，供学习和研究历史的参考，如《中国历史参考图谱》。

（3）人物图录。它专门收录历史人物图像，如《中国历代名人图鉴》。

（4）艺术图录。它收录艺术品的照片，如《中国绘画史图录》。

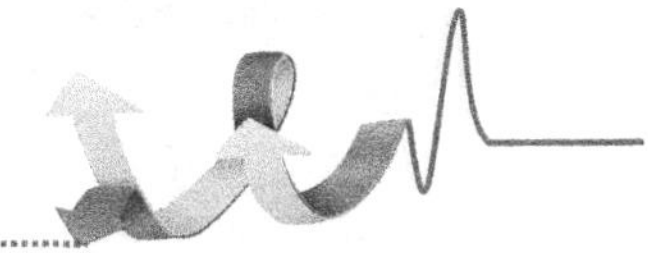

3．地图

地图是将地球表面的事物和自然、社会现象的分布及相互关系按一定的法则概括反映出来的图。多幅地图汇编则成地图集。

我国在春秋战国时代就出现了地图。现存最早的地图是西汉初年绘在帛上的地形图。清代康熙年间已用新法实测绘制出《皇舆全览图》（1921 年影印出版时改名《清内府一统舆地秘图》），近代杨守敬等编绘《历代舆地沿革图》是较完备的历史地图集。现代地图可分为三类：

（1）普通地图。综合反映地表物体和现象的一般特征，内容包含地理要素和社会经济要素，如《中华人民共和国地图集》和《世界地图集》。

（2）专业地图。专业地图反映有关自然、社会、经济等现象中某一个方面的地图，如地质图、气象图，以及编制中的《中国语言地图集》。

（3）历史地图。历史地图反映人类各历史时期的发展情况。其内容包括各时期的疆域、政区、政治形势、军事行动、经济和文化的发展、民族迁徙、地理环境的变迁等，如《中国历史地图集》。

4.2.7　工具书检索实例

1．字典、词典检索实例

例一：什么叫建筑学上的“洛可可风格”？

根据题目，因为是涉及建筑方面的词汇，故要选择建筑方面的工具书——《建筑大辞典》来进行查找。首先根据“洛”首字的笔画，我们可在辞典的目录中找到了“洛可可风格”的条目。然后再根据目录中“洛可可风格”页码，查找到了如下的解释：18 世纪初产生于法国的一种建筑风格，后被其他国家（主要是德国和奥地利）所采纳。它主要表现在室内装饰艺术上。源于法语 rocaille（用岩石和贝壳点缀的人工岩窟）。这种风格一反巴洛克艺术的庄重、崇高、力感，代之而为轻快、优美、典雅，反映迷恋于雅宴的 18 世纪上层阶级的生活环境。洛可可装饰的特点是：比例关系偏于高耸纤细，常用不对称手法，爱用 C 形涡旋线和 S 形线，尤其爱用贝壳、漩涡、山石作为装饰题材，卷草舒花、缠绵盘曲，连成一体。天花板与墙面有时以弧面相连，室内建筑构件有时也做成不对称形状。色彩爱用嫩绿、粉红、猩红等鲜艳的浅色调。线脚大多用金色。天花板涂天蓝色。喜欢闪烁的光泽，墙面上大量嵌镜子，天花板上悬晶体吊灯。室内四周有一圈花边，中间常衬以浅色的东方织棉。1715 年～1745 年期间的装饰艺术是洛可可倾向的集中体现，其代表作品有巴黎苏俾士府邸公主沙龙（1735）、凡尔赛宫的王后居室和尚蒂依小城堡的亲王沙龙等。

例二：怎样较全面地查阅日本姓氏发音辞典？

根据要查的题目在《日中韩姓氏大辞典》（Japanese, Chinese, andKoreanSur—namesand How To Read Them）中查找，这本辞典收录了 1260000 个日本名字，同时还收录了 259 个韩国名和 594 个中文名。

翻开这本辞典就可以看见一个部首表。可以按如下步骤进行姓名查找：

例如，如果您想知道“真石”的拉丁拼写，可以翻开第一卷，本卷是介绍从字形到发音。把“真”字上下拆开，上面的部首是“十”，笔画数为 2，其余的部分笔画是 8；翻阅部首表，得“十”的号码是“k”，于是“真”的编码就是“部首笔画”+“部首号码”+“其余部分的笔画”，也就是 2k8，然后再去本书 2k8 的栏目里找到“真”字，浏览其底下条目，发现“真

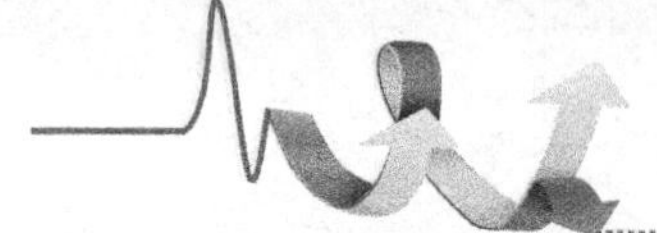

石”的拉丁拼写是“Maishi，Masago”。

卷二的条目按照拉丁拼写排列，如果知道拉丁拼写，例如，“Hitomi”，按照字母顺序查找下来可知 Hitomi 的汉字写法是“瞳”。

2．事实检索实例

例一：怎样查找外国人名的标准中文译名？

根据查找要求，可以用中国对外翻译出版公司出版的《世界人名翻译大辞典》来查找所需的资料。这套书分为外国姓名和使用或日本、韩国等曾经使用过汉字的国家人名两部分，可以按照以下步骤进行查阅：

（1）确定所查找的人名的国籍，属于上述所说的哪部分。

（2）该书的条目不分国家和地区，也不分姓和名，一律按拉丁字母顺序混合排列。按所要查找的人名的英文字母顺序找到相关的条目，条目内容格式如下：外文名、汉译名、国别（或语种）的简称。

（3）对于历史上已有的习惯用法的人名、外国人自己起的中文名以及《圣经》、佛教、神话传说和文学作品中的人物，该辞典按约定俗成的原则予以收录。这些条目的格式如下：外文名（姓在前，名在后）、生卒年份、汉字译名、国别和简单的身份介绍。例如，BuckPearl（1876—1973）赛珍珠<美>女作家、诺贝尔文学奖获得者。

例二：怎样查找历届美国总统的传记信息？

根据所要查找的对象，确定可以使用由美国 Grolier Educational 出版的《美国总统》（The Presidents）这套书来查找相关资料。这套书将各届总统按照就职年限依次排列。例如，想查找 JohnTaylor 的生平，可以按照以下步骤查阅：

（1）确定 John Taylor 的任职年份。John Taylor 的任职年份为 1841 年～1845 年，应归入第二册。

（2）根据第二册后的本册索引所列出的页码查找正文。按照英文字母顺序找到 T 栏目下的 Taylor，John，80～93，数字表示有关他的资料在本册的第 80～93 页。

（3）也可根据第八册后的全书主题索引直接查找相关内容。按照英文字母顺序找到 T 栏目下的 Taylor，John，2：80～93，黑体数字表示相关内容所在的卷期，80～93 表示页码。

（4）索引中 Taylor，John 栏目下列出的其他条目都是与他相关的信息，如内阁（Cabinet）、家庭（Family）、国家权利（Rower Of State）等。黑体数字仍表示卷数，其他数字则表示页码。

3．数据检索实例

例一：如何查找我国生产的 BY 系列永磁式步进电机的型号、技术数据和生产厂家？

（1）根据题目要求，查找的工具书为《机械产品目录》（机械电子工业部，1991，共 11 个分册）。

（2）依工具书的排检特点，选定检索方法。步进电机属微电机类，从《机械产品目录》说明中知道，微电机类产品在第八分册。该产品目录按产品的功能分类排列，故按分类法检索。

（3）查阅并记录检索结果。先在目录中查出“微电机”类，然后在该类往下查“步进电机”，结果为：

微电机

● 步进电机……1029（页码）

再在“步进电机”小类中依顺序逐页查找，在 1037 页中查得具体结果：

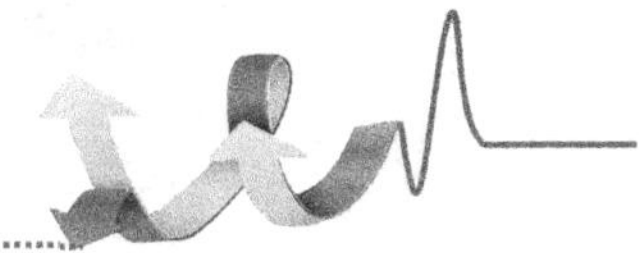

"5．BY 系列永磁式步进电动机"

（所列型号技术参数和生产厂家的表格略）。

在表格中给出 20BY、25BY001、26BY……共 16 个型号，及每一型号的技术特性参数、生产厂家和代码，部分还给出参考价格。厂家代号为 20、22、19、3，共 4 个厂家。按在"微电机"类首页给出的"微电机厂家代号表"得：

4．南京微电机厂　　　　　　　　　　19．国营 906 厂

20．国营重庆微电机厂　　　　　　　22．常州电机电器总厂

例二：如何查找有关在中国的外资公司、合资企业以及本国公司的基本情况？

根据所查的内容及范围，发现《D&B 中华人民共和国主要公司指南》（D&BMajor CorporationsinP. R. China）一书符合查询要求。本书共分两册 5 部分，第一册是外资及合营公司的简要信息，包括地址、电话、负责人等；第二册是中国公司的简要信息。

本书的公司名均有中英文两种，但只按英文排序。如果您想查找一家外资或合资公司，如果您知道该公司的英文名，可以先翻到第一册第二部分，根据该英文名找到公司所在地后，再翻到第一册，根据公司所在地及公司名查找。如果您不清楚公司名，但是知道您想查找的是哪个行业的公司，可以翻到第三部分，根据 SIC 编码找到某行业的全部外资及合营公司，然后再根据所在地及公司名返回到第一部分。

如果您只想调查某行业大型或者领先企业的信息，您可以使用第四部分，该部分利用员工人数区分大中小型企业。例如，您想调查啤酒行业前 10 名的企业，您可以翻到员工人数为 500～999 那一栏查找，如果 10 个不到可继续翻到"EM—PLOYEES250—499"一栏查找。如果您想区分某公司是属于合营或独资，您可以使用第五部分，它按经济类型将公司分类。

如果您想查找中国公司，可以使用第二册，方法类似，只是第二册的第一部分分类正好和第一册第二部分的分类相似，第二册第二部分的分类正好和第一册第一部分类似，其他部分相似。

4.3　网络工具书

众所周知，工具书因其参考性、易检性、知识性、权威性等众多的优点而成为人们学习、工作和科研不可缺少的助手。但传统印刷型工具书一般卷数多、体积大、利用相对困难，而且还有时效性差、标引深度不够、检索功能单一等缺点，因此，它们的作用难以充分发挥。随着现代信息处理技术在图书出版、信息存储和检索领域中的应用，以及互联网的普及发展，涌现出越来越多的各种类型的具有查阅、检索或指引作用的网络工具书，如百科全书、地图、年鉴、词典等数据库。其检索功能齐全、应用领域广泛，从而极大地加速了网络工具书的发展。目前比较齐全的有 CNKI 工具书在线，免费注册后付费使用。

4.3.1　网络工具书的特点

与传统的印刷型工具书相比，网络工具书在收录内容、检索功能、更新频次等方面有明显的优势。

1．内容更丰富

虽然许多网络工具书以相应的印刷版为基础，但它们不拘泥于印刷版的内容，而是在

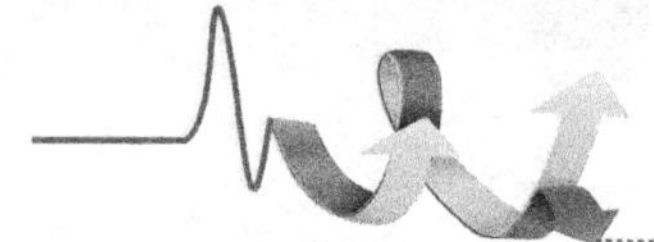

其基础上增加了许多新内容和提供了更多的信息服务项目。例如，北京百科全书网（http://beijing—book.db66.com）、《中国大百科全书》网络版的数据源于《中国大百科全书》和《中国百科术语数据库》。北京百科全书网除了印刷版的内容外，还提供有关反映北京最新信息的功能，开辟了“历史上的今天”、“北京之最”、“百科精华”、“百科图库”、“首都新貌”等多个栏目，从而极大地丰富了用户可以获取的知识信息。此外，这些工具书网站都提供了对相关站点的链接，便于用户扩大检索范围。网络工具书内容的丰富性还表现在信息形态的多媒体化上。网络工具书的信息形态除了传统的文字、图表、公式、符号等形式外，更多的是图像、动画、声音等多媒体信息，图文声并茂。从上述意义上来讲，这些网络工具书已经成为一种动态的知识信息源，扩展了传统工具书的作用和功能。

2．使用更方便

网络工具书使用的方便性主要体现在两个方面：其一是读者可以随时随地联网使用，并且可以实现多个用户同时使用，克服了传统印刷型工具书在使用上的排他性；其二是除了保留印刷型工具书原有的检索途径外，网络工具书往往利用先进的信息检索技术，增强了检索界面的友好性和交互性，增加了许多新的检索功能和检索入口，提供了直观的联机检索帮助，从而极大地方便了用户快速找到所需的知识信息。此外，在超文本链接技术的支持下，网络工具书克服了传统工具书内部知识信息的线性组织方式，将所有知识信息单元按照相互之间的关系，非线性地组织成一个网状结构，从而增强了条目之间的联系，用户可由点到面，系统、全面地把握要找的信息。例如，《中国大百科全书》网络版采用著名的中文检索软件 TRS 作为检索引擎，提供了多卷检索、条目顺序检索、条目分类检索、全文检索、组合检索和逻辑检索等功能，设有热链接，方便读者查询相关性信息的内容，用户可对检索结果进行复制、打印等操作。

3．数据时效性更强

传统工具书的修订和增补都需要一个出版周期，像印刷版的《辞海》每十年修订一次，而网络工具书借助于现代信息处理技术，极易实现数据的更新和扩充，因而更新速度快，数据最新。一般网络工具书可按月或按季度更新，也有许多按天、周更新的，因此，网络工具书在数据新颖性和时效性方面占有更大的优势。

由于网络工具书具备了在线查询功能，信息的表现能力、查询的速度和成本较传统印刷型工具书有明显的优势。因此，网络工具书一经问世，立刻受到了用户的普遍欢迎。随着用户需求的推动，其生存和发展空间会越来越大，必将成为工具书的主流。但目前的网络工具书发展并不平衡，检索工具书，如目录、索引和文摘发展很快，出现了许多综合性和专业性的数据库；而参考工具书发展相对较慢，并且学术性、知识性稍差，较多的是偏重生活常识或指南性的，同时，由权威性机构或单位创建的网络参考工具书偏少。一些称之为百科全书的网站，虽然在一定程度上提供了较为全面的某一领域的知识，但实际上，其提供的信息并不充分、全面和权威。此外，现有的网络参考工具书比较分散，未能得到充分的重视和使用。

随着信息储存技术和传递技术的革新变化，使得传统的工具书逐渐朝光盘版、网络版方向发展，这种趋势不可避免。当前，网络工具书面对的发展难题是：出版主体、版权保护问题、费用与收益问题、规范技术与标准问题、阅读软件选择等。如果网络工具书出版界走联合开发道路，共同克服上述困难，那么网络工具书必然会在出版规模上、效益上、用户数量和产品质量等方面超过传统工具书，在未来的信息社会中发挥重要的作用。

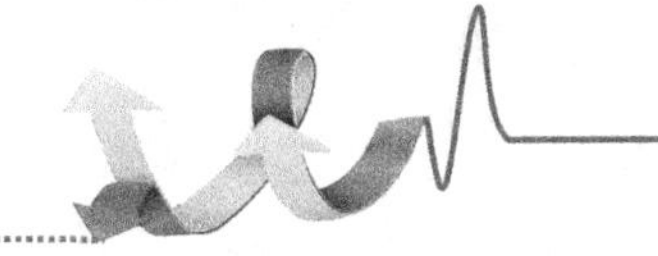

4.3.2　网络工具书的获取路径

获取网络工具书的途径有很多，基本上是各大综合性或专业性网络指南网站、搜索引擎、相关网站的链接等。

1. 目录型检索工具网站

这是网上信息检索的最主要方式之一，所收录的网络资源经过专业工作人员的鉴别、选择和组织，保证了搜索质量，减少了检索中的问题，比较适合于查综合性概括性的主体概念或对检索准确度要求较高的课题。例如，常用著名网站 Yahoo 和 Sina 的分类目录都有“参考资料”一项，网易中有“综合参考”项，下一级目录既有各种工具书（百科全书、辞书、年鉴、地图等），又包含了其他一些诸如“艺术人文”、“标志象征”等可供参考的资料，将工具书包括的内容在此零星散置。与此相比，北极星搜索引擎网站的分类浏览目录要好些，分为字典、词典、百科全书、电话号码、工具书综合小类，收录了 66 个工具书网站，清晰明了。但是从总体上看，各网站分类体系不甚统一、类名不规范、分类缺少提示、无分类代码，所列工具书网站也有重复和无关的现象出现。

2. 搜索引擎

提供给用户进行关键词、词组或自然语言检索的工具，是比较常规、普遍的网络信息检索方式，多用检索特定的信息及较为专深或类属不明确的课题。工具书包含内容多且杂，名称各异，因而用搜索引擎难以得到真正所需的网络工具书，只适合查找已知名称的某一具体工具书。

3. 获得网络工具书的其他方式

获得网络工具书还可通过：①图书馆网站导航。许多图书馆尤其是高校图书馆都有网络工具书导航，但是内容有的长篇累牍，有的只收有三五个，分类模糊、粗糙，更有的将毫无关系的网站掺杂其中。②各工具书网站的相互链接。《大不列颠百科全书》中就挂接了《韦氏英语词典》，方便用户查字。③个别网站根据自身的内容特点，在本站收录其他工具书或自设相关的简单的参考工具书。例如，“新语丝”附有“中国文化虚拟大百科”；Yahoo 网站自带 Yahoo！字典（学生英汉字典）；北京大学网站的“全唐诗电子检索系统”。基本上这种附带的工具书功能单一、内容有限。除此之外还可通过网上公共书目、网上书店或出版社对自身拥有书籍的书目整理、报刊或其他媒体目录索引来查得所需工具书。

信息用户可以通过专业搜索引擎、出版社网址、图书馆、教育学习网站或者相关链接等，搜集互联网上丰富的网络工具书资源，选择符合自己需要的权威词典、百科、指南和数据库，作为案头常备的查考工具。

4.3.3　网络工具书举要

1. 图书目录

图书目录包括馆藏书目、联合书目和在版书目等信息。

（1）馆藏书目。馆藏书目检索是图书馆提供最基本的网络信息服务内容之一，大多数图书馆都在主页设立了“馆藏书目查询”栏目。例如，中国国家图书馆的联机公共目录查询系统（http://opac.nlc.gov. cn/F)、武汉大学馆藏书目数据库（http://www.1ib.whu.edu.cn/gcsm/index.asp)、

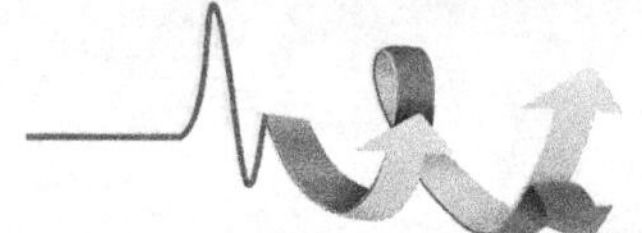

浙江大学馆藏书目数据库（http://webpac.zju.edu.cn:8991/F/）。

（2）联合书目。联合书目是某一图书馆或者多个图书馆合作编制的用于反映一个国家、地区、系统或者几个具有合作关系的图书馆馆藏情况的图书目录。例如，高等教育文献保障系统（CALIS）联合书目数据库（http://opac.calis.edu.cn/simpleSearch），反映了全国 60 多家“211 工程”高校图书馆的馆藏目录数据。OCLC 的 WorldCat 是世界范围内最大和最全面的图书馆的图书和其他资料的联合目录数据库，反映了其 9000 多个成员机构的馆藏情况，目前包括 5600 多万条记录，涉及 400 多种语言，主题范畴广泛，覆盖了从公元 1000 年到现在的资料，基本上反映了世界范围内的图书馆所拥有的图书和其他资料，每条记录都附有世界各国收藏这一原始文献的图书馆名称。

（3）在版书目。在版书目反映当前或最近出版的图书情况，各大出版社在其主页上都提供了“在版书目”、“最新书目”等栏目。例如，中国图书网（http://www.bookschina.com）全面地分类提供了在版、可售图书的情况。

2．字、词（辞）典

网络字、词（辞）典包括专业性质类的字、词（辞）典和语言学习类的字、词（辞）典两种。

（1）专业性的字、词（辞）典。它是围绕某一学科领域或者专题，提供基本概念和专有词汇的基本知识信息的字、词（辞）典。例如，在线化工词典（http://www.chemyq.com/xz.htm），在线化学、生态学、矿物、实验工作词典（http://www.seilnacht.com/），在线英汉医学词典（http://www.esaurus.org）等。

（2）语言学习类字、词（辞）典。这种类型的网络工具书很多，一些是传统工具书的网络版，如牛津、韦氏、剑桥都推出了在线词典；一些集成多种字、词（辞）典，提供在线检索服务。

1）剑桥在线辞典（http://dictionary.cambridge.org），提供包括剑桥国际英语辞典、美国英语辞典、国际短语辞典及国际习语辞典等内容的在线检索。

2）Your Dictionary.com（http://www.yourdietionary.com/dictionl.html），最具权威性的在线词典门户之一，提供 300 多种语言的 2500 多种字、词（辞）典和语法书的在线检索服务。此外，还在线解答用户疑难，提供语言学习游戏，翻译、写作参考资料等。

3）OneLook Dictionaries（http://www.onelook.com），这是一个搜索引擎性质的词典网站，1996 年 4 月推出。目前共收录互联网上 900 多种在线词典的 500 多万个词汇，包括英语、汉语、德语、法语、意大利语、西班牙语等语种，是一个免费网站。

4）美国传统词典（http://www.bartleby.com/61/），知名的 American heritage dictionary 词典第 3 版印刷本的完整在线版本提供免费服务。该词典共收录有大约 35 万个单词、3．4 万个应用实例、500 多种使用注释和新修订的词源附录，被 Amazon．com 称为“编辑选择的参考工具”，是专业英语工作者必不可少的重要工具，具有非常高的权威性。

5）词霸搜索（http://www.sowang.com/jinshanciba.htm），是金山公司根据自己的“词霸 2005”产品推出的在线服务，提供了来自 198 种词典上的英汉词目 450 万条、汉英词目 340 万条、日汉词目 12 万条、汉日词目 2 万条、汉汉词目 10 万条、汉语、英语、日语、德语、法语五国语言互译词目 26 万条的检索。

（3）综合类词（辞）典。知识词典（http://www.dicl23.com/）是一套融合词典、百科、期刊、报刊、诗歌、专利、书目、公司名录等为一体的大型知识数据库，包含 63 个国家的语言词典，参考了近 1000 种辞书和数十种词典软件，40 多万条中文百科，数据库总记录达 3800

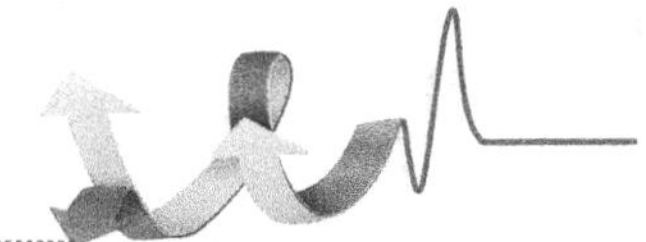

多万条，整库不重复词条达 500 万条。数据库类型分为期刊题录、在线诗歌、专利查询、书目查询、在线实用工具、在线词典、在线百科知识。提供快捷的知识查询和知识聚合方式。

其他还有网络字、词（辞）典包括《在线汉语字典》(http://www.zdic.net/)、《中华在线词典》(http://www.ourdict.cn/)、《汉语大词典》及《辞海》(http://www.ewen.cc/books/)、《牛津英语词典》(http://www.oed.com/)、英语词典大全（http://www.dictionary.com/)、有机化学和生物化学术语词典（http://www.chem.qmw.ac.uk/iupac/）等。

3．百科全书

（1）中国大百科全书网络版（http://202.197.127.211:8080）。中国大百科全书网络版是一部使用面广、方便实用的大型综合性事实类电子工具书，涵盖了印刷本《中国大百科全书》全部 74 卷的内容，涉及哲学、社会科学、文学艺术、文化教育、自然科学、工程技术等 66 个学科领域。它以《中国大百科全书》和中国百科术语数据库为基础，共收条目 78203 条，计 12568 万字，图表 5 万余幅。条目内容包括条目的标题、所在卷名、释文、插图及图注、参考书目、作者等。系统提供首页、分卷检索、全文检索、条目顺序、组合检索、大事年表、帮助信息、安装字体 8 个主页面，单击图标，可进入相应的页面。此外，还提供几十种逻辑检索的语句检索方式。在条目正文中提供了打印、下载、复制等功能，为更有效地使用该资源提供方便。但它只提供部分词条的免费查询，大部分需要付费使用。测试版地址为：http://www.cndbk.com.cn/。

（2）知识在线（http://www.db66.COB)。“知识在线”是面向全球华人的专业在线中文知识库，推出多个百科全书网站，包括北京百科全书网、奥林匹克百科全书网、国家百科全书网、中国古代小说百科全书网、市场经济百科网、计算机科学百科全书网、音乐百科全书词典网、中国性科学百科全书网和中国儒学百科全书网等 9 个分类网站，涉及旅游、体育、经济、文学、文物、音乐、哲学、保健等领域。由于这 9 个百科全书网站均属“知识在线”，因此，只需要在其中的一个百科全书网站注册后，在其他的百科全书网站均无需重新注册。使用一个注册过的用户名和密码，就可在其他百科全书网站登录。

1）国家百科全书网（http://countries—book.db66.corn/），它是一个系统地、全方位介绍世界各国的知识性网站，收录了 200 多万条关于世界各地的纵横交错的信息资源。它有检索和浏览两大系统：检索系统是直接输入关键词以便查询相应条目内容，之后还可以通过二级检索，即对检索到的内容进行更细的检索；浏览系统可以按照“导航条”、“汉拼目录”分类浏览，在进入每个栏目的标题列表后，同样设置了二级检索，可对标题进一步检索，以便浏览到更详细的内容。

2）市场经济百科全书网（http://jingji—book.db66.corn/），它以《市场经济百科全书》为蓝本，提供了与市场经济相关的专业知识内容近 500 万字，7000 余条目，2000 条图形公式，100 个电子动态表格和 400 多幅有关经济学家的图片，涉及贸易、财政、金融税务、会计、审计等领域。该网站的检索系统是直接输入检索词，就能查询相应条目的详细内容；其浏览系统可以通过“导航条”、“汉拼目录”、“术语简释”、“图韦公式简释”等 9 个栏目来分类浏览具体的内容。

3）简明旅游百科全书网（http://lvyou—book.db66.corn/），它是以人文、自然、民俗、风景、旅游服务五个方面为框架，尽可能全面地反映各国（地区）的旅游资源和文化风貌，以便读者探奇访幽的网站。其检索系统是直接输入检索词，就可查询相应条目的详细内容：其浏览系统按照“人文胜迹”、“自然风光”、“风土人情”、“风物特产”、“旅游服务指南”分类

途径来浏览具体内容。

（3）在线美国百科全书（格罗利尔在线）（http://ea.grolier.com）。它包括《美国百科全书》（EncyclopediaAmericana）、《格罗利尔多媒体百科全书》（GrolierMultimediaEncyclopedia）和《新知识文库》（TheNewBookofKnowledge）三大部分内容，还收录了《华尔街日报年鉴》（WallStreetJournalAlmanac）、TheAmericanPresidency和America—naJournal等新资料。有2500万字、45000个条目、提供6100条新书资料、1000幅图表、15万个链接连通3万余条百科条目。信息丰富，既可作为参考工具，也是互联网信息资源的指南。

（4）在线不列颠百科全书（EncyclopediaBritannicaOnline）（http://www.britannica.com）。20世纪90年代初，在总编辑罗伯特·麦克亨利的指导下，开发了不列颠百科全书的网络版，在互联网上提供电子参考咨询服务，网址为http://www.eb.com。1999年后公司开发了Britannica.arm网站，包括印刷版32卷的全部内容，73000个词条，其中包括印刷版没有的8000个词条。除此以外，网络版还包括以下内容：来自《百科年鉴》（BritannicaBookoftheYear）的词条7900条；来自不列颠学生和简明百科全书的词条4200条；来自马利安一韦伯斯特大学词典和词库（Merriam一Webster'sCollegiateDictionary）的200000个词条；世界地图（ExtensiveWorldAtlas），包括215个国家和地区的地图、国旗、统计数字；与该书内容相关的200000个网址相连接；27000个插图、地图和图表。其检索方式包括浏览信息、快速检索和高级检索三种。

（5）生命科学百科全书（Encyclopediaoflifescience）（http://www.els.net/）。由NaturePublishingGroup出版的参考工具书，涵盖了生命科学研究的各个领域，从分子水平到生物体水平，包含了跨生物学和生物医学的结构、过程、方法、系统和应用。由5000多位世界一流的科学工作者参与策划、撰写和编辑工作，集权威性和易读性为一体。现有3300多个词条。

目前，国外的很多百科全书都已提供网络在线检索服务。例如，《世界百科全书》（http://www.countryreports.org/）收集世界各国的商业、旅游、求学等信息；《麦格劳—希尔科学技术百科全书》（McGraw—HillEncyclopediaofScienceandTechnology, http://www.access.science.com）；《天文学和天体物理学百科全书》（Encyclopediaof Astronomy and Astrophysics, http://eaa.crcpress.corn/）；《哥伦比亚百科全书》（ColumbiaEncyclopedia, http://www.bar.tleby.com/65/）提供免费使用。

4．年鉴

目前，我国网上年鉴信息较少，一些大型的、权威的年鉴都未能实现网络化，一些地方性年鉴开始提供网络服务，如广州年鉴（http://www.gz—gov.org/yearbook/index.html），提供2000年～2004年内容的免费使用。

下面介绍几个重要的年鉴信息检索系统及年鉴供求信息网。

（1）中国统计信息网（http://www.stats.gov.cn）。中国统计信息网由国家统计局推出，及时、准确地发布最新、最全面的统计信息，提供统计公报、统计数据、统计法规、统计机构、统计分析、统计管理、统计知识、统计标准、统计动态、统计制度等多方面信息的查找。

（2）中国年鉴篇名数据库（http://www.inc.gov.cn/newpages/database/zgnj.htm）。中国年鉴篇名数据库由中国国家图书馆开发推出，收录馆藏综合性年鉴、统计性年鉴及经济特区年鉴230余种，选录其中1981年～1999年全部或部分年卷的统计资料、法律法规、特载专文、图书评介等方面的内容，现有数据量21万余条，为读者提供题名、著者、地区、出处、年卷号、

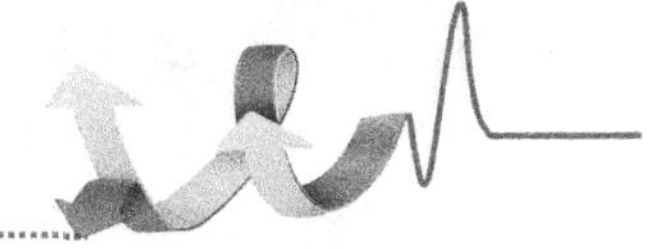

页码、关键词、馆藏信息等检索点。

（3）中国年鉴网（http://www.yearbook.cn/）。中国年鉴网是由中国版协年鉴研究会网络中心主办并负责全面运营，全国各年鉴编纂单位共同参与建设的面向全国年鉴界和社会公众，为我国各年鉴提供宣传和服务，为我国各级政府及社会各界提供研究、决策支持及其他年鉴信息服务的信息资源网站。它由“年鉴信息网”（http://www.chinayearbook.corn/index.htm）和“网上年鉴社区”两大平台组成，前者是宣传年鉴界形象，反映年鉴界发展动态的宣传总平台；后者以现代信息技术为手段，是贴近年鉴、服务年鉴、服务社会的服务总平台。

（4）中国年鉴信息网（http://www.chinayearbook.net/）。中国年鉴信息网由中国人物年鉴社、北京鉴志图书经营中心主办，是介绍全国各地出版的各类年鉴并在网上销售的专业网站。该网站常年发布全国各类、各地年鉴资料和最新信息，并为社会各界，包括机关、团体、大专院校、科研院所、企事业单位提供所需的各种年鉴。另外，提供年鉴供求信息但不能直接检索年鉴的网站还有：中国电子商务年鉴网（http://cn.made.in.china.com/）、中国信息年鉴网（http://www.cia.org.cn/）和全国年鉴发行网（http://www.nj58.com/）等。

5．名录

名录是目前互联网上很多信息门户网站、搜索引擎都提供的服务内容之一，如Yahoo!、Ly—131COS等都提供查询企业信息的“黄页”服务和查询个人信息的“白页”服务。也出现了专门提供企业名录服务的网站，如中国网通黄页网（http://www.chinayellowpages.tom.en）、中国电信黄页（http://www.10coso.com/html/hyfl.html）等。比较权威的企业和产品名录是由中国商务部推出的世界买家网（http://win.mofcom.gov.cn/index.asp），该网站提供的在线名录数据库——世界进口商和中国出口商品名录，是中国贸易指南的基础数据库。世界进口商名录数据库收录了150个国家及地区的25万家进口商的基本数据；中国出口商品名录数据库全面反映中国产品的现状和出口产品的动态普查，包括企业基本信息和主要产品信息。

中国网上114（http://www.china—114.net/main/corp/default.asp）是为适应世界正在步入网络经济的时代而设立的，是对传统的电话号码114查询方式的一次革命。通过网络，人们不但能查询到全国乃至全世界各单位的电话号码，而且能查询到单位的名称、联系人、传真、邮编、职工人数、主要产品（或服务）、E-mail及WebSite等详细资料。它是一项新型社会公众服务业务，是一个面向海内外开放的公众免费查询中心，是人们查找单位、联系业务的平台，同时也是全国各企事业单位宣传企业形象、展销产品的一个窗口。该网站提供“常用查找”和“高级搜索”两种服务。常用查找：在某一页的“类型”选择框内，可以选择单位名称、法人代表、单位地址、电话、传真、邮编及产品（或服务）中的任意一个条件，然后再在“关键词”文本框内填上相应的文本即可进行检索。“常用查找”使用起来非常方便，可以满足用户的一般查询需求。高级搜索：单击某一页的“搜索”按钮下方的“高级检索”，可以按单位所属地区、单位所属行业、单位名称、法人代表、单位地址、电话、传真、邮编及雇员人数中的任意几个条件（注：可仅选定其中一个条件，也可同时选定多项条件）互相的组合进行检索。“高级检索”满足了用户复杂的、灵活的查询要求，并可以提供查询结果的排序选择。搜索引擎网站网址为http://www.114.COB.cn/。

6．图谱

图谱包括地图和表谱。网上的电子地图图文并茂，查检方便。许多网站都推出地图检索服务，直观、动态地显示相关信息，并提供旅游信息、地理知识和资料。例如，中华地图网

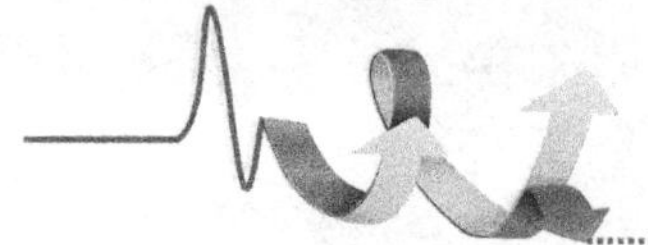

（http://www.hua2.com）提供世界地图、中国地图、景点旅游地图、古代地图、中国行政区地图、地图知识等；Streetmap.con（http://www.streetmap.CO.uk/）提供全球各个国家的地图，以及西欧国家街道一级的地图。表谱信息检索有“中国历代年号索引表”（http://www.mypcermcom/book/li/002.htm）、“中国历代帝王年表”（http://www.myp—ceraLcom/book/li/I/003.htm）等。

除了上述独立性质的网络工具书外，还有以下一些非独立性的、依托于某些大型的信息检索系统而存在的网络工具书。

（1）OCLC 的 Firstsearch 系统（http://firstsearch.oclc.org/FSIP），包含了 WorldAlmanac（世界年鉴）数据库。

（2）万方数据库检索系统（http://www.wanfangdata.COB.cn/），包含有《机构与名人类数据库》（中国企业与产品数据库、中国高等院校及中等专业学校数据库、中国科研机构数据库、中国科技信息机构数据库、中国百万商务数据库、中国高新技术企业数据库、中国一级注册建筑师数据库等）、《台湾类数据库》（名人名录、机构）及《工具类数据库》（汉英—英汉双语科技词典）等信息。

（3）CNKI 数据库（http://www.cnki.net/index.htm），有《中国工具书网络出版总库》和《中国年鉴全文数据库》等。

（4）超星数字图书馆（http://www.ssreader.com/），在超星数字图书馆中可检索“综合性年鉴”、“地方年鉴”和“行业年鉴”，如可以检索《世界知识年鉴》、《世界经济年鉴》、《中国统计年鉴》、《中国企业管理年鉴》、《北京年鉴》等。在综合性图书类有百科全书、类书、辞典、年鉴等参考。

（5）EBSCO 数据库（http://www.ebsco.com.cn/），含有图片（图谱）数据库检索，可以帮助我们找到相关的图片信息。

案例

【案例 4-1】如何利用《中国大百科全书》查找“可靠性理论”的有关内容。

（1）分析。《中国大百科全书》按学科分为 74 卷，“可靠性理论”是土木工程学方面的一种理论，所以就选《中国大百科：土木工程卷》。

（2）检索途径。仔细阅读该卷的使用说明及其索引，发现正文是按条目的汉语拼音字顺编排，可有分类和主题两种检索途径。对土木工程学的分类比较熟悉者可采用分类检索；否则，就利用主题途径。

（3）分类途径检索步骤。在“条目分类目录”中，按学科类别找到“可靠性理论”，并得到相应的页码。

（4）主题途径检索步骤。在该卷杂文后的“内容索引”中，按汉语拼音字顺找到“可靠性理论”，并得到页码，找到该条目的内容。

【案例 4-2】某教师在给学生讲授“鲁迅及其作品”的课程时。为了使学生全面了解鲁迅及其在中国文学史上的重要地位，要求学生查找有关方面的材料。如何查找？

（1）分析课题。这是一个专题性的检索课题，查询内容涉及鲁迅的生平简介、作品概况和鲁迅作品评论与研究性文献，具体检索时，应从生平、作品、评价研究三方面检索。

（2）检索工具的选择。对于鲁迅生平资料的检索，主要检索工具有中国文学大辞典、鲁迅简明词典、中国大百科全书、鲁迅笔名研究资料索引和鲁迅笔名探索等；鲁迅的生平事迹，

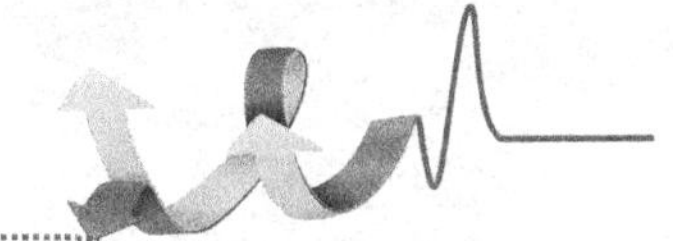

主要来源于日记、书、信、年谱、传记等，这些可以通过鲁迅年谱获取。另外，在馆藏OPAC中，通过主题途径“鲁迅—生平事迹”或“鲁迅—传记”，也可检索到相关图书。

对于鲁迅作品的检索，主要工具有：OPAC、全国总书目、中国国家书目、中国现代作家著作目录、中国现代文学史资料编目、中国现代文学作家著作联合目录等。

对于鲁迅评论研究方面资料的检索，主要工具有各种数据库、鲁迅研究书录、鲁迅研究资料编目索引等。

另外，还有一些专题网站提供本课题的信息，如“评读鲁迅”网（http://www.jindunzy.com/eluxun/home, htmhtp://ebiology. diy. myrice. com/luxun/home. htm），鲁迅纪念馆（http://luxun. chinaspint. net. cn）等。

以上所有资料都可以通过Google等网络搜索进行补充查阅。

（3）实施检索。根据以上的检索工具选择，逐步实施检索，直至得到满意结果。

本章小结

工具书作用的普及性使之应用广泛，了解工具书的概念、类型及工具书所具有系统性、知识性、准确性、资料性、概括性、检索性、查考性等应用特点，正确掌握工具书的5种排检方法，字顺排检法、主题排检法、分类排检法、时序排检法、地序排检法，能鉴别和选择常用手工或网络工具书的手段。

练习题

1．传统工具书可分为哪两种？它们有什么区别与联系？

2．常用的检索中文图书的数据库有哪些？

3．常用的检索中外文期刊论文的数据库有哪些？

4．利用搜索引擎查找与你所学专业相关的专门性网络检索工具或网站（5个以上），写出检索过程。

5．利用百度高级搜索查找“DOI”的中文含义及英文全称，并说明“DOI对图书馆的意义”。

第5章

计算机网络信息检索

学习目的：相对于传统的检索工具，计算机具有信息检索的快捷、省时、经济等特点，使之成为人们获取文献信息的重要手段，了解计算机信息检索的原理、方法和过程，熟悉其在不同数据库和网站等方面的资源检索应用。

5.1 计算机信息检索概述

随着计算机技术、通信技术和高密度存储技术的迅猛发展，利用计算机进行信息检索已成为人们获取文献信息的重要手段。计算机信息检索能够跨越时空，在短时间内查阅各种数据库，还能快速地对几十年前的文献资料进行回溯检索，而且大多数检索系统数据库中的信息更新速度很快，检索者随时可以检索到所需的最新信息资源。科学研究工作过程中的课题立项论证、技术难题攻关、跟踪前沿技术、成果鉴定和专利申请的科技查新等都离不开查询大量的相关信息，计算机信息检索是目前最快速、最省力、最经济的信息检索方法。

计算机信息检索是指利用计算机存储和检索信息。具体地说，它就是指人们在计算机或计算机检索网络的终端机上，使用特定的检索指令、检索词和检索策略，从计算机信息检索系统的数据库中检索出所需的信息，继而再由终端设备显示或打印的过程。

计算机信息检索系统可分为：一次性信息检索系统和二次性信息检索系统。前者适合于单个条目，即信息量不大而需要经常修改的情况，如航空公司订票系统。后者适合于信息条目本身信息量较大而不常修改的情况，如图书或文献检索系统。

5.1.1 计算机信息检索的发展阶段

计算机信息检索的发展过程是与计算机技术及其他现代科学技术的发展过程紧密相关的。计算机用于信息检索始于 20 世纪 50 年代初，在 40 多年的发展历程中，计算机信息检索大体经历了三个发展阶段。

1．脱机检索阶段

此阶段是从 20 世纪 50 年代中期到 60 年代中期。自 1946 年 2 月世界上第一台电子计算

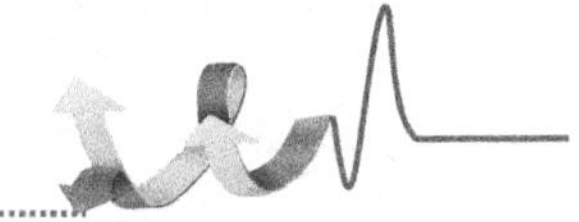

机问世以来，人们一直设想利用计算机查找文献。进入 20 世纪 50 年代后，在计算机应用领域“穿孔卡片”和“穿孔纸带”数据录入技术及设备相继出现，以它们作为存储文摘、检索词和查询提问式的媒介，使计算机开始在文献检索领域中得到了应用。

1954 年，美国海军兵器中心首先采用 IBM-701 型计算机建立了世界上第一个科技文献检索系统，实现了单元词组配检索，检索逻辑只采用逻辑“与”，检索结果只是文献号，1958 年，美国通用电气公司将其加以改进，输出结果增加了题名、作者和文献摘要等项目。1964 年，美国化学文摘服务社建立了文献处理自动化系统，使编制文摘的大部分工作实现了自动化，以后又实现了计算机检索。同年，美国国立医学图书馆建立了计算机数据库，即医学文献分析与检索系统，不仅可以进行逻辑“或”、“与”、“非”等多种运算，而且还可以通过多种途径检索文献。

这一阶段主要以脱机检索的方式开展检索服务，其特点是不对一个检索提问立即作出回答，而是集中大批提问后进行处理，且进行处理的时间较长，人机不能对话，因此，检索效率往往不够理想。但是，脱机检索中的定题服务对于科技人员却非常有用，定题服务能根据用户的要求，先把用户的提问登记入档，存入计算机中形成一个提问档，每当新的数据进入数据库时，就对这批数据进行处理，将符合用户提问的最新文献提交给用户，可使用户随时了解课题的进展情况。

2．联机检索阶段

此阶段是从 20 世纪 60 年代中期到 70 年代初。由于计算机分时技术的发展，通信技术的改进，以及计算机网络的初步形成和检索软件包的建立，用户可以通过检索终端设备与检索系统中心计算机进行人机对话，从而实现对远距离之外的数据库进行检索的目的，即实现了联机信息检索。

这个时期，由于计算机处理能力的加强，数据存储容量的扩大和磁盘机的应用，为建立大型的文献数据库创造了条件。例如，美国的 DIALOG 系统（DIALOG 对话系统）、ORBIT 系统（书目情报分析联机检索系统）、BRS 系统（存储和信息检索系统）、欧洲的 ESA-IRS 系统（欧洲航天局信息检索系统）等都是在此时期开始研制并逐步发展起来的，并且均在国内或组织范围内得到实际应用。

可以说，联机检索是科技信息工作、计算机、通信技术三结合的产物，它标志着 70 年代计算机检索的水平。

3．网络化联机检索阶段

此阶段是从 20 世纪 70 年代初到现在。由于电话网、电传网、公共数据通信网都可为情报检索传输数据。特别是卫星通信技术的应用，使通信网络更加现代化，也使信息检索系统更加国际化，信息用户可借助国际通信网络直接与检索系统联机，从而实现不受地域限制的国际联机信息检索。尤其是世界各大检索系统纷纷进入各种通信网络，每个系统的计算机成为网络上的节点，每个节点连接多个检索终端，各节点之间以通信线路彼此相连，网络上的任何一个终端都可联机检索所有数据库的数据。这种联机信息系统网络的实现，使人们可以在很短的时间内查遍世界各国的信息资料，使信息资源共享成为可能。

可以说，联机网络和检索终端几乎遍及世界所有国家和地区，使得国际联机信息检索的发展达到了相当高的水平，开展商业性国际联机检索服务的大机构已达 200 余家，像美国的 DIALOG 信息公司已成为全世界最为著名的联机检索服务机构。

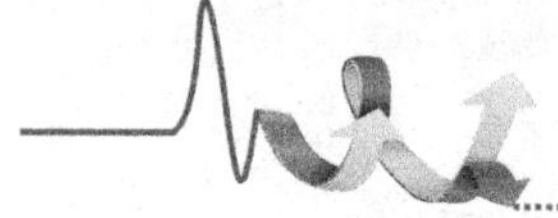

计算机信息检索的实现，大大方便和加速了信息资源的交流和利用，并对社会经济的发展和人们的科研方式产生了深刻的影响，从而也极大地促进了科技的进步。

5.1.2 计算机信息检索原理

1. 计算机信息检索过程

为实现计算机信息检索，必须事先将大量的原始信息进行加工处理，以数据库的形式存储在计算机中，所以计算机信息检索从广义上讲包括信息的存储和检索两个方面。

计算机信息存储过程是用手动或者自动方式将大量的原始信息进行加工。其具体做法是将收集到的原始文献进行主题概念分析，根据一定的检索语言抽取出主题词、分类号以及文献的其他特征进行标识或者写出文献的内容摘要，然后再把这些经过"前处理"的数据按一定格式输入计算机存储起来，计算机在程序指令的控制下对数据进行处理，形成机读数据库，存储在存储介质（如磁带、磁盘或光盘）上，完成信息的加工存储过程。

计算机信息检索过程是用户对检索课题加以分析，明确检索范围，弄清主题概念，然后用系统检索语言来表示主题概念，形成检索标识及检索策略，最后输入到计算机进行检索的过程。计算机按照用户的要求将检索策略转换成一系列提问，在专用程序的控制下进行高速逻辑运算，选出符合要求的信息输出。计算机检索的过程实际上是一个比较、匹配的过程，检索提问只要与数据库中的信息的特征标识及其逻辑组配关系相一致，则属"命中"，即找到了符合要求的信息。计算机信息检索原理如图 5-1 所示。

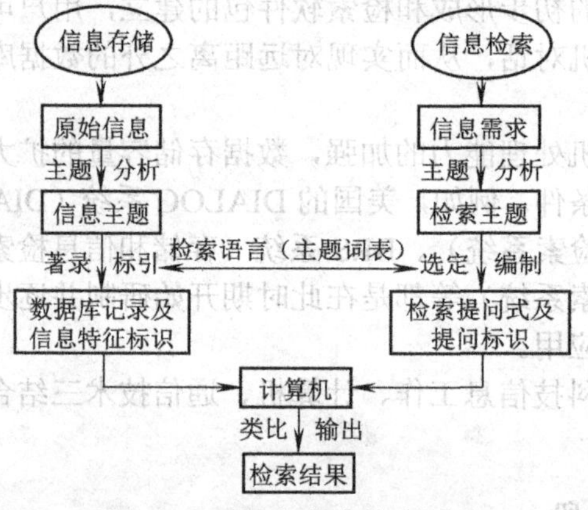

图 5-1 计算机信息检索原理

2. 计算机信息检索系统组成

计算机信息检索系统主要是由计算机、通信网络、检索终端设备和数据库组成。

（1）计算机。计算机是检索系统的核心部分，它包括硬件和软件，通过一定的检索软件，进行信息的存储、处理、检索以及整个系统的运行和管理。相对而言，硬件部分决定系统的检索速度和存储容量，而软件部分则是充分发挥硬件功能，进行检索方法确定。

（2）通信网络。通信网络是联系计算机系统和检索终端设备的桥梁，起着远距离、高速度、无差错传递信息的作用。整个通信网络分成资源子网和通信子网两部分，资源子网包含网络中所有的计算机、输入输出设备、各种软件资源和数据资源，负责全网的数据处理业务，向网络用户提供各种网络资源和网络服务；通信子网是由用于信息交换的节点计算机和通信线路组成的独立数据通信系统，承担全网数据传输、转接、加工和交换等通信处理工作。检

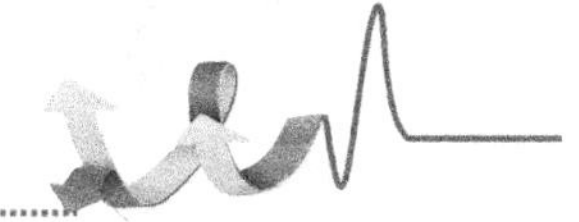

索网络所用的通信线路，一般是公用电话线或专用线，国际联机检索系统则是由通信卫星和海底电缆构成的通信网络。

（3）检索终端设备。检索终端设备是用户与检索系统相互传递信息进行“人机对话”的装置，有电传终端、数传终端和PC终端等。现在基本上都是PC终端，通常由计算机、调制解调器和打印机组成。调制解调器的作用主要是把传输的信息在传输前加载到一个载波信号上（称之为调制），接收时通过检测收到的信息偏离精确载波信号的程度，分离出原先发送的信息（称之为解调），起到数据转换的作用，有内置式和外置式两种。

（4）数据库。数据库就是在计算机存储设备上按一定方式存储的相互关联的数据集合，是检索系统的信息源，也是用户检索的对象。数据库可以随时按不同的目的提供各种组合信息，以满足检索者的需求。检索系统中的数据库一般由各个数据库生产者提供，也有一些是系统本身建的。

3．计算机信息检索的基本程序

（1）分析检索课题。利用计算机信息检索系统获取文献信息的用户，一般分为直接用户和间接用户两种类型。直接用户是指最终使用获得的信息进行工作的用户（如科研人员、管理者、决策者等）；间接用户是指专门从事计算机检索服务的检索人员。检索人员在接到用户的检索课题时应首先分析研究课题，全面了解课题的内容以及用户对检索的各种要求，从而有助于正确选择检索系统及数据库，制定合理的检索策略等。分析检索课题时应从以下几方面进行：

1）弄清用户信息需求的目的和意图。

2）分析课题涉及的学科范围和主题要求。

3）课题所需信息的内容及其特征。

4）课题所需信息的类型，包括文献类型、出版类型、年代范围、语种、著者、机构等。

5）课题对查新、查准、查全的指标要求。

（2）选择检索系统和数据库。在全面分析检索课题的基础上，根据用户要求得到的信息类型、时间范围、课题检索经费支持等因素综合考虑后，选择检索系统和数据库。正确选择数据库，是保证检索成功的基础。选择数据库时必须从以下几个方面考虑：

1）数据库收录的信息内容所涉及的学科范围。

2）数据库收录的文献类型、数量、时间范围以及更新周期。

3）数据库所提供的检索途径、检索功能和服务方式。

（3）确定检索途径在检索词相同的条件下，选择不同检索途径的结果差异很大，因此在要求尽可能多地查出文献的情况下，往往需要同时使用多种检索途径。

一般数据库都提供多种检索途径，例如，文章篇名（标题）、摘要、关键词、主题词、全文、作者、作者单位、文献类型等，检索某一课题的文献，应当根据数据库的具体情况和检索目的确定检索途径。中文一般选择“篇名”或“关键词”，外文一般选择“摘要”。

（4）确定检索词。检索词是表达文献信息需求的基本元素，也是计算机检索系统中进行匹配的基本单元。检索词选择得正确与否，直接影响着检索结果。在全面了解检索课题的相关问题后，提炼主要概念与隐含概念，排除次要概念，以便确定检索词。

1）先选用主题词。当所选的数据库具有规范化词表时，应优先选用该数据库词表中与检索课题相关的规范化主题词，从而可获得最佳的检索效果。

2）选用数据库规定的代码。许多数据库的文档中使用各种代码来表示各种主题范畴，

有很高的匹配性。例如，世界专利文摘数据库中的分类代码，化学文摘数据库中的化学物质登记号。

3）选用常用的专业术语。在数据库没有专用的词表或词表中没有可选的词时，可以从一些已有的相关专业文献中选择常用的专业术语作为检索词。

4）选用同义词与相关词。同义词、近义词、相关词、缩写词、词形变化等应尽量选全，以提高查全率。

（5）构建检索提问式率。检索提问式是计算机信息检索中用来表达用户检索提问的逻辑表达式，由检索词和各种布尔逻辑算符、位置算符、截词符以及系统规定的其他组配连接符号组成。检索提问式构建的是否合理，将直接影响查全率和查准率。构建检索提问式时，应正确运用逻辑组配运算符：

1）使用逻辑“与”算符可以缩小命中范围，起到缩检的作用，得到的检索结果专指性强，查准率也就高。

2）使用逻辑“或”算符可以扩大命中范围，得到更多的检索结果，起到扩检的作用，查全率也就高。

3）使用逻辑“非”算符可以缩小命中范围，得到更切题的检索效果，也可以提高查准率，但是使用时要慎重，以免把一些相关信息漏掉。

另外，在构建检索提问式时，还要注意位置算符、截词符等的使用方法，及各个检索项的限定要求及输入次序等。

（6）上机检索并调整检索策略。构建好检索提问式后，就可以上机检索了。检索时，应及时分析检索结果是否与检索要求一致，根据检索结果对检索提问式作相应的修改和调整，直至得到比较满意的结果。

1）检索结果信息量过多。产生检索结果信息量过多的原因可能有以下两点：一是主题词本身的多义性导致误检；二是对所选的检索词的截词符太短。在这种情况下，就要考虑缩小检索范围，提高检索结果的查准率。针对该种情况的调整检索策略的方法如下：

减少同义词与同族相关词。

增加限制概念，采用逻辑“与”连接检索词。

使用字段限定，将检索词限定在某个或某些字段范围。

使用逻辑“非”算符，排除无关概念。

调整位置算符，由松变严，（F）→（W）。

2）检索结果信息量过少。造成检索结果信息量少的原因有以下几点：其一，选用了不规范的主题词或某些产品的俗称，商品名称作为检索词；其二，同义词、相关词、近义词没有完整运用；其三，上位概念或下位概念没有完整运用。针对这种情况，就要考虑扩大检索范围，提高检索结果的查全率。针对该种情况的调整检索策略的方法如下：

① 选全同义词与相关词并用逻辑“或”将它们连接起来，增加网罗度。

② 减少逻辑“与”的运算，丢掉一些次要的或者太专指的概念。

③ 去除某些字段限制。

④ 调整位置算符，由严变松，（W）→（F）。

（7）输出检索结果。根据检索系统提供的检索结果输出格式，选择需要的记录以及相应的字段（全部字段或部分字段），将结果显示在显示器屏幕上、存储到磁盘或直接打印输出，网络数据库检索系统还提供电子邮件发送，至此，完成整个检索过程。

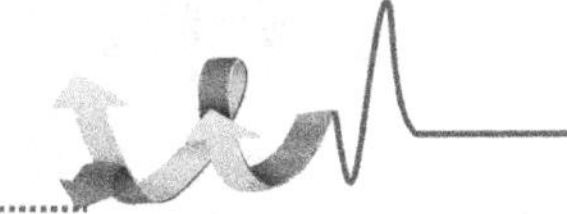

4．检索效果的评价

在实际检索时，我们总是希望将检索系统中与所需信息相关的全部记录都检索出来，同时这些记录均是我们所需要的，这就涉及检索效果的问题。

（1）检索效果概念。检索效果是指检索系统检索的有效程度，它反映检索系统的能力，包括技术效果和经济效果。

技术效果是指检索系统在检索时满足检索要求的有效程度。

经济效果主要是指检索系统完成检索服务的成本及时间。

（2）检索效果的技术评价指标。常用的技术指标是指查全率和查准率。查全率反映所需文献被检出的程度；查准率则反映系统拒绝非相关文献的能力。两者结合起来反映检索系统的检索效果。

（3）计算公式

1）查全率

$$R=\frac{\text{检出的相关文献量}}{\text{检索系统中相关文献总量}}\times 100\%=\frac{a}{a+c}\times 100\%$$

2）查准率

$$P=\frac{\text{检出的相关文献量}}{\text{检出的文献总量}}\times 100\%=\frac{a}{a+b}\times 100\%$$

式中 a—— 检出的相关文献量；

b—— 检出的非相关文献；

c—— 未检出的相关文献量。

5.1.3 计算机网络基础知识

1．计算机网络简介

（1）网络的定义。计算机网络是指将不同地理位置并具有独立工作能力的多个计算机系统和其他设备通过通信线路（网络介质）互联在一起，使用通用的网络协议，实现网络资源共享和互相通信的整个信息系统。

从物理角度，计算机网络主要是由计算机、路由器、集线器、调制解调器、网卡、中继器、收发器、交换机等网络硬件设备组成的，所有这些设备统称为网络单元，也叫网络互联的实体，也就是常说的节点（Node）。习惯上，把计算机和其他网络设备加以区分，将计算机称为主机。

网络介质（Network Medium）是指能够实现设备通信的链路。网络介质可分为两大类：有线介质和无线介质。有线介质包括双绞线、同轴电缆和光纤等，无线介质包括无线电波（微波通信和卫星通信等）和红外线。

通用网络协议（Common Network Protocal）是指数据在设备之间交换的规则，通常简称为协议。协议通过在设备之间提供通用的语言使设备能够相互理解通信的内容。最常见的协议有 TCP/IP 族，该协议族包括 TCP、IP、FTP、HTTP、POP3 和 SMTP 等。

（2）网络的分类。由于观察网络的角度不同，网络可以有多种分类方法。若按覆盖的地理范围可分为局域网和广域网，按拓扑结构可分为点对点的网络和广播网络，或者按照通信

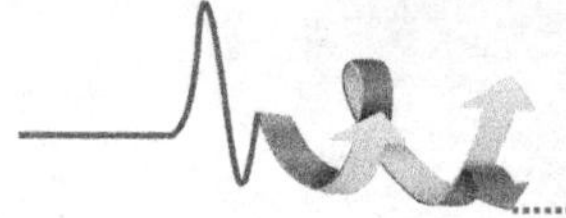

链路的类型以及数据在通信链路上的传输方式可分为电路交换和分组交换等。

最常用的分类方法是按照网络覆盖的地理范围将网络划分为局域网（Local Area Network，LAN）和广域网（Wide Area Network，WAN）。局域网通常在中等地理范围内互联计算机资源，这个地理范围可以是一个建筑物中的几个房间，也可以是几个较近的建筑。IEEE（美国电气和电子工程师协会）规定局域网的半径在 10km 以内。常见的局域网技术有以太网、令牌环网和光纤分布式数据接口网络。广域网通常在较大的地理范围内互联计算机资源。广域网的地理范围半径超过 10km，常常达到 100km 以上。可以认为广域网是多个局域网的集合。

按照地理覆盖范围，网络还可细分为：全球区域网络（Global Area Network，GAN）、广域网（Wide Area Network，WAN）、城域网（Metropolitan Area Network，MAN）、局域网（Local Area Network，LAN）和个人区域网络（Personal Area Network，PAN）。全球区域网络通常是指跨越全球的广域网的集合，城域网通常是指跨越城市互联计算机资源的网络。个人区域网络通常是指在个人家庭中的小型计算机网络。

2．Internet 基础知识

（1）Internet 定义。Internet 一词来源于英文 Interconnect Networks，即互联各个网络，简称互联网，中文译名为因特网。Internet 专指全球范围内最大的、由众多网络相互链接而成的、基于 TCP/IP 的计算机网络。Internet 是当今世界最大的计算机互联网络系统，由全球 100 多个国家和地区不同功能的计算机、通信骨干网和各种计算机网络通过线路链接在一起的一个世界范围的网络。

在 Internet 中，资源是存放在服务器上的，Internet 上的服务器昼夜不停地工作，存储着各种各样的信息，提供多种服务功能，用户通过客户机（个人计算机）访问服务器，从而获取资源。Internet 服务器的资源主要有：超级计算中心、图书文献中心、技术资料中心、公共软件库、科学数据库、地址目录库和信息库等。Internet 服务器的主要信息服务有：万维网服务（WWW）、电子邮件服务（E-mail）、远程登录服务（Telnet）、文件传输服务（FTP）、网络新闻服务（Usenet）和电子公告板服务（BBS），还有网上购物、网上会议、网上聊天、网上炒股、网上交友、网上书店、网上报刊、网上广播、网上画廊、网上电影和网上音乐等。各服务器之间通过网络协议相互链接、配合工作、资源共享。当用户与其中一台服务器建立链接后，便可以链接的方式访问整个网络，服务程序可以根据用户的需要，自动地从一台服务器转移到另一台服务器。一旦进入了 Internet，无论所需要的信息是在哪一个国家或地区的服务器上，只要是合法的登录者，就可以漫游 Internet，享用所需要的信息和资源。Internet 是当今世界上最大的资源子网。Internet 正在向着全球信息高速公路的方向快速、健康地发展。

（2）Internet 的发展。1969 年，美国国防部高级研究计划署（Advanced Research Project Agency，ARPA）拨款建立了军用实验网络 ARPANET。它是世界上第一个计算机网络，也是 Internet 的前身，初期只有 4 台主机。当时，美国国防部研究并建立 ARPANET 的主要目的是寻求一种将不同种类的计算机互联成网络的方法，同时能使该网络的一部分在遭破坏时不影响网络其他部分的正常运行。以后，ARPANET 的应用由军事领域延伸到教育领域，科学家们开始使用 ARPANET 交换信息，共享研究成果。1983 年，TCP/IP（传输控制协议和网际间协议）的建立，使计算机通信有了统一的标准，这是计算机网络发展史上的一个里程碑，网络从此进入高速发展的时代。

1986 年，美国国家科学基金会（National Science Foundation，NSF）开始将美国各地的研究人员及分属各大学和研究机构的计算中心连接到了分布在不同地区的 5 个超级计算中

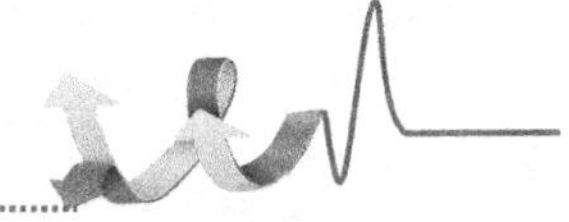

心。至此，为越来越多的高等院校、科研机构、图书馆、实验室、政府部门、商业集团、医院和个人所使用的 NSFNET 逐渐取代了早期源于军事目的 ARPANET。终于，在 1990 年 7 月，ARPANET 完全被 NSFNET 取代。到目前为止，连在网络上的主机已经达到了数百万台。一般认为，正是 NSFNET，才迅速使 Internet 推广到全球范围。

1994 年 5 月，中国作为第 71 个国家级网加入 Internet，“中国国家计算机网络设施”（The National Computing and Network Facility of China，NCFC，国内也称中关村网）与 Internet 联通。

中国从1994年中国科技网与Internet联通后，共有4大互联网通过6大国际出口与Internet相连。这四大互联网分别是：中国科技网（CSTNET）、中国教育和科研计算机网（CERNET）、中国公用计算机互联网（China NET）和国家公用经济信息网，即金桥网（China GBN）。其中，前两个网络是非盈利性的，以为教育、科研和政府部门服务为宗旨，原则上不对外接纳个人和商业用户，后两个网络是面向全国提供商业服务的网络。目前，中国 Internet 商业市场十分活跃，除去上述 4 家互联单位外，一些商业公司也开始纷纷投入这一市场，形成若干互联网服务提供商（Internet Service Provider，ISP）。

随着计算机和通信技术的发展，计算机网络由过去的军事与教育专用网络发展成为无所不包、无所不能的国际互联网络（Internet）。Internet 已经成为人们生活与工作中不可缺少的一部分，它正以人们难以想象的速度迅猛发展。

（3）TCP/IP。Internet 没有形成之前，各个地方已经建立了很多小型的局域网，Internet 是将全球各地的局域网连接起来而形成的一个“网之间的网”（即网际网）。然而，在连接之前的各式各样的局域网却存在不同的网络结构和数据传输规则，将这些小网连接起来后各网之间要通过什么样的规则来传输数据呢？这就像世界上有很多个国家，各个国家的人说各自的语言，只有将各种语言翻译成一种通用的语言后才可以交流。TCP/IP 正是 Internet 上的一种公用语言的规范约定。

传输控制协议/互联网络协议（Transmission Control Protocol/Internet Protocol，TCP/IP）是 Internet 最基本的协议，是由底层的 IP 和 TCP 组成的。TCP/IP 的开发工作始于 20 世纪 70 年代，是用于互联网的第一套协议。

1）网络之间互连的协议（IP）：IP 是互联网中的基础协议，它非常详细地定义了计算机通信应该遵循的规则。它准确地定义了分组的组成和路由器如何将一个分组传递到目的地。连到 Internet 上的计算机需要 IP 软件才能互联和通信。由 IP 控制传输的协议单元称为 IP 数据报。IP 数据报中含有发/收方的 IP 地址。IP 提供不可靠的、尽力的、无链接的数据报投递服务，构成了互联网数据传输的基础。

2）传输控制协议（TCP）。TCP 解决了在分组交换中可能出现的主要问题，提供面向链接的、可靠的流投递服务。TCP 使用时钟和确认机制自动检测丢失的数据报并加以恢复，也可以自动检测数据到达的顺序并将它们按发送顺序调整过来。同时 TCP 能自动检测重复的数据报并只接受最先到达的数据报。

TCP 和 IP 可以单独使用，但经常是协同工作，互相补充。简单地说，IP 提供了数据传输的灵活性，TCP 提供了数据传输的可靠性。

（4）万维网。万维网也叫 WWW，是 World Wide Web（全球信息网）的缩写。它是欧洲粒子物理研究所（CERN）的科学家 Tim Berners-Lee 发明的。他提出了超文本（Hypertext）的结构体系，该体系是由相互关联的文件组成的一种高级的基于超文本的浏览和搜索方式，目的是让大家在不同地方用一种简捷的方式共享信息资源。万维网提供了非常丰富的信息，各种信息按不同的类型以网页文件的形式分别存放在万维网服务器上，供人们选择查阅。

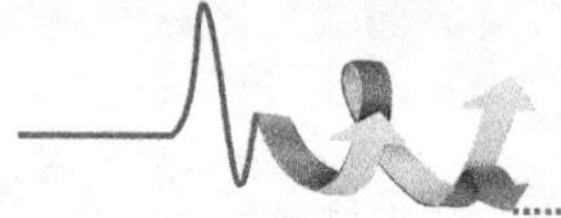

万维网使得浏览 Internet 上的信息变得非常简单，它已成为 Internet 用户使用最广泛的网络服务系统。

（5）网页和网站。组成 WWW 的基本元素是网页，网页也被称为页面或 Web。不同的网页通过超链接联系在一起，构成了 WWW 的纵横交织结构。WWW 是由无数的 Web 服务器构成的，可以通过浏览器访问这些服务器上的网页。

通常把一系列逻辑上可以视为一个整体的页面叫做网站，或者说，网站就是一个相互链接的网页集合，它们可以共享。网站的概念是相对的，大网站（例如，“雅虎网”和“新浪网”），页面多得无法计数，而且位于多台服务器上；小网站可以是一些个人网站，可能只有几个网页，仅在一台服务器上占据很小的空间。

网页与网页之间的关系并不完全相同。主页是网站中的一个特殊网页，它是在 www 上进入网站的第一个网页，其中包含指向其他网页的超链接。通常主页的名称是固定的，例如，index.htm 或 index.html 等（.htm 或.html 扩展名表示是 HTML 文档）。

（6）Internet 地址。Internet 采用一种唯一通用的地址格式，为 Internet 中的每一个网络和几乎每一台主机都分配了一个地址，就像一个实实在在的整体。Internet 中地址类型有 IP 地址和域名地址两种。

1）IP 地址。IP 地址是连接在 Internet 上的每台计算机都有一个唯一的地址。发送方计算机在通信之前必须知道接收方计算机的地址。这和日常邮寄普通信件是一样的道理，只是 Internet 上使用的地址称为 Internet 地址，简称 IP 地址。它是 4 个以小数点隔开的十进制整数，每个整数的范围是 0～255。Internet 上的每一台计算机和路由器都有一个由相关的管理机构指定的 IP 地址。计算机用 4 个字节的二进制单位（32 位）存储 IP 地址，每个整数对应 1 个字节。例如，有一台计算机的 IP 地址为 142.7.1.3，而另一台计算机的 IP 地址为：126.12.3.20。IP 地址分为以下 5 类。

A 类（A Class）：0.0.0.0～127.255.255.255 适用于大型网络。

B 类（B Class）：128.0.0.0～191.255.255.255 适用于中型网络。

C 类（C Class）：192.0.0.0～223.255.255.255 适用于小型网络。

D 类和 E 类：保留作特殊用途。

2）计算机域名。由于 IP 地址是数字型的，不方便记忆，也难以理解，所以 Internet 采用了另一套字符（可以有英文字母、数字和汉字等）的地址方案，即域名地址。

域名系统（Domain Name System，DNS）是负责将 Internet 上每台主机的英文名称转换成 IP 地址的系统。

一台计算机的域名由若干代表不同层次的子域名组成，各个子域名之间用小数点分开。其中最左边的子域名通常代表主机，中间各子域名代表相应的层次。最右边的子域名是标准化的最高级子域名，主要表示主机所属的国家、地区或网络性质的代码，例如，中国是 cn，英国是 uk，商业组织是 tom，教育机构是 edu，政府部门是 gov，军事部门是 mil，网络信息和运营中心是 net，非商业组织是 org，国际组织是 int 等。二级域名（右起第二个子域名）有：教育（edu）、电信网（net）、科研网（ca）、团体（or）、政府（go）、商业（co）和军队（mi）等。各省则采用其拼音缩写，如 bj 代表北京，sh 代表上海，ah 则代表安徽。

例如，域名 youdian. edu. cn 对应一个 IP 地址，其中 youdian 是该机构的名称，edu 表示教育机构，cn 表示中国。例如，域名 xyz. netbook. corn. cn 对应一个 IP 地址，其中 xyz 是主机名，netbook 是该机构名，com 表示商业组织，cn 表示中国。

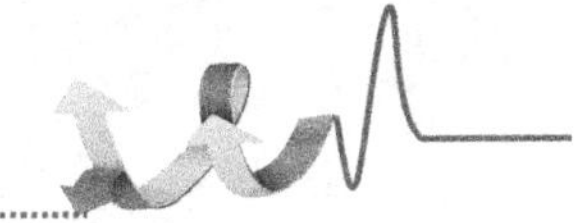

如果用户看到某主机的第一级域名为 com、edu、gov 等，一般可以判断这台主机置于美国。其他国家第一级域名一般是该国家的代码。

3．Internet 信息资源的类型

Internet 信息资源可按照信息来源、信息时效性或网络传输协议来分类。

（1）按信息来源划分。Internet 信息资源按信息来源可划分为政府、公众、商用等信息资源。

1）政府信息资源。各国政府纷纷在 Internet 上发布有关该国家与政府的各种公开信息，进行国家与政府的形象展示。政府信息主要包括各种新闻、统计信息、政策法规文件、政府档案、政府部门介绍及政府取得成就等。

2）公众信息资源。公众信息资源，即为社会公众服务的机构所拥有信息资源，包括：公共图书资源、科技信息资源、新闻出版资源和广播电视信息资源等。

3）商用信息资源。商用信息资源，即商情咨询机构或商业性公司为生产经营者或消费者提供的有偿或无偿的商用信息，包括产品、商情、咨询等类型的信息。

（2）按信息时效划分。Internet 信息资源按信息时效可划分为电子邮件型、图书馆目录、书目与索引、全文资料及电子出版物、数据库等信息资源。

1）电子邮件信息资源。凡是通过电子邮件方式进行交流的信息都属于 E-mail 型的信息资源。它并不局限于个人之间的通信，还包括报告、论文、文献目录，甚至整本书和整本期刊。

2）图书馆目录信息资源。网络上的图书馆目录不再受时空限制，用户可以在家里或办公室查阅、检索。

3）书目与索引信息资源。Internet 上有大量历史、政治、经济、物理、化学、矿业、化工、建筑等许多学科的书目与期刊索引资源。

4）全文资料及电子出版物信息资源。全文资料及电子出版物已越来越多地通过 Internet 提供有偿或无偿使用。

5）数据库信息资源。数据库信息资源是 Internet 中最为庞大的部分，又可分为科学技术数据库、商业广告数据库、教育娱乐数据库等。

（3）按网络传输协议划分。Internet 信息资源按网络传输协议可划分为 www、Telnet、FTP、用户服务组、Gopher 等信息资源。

1）WWW 信息资源。WWW（World Wide Web，WWW 或 Web）信息资源是建立在超文本、超媒体技术以及超文本传输协议 HTTP（Hyper Text Transfer Protocol）的基础上，集文本、图形、图像、声音为一体，并以直观的图形用户截面展现和提供信息的网络资源形式。

2）Telnet 信息资源。Telnet 信息资源是指借助远程登录，在网络通信协议（Telecommunication Network Protocol）的支持下，可以访问共享的远程计算机中的资源。

3）FTP 信息资源。FTP 信息资源是指利用文件传输协议 FTP（File Transfer Protocol）可以获取的信息资源。FTP 使用户可以在本地计算机和远程计算机之间发送和接收文件，是目前 Internet 上获取免费软件和共享软件资源不可缺少的工具。

4）用户服务组信息资源。Internet 上各种各样的用户通信或服务组是最受欢迎的信息交流形式，包括：新闻组（Usenet News Group）、邮件列表（Mailing list）、专题讨论组（Discussion Group）和兴趣组（Interest Group）等。

5）Gopher 信息资源。Gopher 是一种基于菜单的网络服务，它为用户提供了丰富的信息，并允许用户以一种简单的、一致的方法快速找到并访问所需的网络资源。

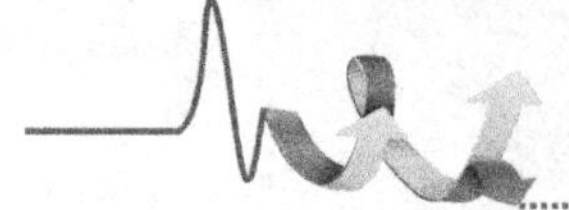

4．Internet 信息资源的特点

（1）信息源丰富。Internet 是个开放的信息传播平台，任何机构、任何人都可以将自己拥有的且愿意让他人共享的信息上网。在这个庞大的信息供应源中，起主导作用的主要有：公共图书馆、网络信息服务商、传统媒体、传统联机服务商、高等院校、科研机构和各类商业公司等。

（2）信息内容多样性。网络是信息的载体，信息是网络的灵魂。没有信息，网络就没有使用价值。Internet 是信息的海洋，信息内容几乎无所不包。有科学技术领域的各种信息，也有与大众日常生活息息相关的信息；有严肃主题信息，也有体育、娱乐、旅游、消遣和奇闻趣事；有历史档案信息，也有显示现实世界的信息；有知识性和教育性的信息，也有消息和新闻的传媒信息；有学术、教育、产业和文化方面的信息，也有经济、金融和商业信息。

（3）信息表现形式多样化。Internet 是一个集声音、图像、文字、照片、图形、动画、电影、音乐为一体的包罗万象的综合性信息系统。你可以伴着优雅的音乐，循着链路随意在网上漫游，浏览精美的网页、阅读精彩的文件，使学习成为一种浪漫、愉快的旅程。

（4）信息时效性。利用 Internet 信息制作技术，能很快地将信息传播到世界各地。由于几乎在事件发生的同一时间内，就能将信息快速制作、上网，因此，网上信息的更新周期短、内容新。

（5）信息交互性。Internet 是交互性的，不仅可以从中获取信息，也可以向网上发布信息。Internet 提供讨论、交流的渠道。在 Internet 上可以找到提供各种信息的人：科学家、工程技术专家、医生、律师、教育家、明星以及具备各种专长和爱好的人们；也可以找到一些专题讨论小组，通过交流、咨询获得专家和其他用户的帮助，同时也可发表个人的见解。

（6）信息关联性。Internet 的信息组织是基于超文本的，因此，有关联的信息之间通过链接形成一个相互联系的信息渠道，人们可以由此及彼、由远而近、顺藤摸瓜，找到想要的信息。

（7）信息的开放性。Internet 是一个全球性分布的结构，大量信息分别存储在世界各地的服务器与主机上，随着时间的推移和知识的更新，在不断补充新的信息同时也不断淘汰旧的信息，以保证其信息的整体数量和使用价值及网络灵活性。

（8）免费信息资源丰富。Internet 大部分信息是免费的，只要你有时间、有一定的检索经验，肯定可以从网上找到大量你所需要的免费信息。

（9）信息组织的局部有序性与整体无序性。各搜索引擎和站点目录都收集大量 Internet 的站点，并按照专业和文献信息类型分类，实现了信息组织的局部有序化。但是，由于 Internet 急剧膨胀，仍有大量信息被淹没在信息的海洋里，这种无序性必将影响信息检索的系统性、完整性和准确性。

5.2 图书馆中文数字资源检索

5.2.1 书目检索

1．馆藏书目检索

馆藏书目检索是指利用馆藏目录检索系统可以查询本校图书馆收藏的各类资源，包括中西文图书、中西文纸本期刊馆藏目录，检索途径一般有著者、分类、题名（书名和刊名）、

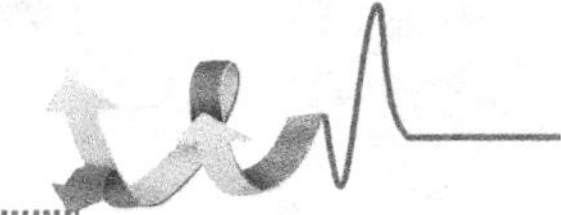

关键词、主题词、ISBN（国际标准图书编号）、ISSN（国际标准连续出版物编号）、索书号等。馆藏目录的检索结果包括文献的书目信息、馆藏位置、流通情况、复本情况等。有的目录将中文图书、西文图书、中文期刊、西文期刊等分开检索，有的用统一界面合并检索。

馆藏目录的检索方法一般分为简单检索、复合检索和高级检索等。

一般的馆藏书目检索系统中，除了检索功能外，还有预约到馆、超期公告、新书通报、用户登录等功能。

2. 随书光盘检索

当今信息技术飞速发展，计算机与多媒体技术的普及与应用日益影响图书出版形式，最明显的现象是附光盘的图书越来越多，内容涉及各个学科。随书光盘是指图书出版时附带的光盘。这些随书光盘是图书很重要的附件，它与书配套使用，能起到辅助学习的作用。附光盘的图书不同于普通图书，书中的光盘需要借助计算机阅读，并随书一起以传统的印刷形式出版发行。其光盘也不同于一般形式的多媒体电子出版物，它主要对图书内容进行声、像、图、文并茂的说明、解释和演绎，或展现大量例题及计算机程序等，对揭示图书内容具有极充分的可视性、直观性、实践性。借助光盘的阅读，能增强读者的阅读兴趣和阅读效果，因此附光盘的图书越来越受到广大读者的欢迎。如今，图书馆购买的附光盘的图书越来越多，为了有效利用这些随书光盘资源，大多数高校图书馆都通过随书光盘系统将随书光盘网上发布，供读者浏览、下载。随书光盘系统可在线浏览或下载阅读（后面将详细介绍）。在下载 ISO 或 LCD 镜像文件时，需要安装专用虚拟光驱软件，虚拟光驱软件可以将光盘镜像文件在计算机上模拟成一个虚拟光盘。下面以麦达随书光盘发布系统为例介绍随书光盘的主要模块。

麦达随书光盘发布系统（Metadata ISO）为馆藏图书书后光盘的统一管理和利用提供完整的解决方案。ISO 文件是一种符合 ISO 9660 国际标准的光盘镜像文件格式，一般虚拟光驱软件都支持此文件格式。读者可以通过在线浏览和下载 ISO 镜像文件到本地的方式来获得随书光盘的内容。用户可以随时随地访问到随书光盘的内容，方便了读者，也简化了图书馆的管理。系统还提供远程光盘镜像文件的制作，同时，考虑到资源保护，系统还提供了 IP 过滤的方式来保护随书光盘资源。

软件主要功能模块如下：

（1）自动化系统接口。自动化系统接口工具主要是为了给图书馆编目人员提供 Marc 记录录入的功能，根据记录的 ISBN 号生成资源访问的链接，编目人员可以方便将该链接复制到 OPAC 系统著录时 856 字段中。同时，系统也提供了通过 Web 页面直接生成资源链接的功能。

（2）光盘镜像。这主要是对光盘进行标引（可以手动标引，也可以批量导入 Marc 记录），进行光盘镜像文件制作、发布。

（3）检索模块。为了方便读者查找和获取想要的内容，系统提供了全文检索、字段组合检索和按出版社分类检索等多种检索方式。

当你在检索 ISO 镜像文件时，如果在数据库内查到记录，而光盘列表为空，则说明该光盘未能及时上架，读者可以单击“请求光盘上架”链接，图书馆工作人员会及时得到哪些光盘被请求上架的信息，以便将光盘镜像供读者使用。

（4）在线浏览、下载。ISO 镜像文件制作完后，Web 界面内容会立刻自动更新。这样，读者就能通过访问 Web 界面，迅速得到他们需要的随书光盘内容。

如果读者想得到完整的光盘内容，系统也提供了完整的光盘镜像文件下载功能。

3. 联合目录检索

图书馆的人力、物力是有限的，每个图书馆都不可能收集所有的文献。换言之，没有一个图书馆可以百分之百地满足所有读者的需要。目前，图书馆界已经意识到解决读者需求的无限性和馆藏的有限性的矛盾，唯一有效的方法就是在图书馆间建立合作机制，实现资源共享。实现资源共享的前提就是要建立反映多个图书馆馆藏的联合书目。读者通过检索联合书目获得更多、更全面的文献信息，而且可以清楚地知道哪个图书馆有收藏。

联合目录是若干个图书馆合作编制的反映这些图书馆馆藏文献情况的检索工具。开展馆际互借、实现资源共享，馆藏联合目录不可缺少。联合目录的查询结果是所需文献在哪些图书馆有收藏。早期的联合目录中，期刊联合目录居多，如今联合图书目录也已出现不少。

（1）CALIS。中国高等教育文献保障系统（China Academic Library & Information System，CALIS），是经国务院批准的我国高等教育“211 工程”、“九五”、“十五”总体规划中三个公共服务体系之一。CALIS 的宗旨是在教育部的领导下，把国家的投资、现代图书馆理念、先进的技术手段、高校丰富的文献资源和人力资源整合起来，建设以中国高等教育数字图书馆为核心的教育文献联合保障体系，实现信息资源共建、共知、共享，以发挥最大的社会效益和经济效益，为中国的高等教育服务。CALIS 网站首页如图 5-2 所示。

图 5-2　CALIS 网站首页

CALIS 管理中心设在北京大学，下设了文理、工程、农学、医学 4 个全国文献信息服务中心，华东北、华东南、华中、华南、西北、西南、东北 7 个地区文献信息服务中心和一个东北地区国防文献信息服务中心。从 1998 年开始建设以来，CALIS 管理中心引进和共建了一系列国内外文献数据库，包括大量的二次文献库和全文数据库；采用独立开发与引用消化相结合的道路，主持开发了联机合作编目系统、文献传递与馆际互借系统、统一检索平台、资源注册与调度系统，形成了较为完整的 CALIS 文献信息服务网络，CALIS 联合目录检索界面如图 5-3 所示。迄今参加 CALIS 项目建设和获取 CALIS 服务的成员馆已超过 500 家。

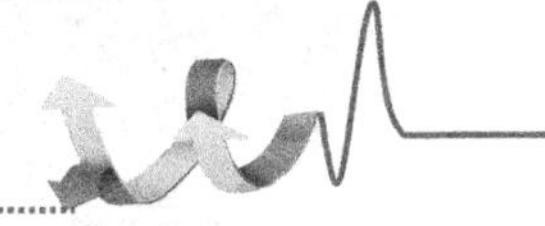

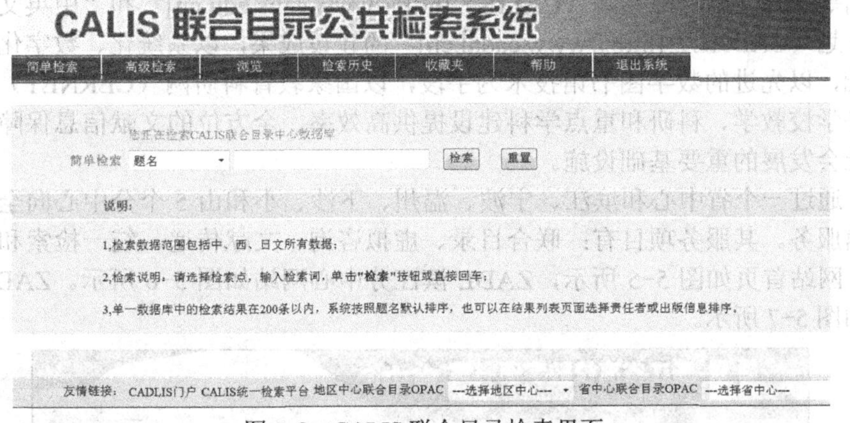

图 5-3　CALIS 联合目录检索界面

（2）OCLC。OCLC（Online Computer Library Center，Inc.）即联机计算机图书馆中心，总部在美国俄亥俄州的都柏林，是世界上最大的提供文献信息服务的机构之一，中心网址是：http://www.oclc.org。OCLC 创建于 1967 年，是世界上最大的提供文献信息服务的机构之一，它是一个非盈利的组织，以帮助更多的人检索世界上的信息、实现资源共享并减少使用信息的费用为主要目的。目前在世界范围内的用户已达 86 个国家和地区的 43559 个图书馆，其中有 OCLC 亚太地区中文简体网站（见图 5-4）。OCLC 以通过为图书馆及它们的用户提供服务，促进对世界信息的检索，并减少图书馆的费用为其使命。OCLC 的发展目标是：通过创新、与各馆的密切协作，以及提供对知识的经济检索，成为全球图书馆合作的主导，帮助图书馆更好地为用户服务。

OCLC 提供以下有关图书馆的全面服务：编目系统，参考数据库和联机检索服务，资源共享系统，资源保存服务，杜威十进分类法。OCLC 服务的中心点是 WorldCat 数据库，这个数据库是高等教育非常重要的参考数据库。OCLC 的服务能满足各种规模的图书馆的需要。

图 5-4　OCLC 亚太地区中文简体网站首页

（3）ZADL。浙江省高校数字图书馆（Zhejiang Academic Digital Library，ZADL）项目建设是在浙江省教育厅的领导下和全省高校的共同参与下而建立的。ZADL 建设的宗旨是依托“中国高等教育文献保障系统（CALIS）[http://www.calis.edu.cn]”和“中英文图书数字化国际合作计划（CADAL）[http://www.cadal.cn]”的建设成果，以系统化、数字化的学术信息资源为基础，以先进的数字图书馆技术为手段，以国家教育科研网（CERNET）为依托，为浙江省高等学校教学、科研和重点学科建设提供高效率、全方位的文献信息保障与服务，成为经济和社会发展的重要基础设施。

ZADL 通过一个省中心和滨江、宁波、温州、下沙、小和山 5 个分中心向全省高校提供数字图书馆服务。其服务项目有：联合目录、虚拟咨询、文献传递、统一检索和特色数据库等。ZADL 网站首页如图 5-5 所示，ZADL 滨江分中心网站如图 5-6 所示。ZADL 联合目录检索界面如图 5-7 所示。

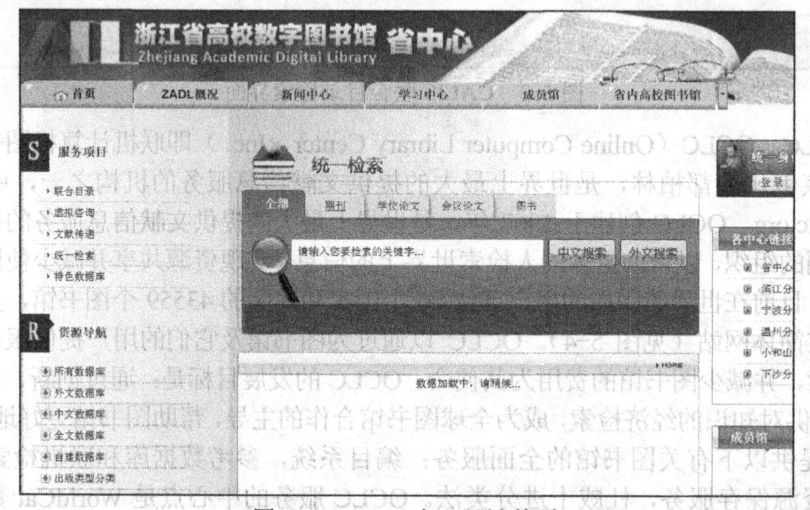

图 5-5　ZADL 中心网站首页

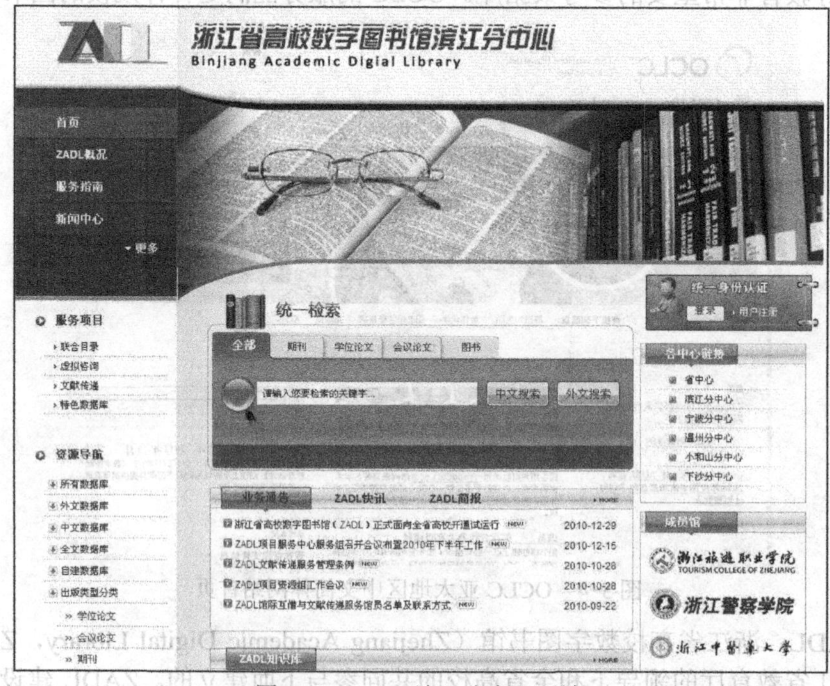

图 5-6　ZADL 滨江分中心网站

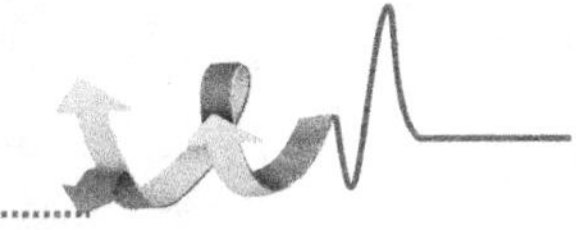

图 5-7 ZADL 联合目录检索界面

5.2.2 全文数据库

1．中国知网

（1）中国知网简介。中国知网是国家知识基础设施（National Knowledge Infrastructure，NKI）的概念，由世界银行于 1998 年提出。CNKI 工程是以实现全社会知识资源传播共享与增值利用为目标的信息化建设项目，由清华大学、清华同方发起，始建于 1999 年 6 月。在党和国家领导人以及教育部、中宣部、科技部、新闻出版总署、国家版权局、国家发展和改革委的大力支持下，在全国学术界、教育界、出版界、图书情报界等社会各界的密切配合和清华大学的直接领导下，CNKI 工程集团经过多年努力，采用自主开发并具有国际领先水平的数字图书馆技术，建成了世界上全文信息量规模最大的“CNKI 数字图书馆”，并正式启动建设《中国知识资源总库》及 CNKI 网格资源共享平台，通过产业化运作，为全社会知识资源高效共享提供最丰富的知识信息资源和最有效的知识传播与数字化学习平台。

（2）中国知网服务内容。

1）中国知识资源总库。中国知识资源总库提供 CNKI 源数据库—— 外文类、工业类、农业类、医药卫生类、经济类和教育类多种数据库。其中综合性数据库为中国期刊全文数据库、中国博士学位论文数据库、中国优秀硕士学位论文全文数据库、中国重要报纸全文数据库和中国重要会议论文全文数据库。每个数据库都提供初级检索、高级检索和专业检索 3 种检索功能。

2）数字出版平台。数字出版平台是国家“十一五”重点出版工程。数字出版平台提供学科专业数字图书馆和行业图书馆。个性化服务平台有个人数字图书馆、机构数字图书馆和数字化学习平台等。

3）文献数据评价。2010 年中国知网推出的《中国学术期刊影响因子年报》在全面研究学术期刊、博硕士学位论文、会议论文等各类文献对学术期刊文献的引证规律基础上，研制者首次提出了一套全新的期刊影响因子指标体系，并制定了我国第一个公开的期刊评价指标统计标准《<中国学术期刊影响因子年报>数据统计规范》。出版的“学术期刊各刊影响力统计分析数据库”和“期刊管理部门学术期刊影响力统计分析数据库”，统称为《中国学术期刊影响因子年报》系列数据库。该系列数据库的研制出版旨在客观、规范地评估学术期刊对科研创新的作用，为学术期刊提高办刊质量和水平提供决策参考。

4）知识搜索。知识搜索是以学术文献为搜索内容的搜索引擎，搜索范围包括期刊文献、学位论文、会议论文、报纸文献、工具书和年鉴等。知识搜索包括全文搜索、工具书搜索、数字搜索、学术定义搜索、图形搜索和翻译助手等诸多功能，实现实时的知识聚类、多样化的检索排序和丰富的知识链接。

（3）CNKI 数据库的使用方法。

1）登录数据库。登录 http://www.cnki.net（见图 5-8），输入账号和密码或 IP 自动登录。

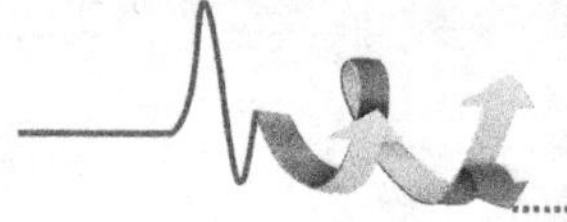

图 5-8　CNKI 数据库首页

2）下载安装全文浏览器（CAJViewer 7.0）。CNKI 所有文献都提供 CAJ 文献格式，期刊、报纸、会议论文等文献也提供 PDF 格式。浏览器安装程序可在中国知网首页“常用软件下载”中下载。

3）具体检索方法。

途径一：检索——查

CNKI 提供了单库检索和跨库检索两种检索界面。单库检索是指在 CNKI 系列数据库中的任一库内检索；跨库检索是指用户可以选择多个数据库的资源进行检索，能够在同一检索界面下完成对期刊、学位论文、报纸、会议论文和年鉴等各类型数据库的统一跨库检索。

CNKI 提供了初级检索、高级检索和专业检索 3 种检索方式。初级检索在检索框中直接输入检索项即可；高级检索需提供检索项之间的逻辑关系控制，如相关度排序、时间控制、词频控制、精确/模糊匹配等，适合于对检索方法有一定了解的用户；专业检索需要在检索框中输入检索表达式，如“作者=×××and 题名=×××”，该检索方法适用于对检索方法非常熟悉的用户。

途径二：导航——找

导航目的在于为用户提供多种途径以找到所需要的文献，用户即使不具备检索知识，也可以根据传统的阅读习惯找到目标信息。用户通过专辑导航浏览，逐层打开每个分类目录，能够直接查看最终分类目录下的文献，可快速获取某一学科领域内的所有文献。

途径三：知网节——推

知网节以一篇文章作为其节点文献，知识网络的内容包括节点文献的题录摘要和相关文献链接。提供单篇文献的详细信息和扩展信息的浏览页面。它包含单篇文献的题录摘要，还是该文献各种扩展信息入口汇集点。这些扩展信息通过概念相关、事实相关等方法揭示知识之间的关联关系，达到知识扩展的目的，有助于新知识的学习和发现，帮助实现知识获取、知识发现。

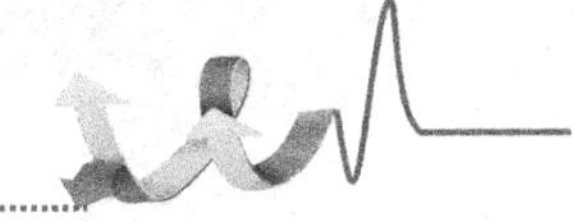

（4）CNKI 数据库检索与利用举例。例如，检索“ISO 9000 在建筑企业的应用情况”的相关文献。

第一步，确定检索范围，选择单库或跨库检索。

第二步，确定检索项，可选择题名、关键词、摘要、全文等。

第三步，选择精确或模糊的匹配程度。

第四步，确定检索词：ISO 9000 质量管理体系建筑企业。

第五步，下载所需论文，进行阅读。

2．万方全文数据库

（1）万方数据库简介。万方数据库是由万方数据公司开发的，涵盖期刊、会议纪要、论文、学术成果、学术会议论文的大型网络数据库。它是国内第一家以信息服务为核心的股份制高新技术企业，是在互联网领域，集信息资源产品、信息增值服务和信息处理方案为一体的综合信息服务商，也是和中国知网齐名的中国专业的学术数据库。

（2）万方数据库资源内容

1）期刊论文。资源期刊论文是全文资源。收录自 1998 年以来国内出版的各类期刊 6 000 余种，其中核心期刊 2500 余种，论文总数量达 1 000 余万篇，每年约增加 200 万篇，每周两次更新。

2）学位论文资源。学位论文是文摘资源。它收录自 1980 年以来我国自然科学领域各高等院校、研究生院以及研究所的硕士、博士及博士后论文共计 136 万余篇。其中，211 高校论文收录量占总量的 70%以上，论文总量达 110 余万篇，每年增加约 20 万篇。

3）会议论文资源。会议论文是题录资源。它收录了由中国科技信息研究所提供的，1985 年至今世界主要学会和协会主办的会议论文，以一级以上学会和协会主办的高质量会议论文为主。每年涉及近 3000 个重要的学术会议，总计 97 万余篇，每年增加约 18 万篇，每月更新。

4）专利资源。专利是全文资源。它收录了国内外的发明、实用新型及外观设计等专利 2400 余万项，其中中国专利 331 万余项，外国专利 2073 万余项。其内容涉及自然科学各个学科领域，每年增加约 25 万条，每两周更新一次。

5）成果资源。成果是题录资源。它主要收录了国内的科技成果及国家级科技计划项目。总计约 50 余万项，内容涉及自然科学的各个学科领域，每月更新。

6）法规资源。法规是全文资源。它收录自 1949 年新中国成立以来全国各种法律法规 28 万余条。其内容不但包括国家法律法规、行政法规、地方法规，还包括国际条约及惯例、司法解释、案例分析等。

7）标准资源。标准资源包括中国行业标准、中国国家标准、国际标准化组织标准、国际电工委员会标准、美国国家标准学会标准、美国材料试验协会标准、美国电气及电子工程师学会标准、美国保险商实验室标准、美国机械工程师协会标准、英国标准化学会标准、德国标准化学会标准、法国标准化学会标准和日本工业标准调查会标准等 26 万多条记录，每月更新。

8）企业信息。企业信息是题录资源。企业信息始建于 1988 年，是国内最早商业化运作的企业信息库，收录了国内外各行业近 20 万家主要生产企业及大中型商贸公司的详细信息及科技研发信息，每月更新。

9）西文期刊论文和会议论文。西文期刊论文是全文资源。它收录了 1995 年以来世界各国出版的 12634 种重要学术期刊，部分文献有少量回溯。每年增加论文约百万余篇，每月更新。

西文会议论文是全文资源。它收录了 1985 年以来世界各主要学协会、出版机构出版的学术会议论文，部分文献有少量回溯。每年增加论文约 20 余万篇，每月更新。

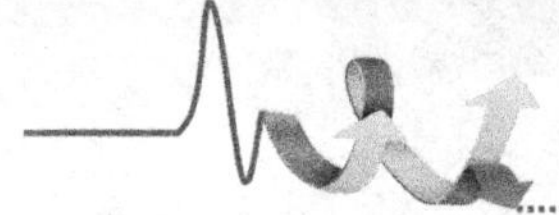

10）科技动态。它收录国内外科研立项动态、科技成果动态、重要科技期刊征文动态等科技动态信息，每天更新。

（3）万方数据库检索与利用举例。例如，如何查找、阅读有关“次贷危机”的文献。

第一步，访问 http://www.wanfangdata.com.cn/（见图 5-9），进入学术论文检索界面。

图 5-9 万方数据库首页

第二步，首先，设置检索参数，输入检索词，能显示一共有多少篇论文；其次，图中有一个“概览区”，在其中给出了最前面的10篇论文的“概览”信息。再次，在图的左边和上边还给出了这些论文的来源分类，这为查看哪一类论文提供了方便，只要单击某分类就可获得属于该类的论文。如“论文类型”，有“期刊论文”多少篇，“学位论文”多少篇，“会议论文”多少篇；再如，从“年份”分，有按年份依次排列的数据。类似的还有“按刊分类”。还有“缩小搜索范围”区，在标题框中输入“对中国的影响”，单击“确定”按钮，可得到若干篇文章。单击“概览区”中列出的文章的标题，可见该篇文章的“详细介绍”。

第三步，下载论文。进入该文章详细页面后，可单击“下载全文”，即可下载全文。

第四步，阅读论文。下载下来的论文可以立即阅读。

3. 维普数据库

（1）维普数据库简介。维普资讯公司推出的《中文科技期刊数据库》（全文版）是一个功能强大的中文科技期刊检索系统。它源于重庆维普资讯有限公司 1989 年创建的《中文科技期刊篇名数据库》，是全国最大的综合性文献数据库，其全文和题录文摘版一一对应，经过近 20 年的推广使用和完善，全面解决了文摘版收录量巨大但索取原文烦琐的问题。《中文科技期刊数据库》（全文版）的推出受到国内广泛赞誉，同时成为国内各省市高校文献保障系统的重要组成部分。

它具有以下 4 个特点：

1）海量数据包含了 1989 年至今的 9000 余种期刊刊载的文献，并以每年 150 万篇的速度递增。

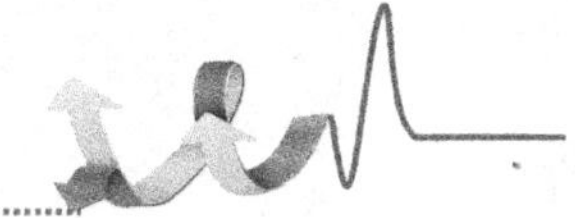

2）覆盖范围涵盖了社会科学、自然科学、工程技术、农业、医药卫生、经济、教育和图书情报等学科的 9000 余种中文期刊数据资源。

3）分类体系。按照《中国图书馆分类法》进行分类，所有文献被分为 8 个专辑：社会科学、自然科学、工程技术、农业科学、医药卫生、经济管理、教育科学和图书情报。8 个专辑又细分为 35 个专题。

4）著录标准。按照《中国图书馆分类法》进行严格著录。

（2）维普数据库文献检索方法。首先，访问网址 http://www.cqvip.com（见图 5-10），进入到维普资讯网主页。其次，选检索方式，检索方式有两种——简单检索和高级检索，可以根据自己的实际需要选择使用。

图 5-10 维普数据库首页

（3）维普数据库检索与利用举例。例如，如何了解“次贷危机”及其对中国的影响。

第一步，单击页面右上角的“维普专业检索”，进入简单检索界面。

第二步，设定检索参数。“检索输入”选择系统默认的“题名/关键词”，“检索框”中输入“次贷危机”，单击“搜索”按钮。

每页显示 20 篇文章的信息（标题、作者、出处），通过翻页，可以找到自己想阅读的文章，在“标题”前打钩。

第三步，单击标题，可查看文章摘要。

第四步，确定要该文章时，可单击“下载全文”直接下载。

第五步，阅读全文。

5.2.3 电子图书

电子图书是 21 世纪网络信息时代科技进步的结晶。它的出现是继印刷术发明以来知识传播领域的又一个具有里程碑意义的技术革命，它极大地促进了人类知识与信息的生产、存储、传播方式的现代化和信息化。电子图书以检索快捷、借阅便利的特点，打破了图书馆传

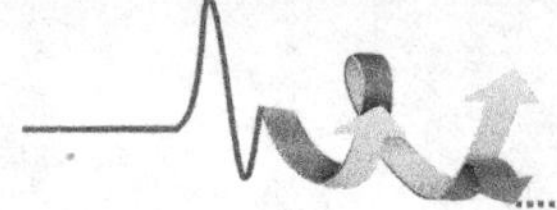

统借阅方式的时空限制，能使读者真正体验到网络服务的方便、快捷。

1．电子图书的概念

电子图书即 E-Book，英文全称是 Electronic Book，是指以数字代码方式将图片、文字、声音、录像等信息存储在磁、光、电介质上，通过计算机或类似设备使用，并可复制发行的大众传播体。其类型有：电子图书、电子期刊、电子报纸和软件读物等。

电子图书由三要素构成：

（1）电子图书的内容。它主要以特殊的格式制作而成，可在有线或无线网上传播的图书，一般由专门的网站组织而成，如国内通用的电子图书格式 CEB 等。

（2）电子图书阅读器。它包括个人计算机、个人手持数字设备（PDA）、专门的电子设备，国产的设备如方正科技生产的电子图书手持阅读器 E-Book312 等系列产品，国外的设备如 Go Reader 等。

（3）电子图书的阅读软件。如 Adobe 公司的 Acrobat Reader，Glassbook 公司的 Glassbook，微软的 Microsoft Reader，国内超星公司的 Ssreader、Apabi Reader 等。

2．电子图书的特性

相对于纸质图书，电子图书具有以下特性。

（1）信息容量大、体积小、易管理。

（2）具备强大的检索功能。电子图书提供的检索功能是动态的、多途径的、可组配的，在信息的检索、文档的超文本链接、交互式阅读等方面，它比传统印刷版图书更具优势。检索结束后可根据用户需要在计算机屏幕上加以显示或将其打印出来，还可以有目的地进行排序、重组。

（3）具有丰富生动的多媒体表现力。电子图书采用多媒体、超媒体技术，使电子图书不仅有详细生动的文字描述，还有高质量的栩栩如生的动画情景和逼真的声音效果，使读者获得更全面、更生动的资料，给人以丰富多彩的亲切感受。

（4）阅读时需要相应的设备和软件。阅读时须借助于有关设备，如计算机、电子图书阅读器等，及相应的软硬件才能完成，不便于携带。

（5）制作高效，出版迅速，发行快。

（6）易复制，便于传播。电子图书支持剪切、复制等功能，对读者有用的信息马上可以复制，便于传播和扩散，适合共享。当然也容易带来版权保护等问题。

（7）资源共享。传统的印刷版图书一旦被人借出，其他人就不能使用，而网络版的电子图书则能供多人多次同时阅读，真正实现资源共享。

目前，互联网上的电子图书有 3 种运营形式：

1）以网上书店的形式出现，例如，亚马逊网上书店、当当网上书店、中国图书网，这类网上书店已数不胜数，付费方式比较灵活，购得的图书可以是电子版的，也可以是印刷版的，是电子商务的模式。

2）以免费电子图书的形式出现，如黄金书屋、时代书城、益凡公益图书馆等。这类免费图书的网站也非常多，但以文学类图书为主。

3）提供电子版的收费电子图书，它们一般依托丰富的馆藏资源而建立数字化的图书检索和阅览系统，必须依靠相应的浏览器才能阅读或下载，提供的图书学科门类齐全，数量庞大，因此也称数字图书馆。一般个人可以通过买读书卡阅读，机构可以购买其整个图

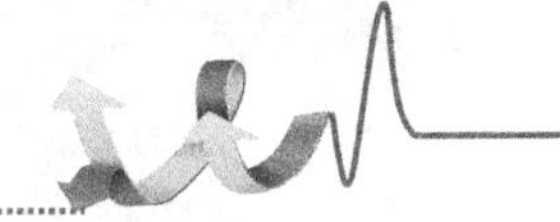

书数据库，在局域网范围内使用，如超星数字图书馆、书生之家数字图书馆和方正数字图书馆。

3．常用的电子图书数据库

（1）超星电子图书

1）简介。超星数字图书馆（http://www.chaoxing.com/）是全文数字图书馆（见图 5-11），由时代超星公司与广东中山图书馆合作开发，成立于 1993 年，是国内专业的数字图书馆解决方案提供商和数字图书资源供应商。为目前世界最大的中文在线数字图书馆。它设有免费资源、会员资源和书友交流平台。

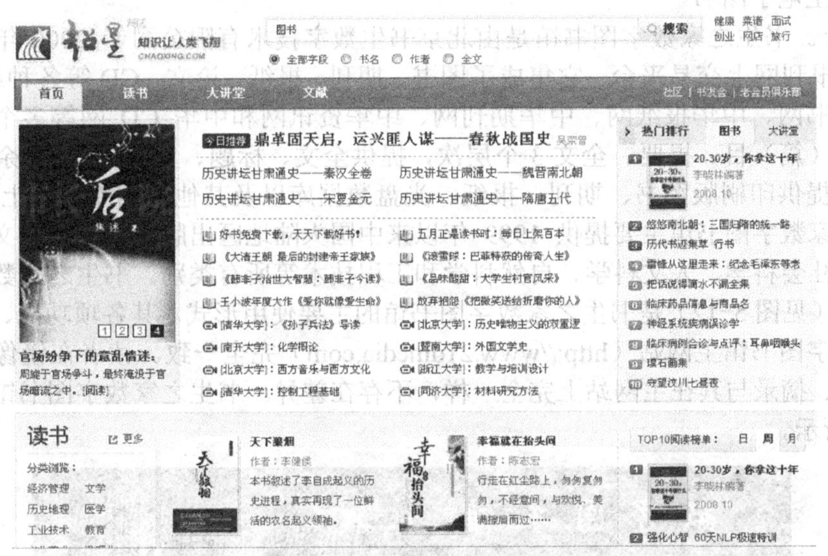

图 5-11 超星数字图书馆（超星网）首页

目前，改版后的超星网每天（除节假日外）向读者提供 100 本图书的免费下载。每日最多免费下载 20 本，每月不超过 150 本。读者下载图书前必须安装最新超星阅读器并登录，下载的图书也可在其他不上网的计算机上进行阅读。图书资源包含以下 15 个主题，即文学、经济管理、教育、医学、历史地理、计算机通信、工业技术、文化艺术、语言文字、哲学宗教、社会科学、数理化、自然科学、建筑交通和综合类。社区和书友会是一个为广大书友提供阅读、创作、交流的互动平台，书友可以在此创作和发布读书笔记，可以使用社区短信功能和志同道合的好友即时练习，可以通过发帖、回帖与数十万书友进行互动交流。原创平台为超星的注册用户提供发表文章和长篇连载的空间，且所有作品免费阅读。

2）使用要求。超星数字图书馆的使用，一是在网上注册为会员，二是访问镜像站点单位内部网。超星免费图书馆的资源可直接进入，任意使用。阅读时，需先下载超星阅读器。超星阅读器目前是国内技术最为成熟、创新点最多的专业阅读器，具有电子图书阅读、资源整理、网页采集、电子图书制作等一系列功能，文字识别能力强，读者对所阅读的电子图书可以实施全文检索、下载、复制、打印等多项操作。

3）检索方法。将所有图书分为文学、工业技术、经济、历史地理、文化教育、社会科学总论、语言文字、医药卫生、数理化、艺术、哲学宗教、自然科学总论等 22 个大类，

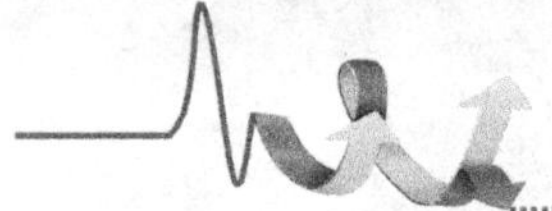

在一级大类的基础上再依次划分为二级、三级类目。系统提供关键词检索和分类浏览检索方式。

关键词检索：先选择检索字段，多个关键词之间用布尔逻辑算符连接。

分类浏览检索：从图书分类目录一级大类开始层层单击获得二级或二级类目的书目清单；直接单击图书分类大类下的二级类目获得整个大类的书目清单。

第一种方式检索结果比较专指，第二种方式检索结果则比较宽泛，这时也可以结合关键词检索快速准确找到所需图书。书目清单显示题名、作者、页数、出版时间等内容。对检索结果可以直接"收藏到我的图书馆……，也可以单击题名进行阅读（IE 阅读、阅览器阅览）、收藏。收费馆内的图书非会员读者只能阅读前 17 页。

（2）书生电子图书

1）简介。书生之家数字图书馆是由北京书生数字技术有限公司于 2000 年正式推出的中文图书、报刊网上交易平台。它集成了图书、期刊、报纸、论文、CD 等各种载体的资源，下设中华图书网、中华报纸网、中华期刊网、中华资讯网和中华 CD 网等多个子网，资源内容分为书（篇）目、提要、全文 3 个层次，提供全文、标题、主题词等 10 余种数据库检索功能，还提供印刷版图书、期刊、报纸、光盘数据库以及其他数据库的网上订购功能。

书生之家数字图书馆主要提供 1999 年以来中国大陆地区出版的新书的全文电子版。所收图书涉及社会科学、人文科学、自然科学和工程技术等所有类别。书生之家数字图书馆镜像站点首页（见图 5-12）是书生之家数字图书馆的主要使用形式。其各项功能、数据内容与书生之家数字图书馆主网站（http://www.21dmedia.com）完全一致。读者在镜像站点上进行检索、读书、摘录与其在主网站上完全一样，不存在差异。书生之家数字图书馆主网站首页如图 5-13 所示。

图 5-12 书生之家数字图书馆镜像站点首页

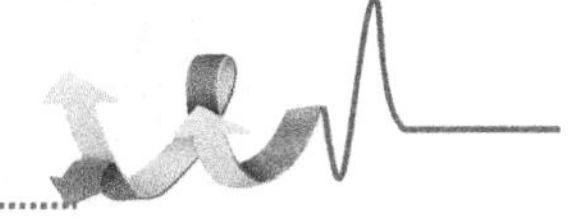

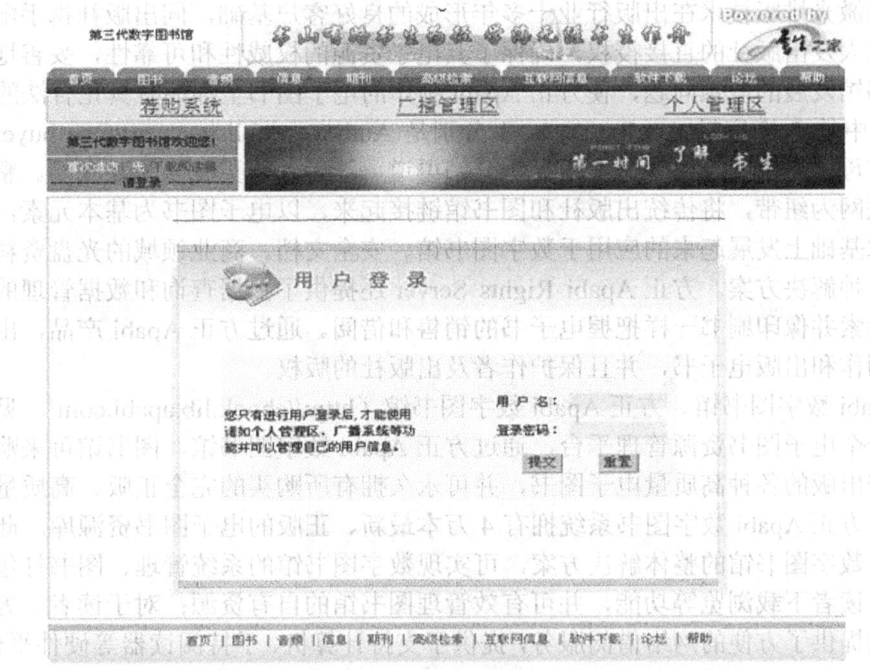

图 5-13　书生之家数字图书馆主网站首页

2）检索方法。在书生之家镜像站点首页，首先登录，输入用户名和密码，单击“提交”按钮，即可进入检索界面。检索界面除了提供分类检索、单项检索（字段检索）、组合检索（高级检索）、二次检索等通常的检索功能之外，还利用业界领先的 TRS 搜索引擎实现了海量数据的全文检索。其主要检索路径有：

分类检索。书生之家数字图书馆将收录图书分为 31 个大类，利用分类进行检索时，首先根据所要查找的图书内容确定其所属类别，然后按分类体系逐级选择相应类目，会出现该类目所包含的全部图书。

字段检索。书生之家提供 6 种字段检索功能（图书名称、出版机构、作者、ISBN、丛书名称、提要）。检索时，根据需要从字段下拉菜单中选择。

高级检索。高级检索也叫多条件检索，可以实现多个检索条件的逻辑组合检索。

3）图书全文阅读。阅读图书之前，必须首先下载并运行书生阅读器（reader），下载运行一次即可。以后再阅读时，会自动启动 reader 读书。阅读图书可以从两个接口进入：

直接单击检索结果“翻看”栏目下的“全文”进行阅读；或先单击“图书名称”，进入后可以看到书的作者、价格、出版社、开本、出版日期和内容提要等信息。然后单击“全文”就可以进行图书的阅读了。在阅读页面，能够进行显示、放大、缩小、拖动版面、提供栏目导航、顺序阅读、跳转、打印、设置书签等操作。

书生全息数字化阅读器提供拾取文本功能：当用户需要对某段文字进行摘录时，可以选中“工具”菜单中的“拾取文本”菜单项，或在工具条中选中第三组中带有“abc”字样的按钮，此时鼠标指针变为“I”形，拖动光标选中相应的文字，被选中的文字显示成蓝色，其文本已被自动存入剪贴板，即可粘贴到其他文字处理程序的文档中编辑使用。

（3）方正 Apabi 数字图书馆。

1）简介。方正 Apabi 是由北京大学方正电子有限公司于 2001 年春季开发的，该公司凭

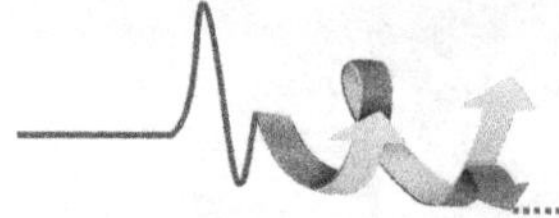

借其独有的激光排版技术在出版行业十多年形成的良好客户基础，同出版社携手配合，通过获得著作权人及出版社的直接授权，确保了其电子资源的权威性和可靠性，妥善地解决了制约数字图书馆发展的瓶颈问题，使方正 Apabi 制作的电子图书全都拥有真正合法的版权。

Apabi 中的 5 个字母 A、P、a、b、i 分别是 Author、publisher、artery、buyer、internet 的第一个字母，分别代表作者、出版社、分销渠道、读者（购买者）和互联网。整合起来理解，以互联网为纽带，将传统出版社和图书馆链接起来，以电子图书为基本元素，在数字版权保护技术基础上发展起来的应用于数字图书馆、安全文档、商业领域的光盘资料发行等诸多领域的一种解决方案。方正 Apabi Rights Server 还提供了数据查询和数据管理的功能，可进行信息检索并像印刷书一样把握电子书的销售和借阅。通过方正 Apabi 产品，出版社可以很方便地制作和出版电子书，并且保护作者及出版社的版权。

2）Apabi 数字图书馆。方正 Apabi 数字图书馆（http://ebook.lib.apabi.com/，见图 5-14）实际上是一个电子图书资源管理平台，通过方正 Apabi 数字图书馆，图书馆可采购到数百家出版社生产出版的各种高质量电子图书，并可永久拥有所购买的完全正版、高质量的电子图书。目前，方正 Apabi 数字图书系统拥有 4 万本最新、正版的电子图书资源库。此外，通过方正 Apabi 数字图书馆的整体解决方案，可实现数字图书馆的系统管理、图书打包、入库、全文检索、读者下载浏览等功能，并可有效管理图书馆的自有资源；对于读者，方正 Apabi 数字图书馆提供了方便的网络借阅服务，提供了支持计算机、手持阅读器等硬件平台的阅读。

图 5-14　方正 Apabi 数字图书馆首页

3）检索界面。方正 Apabi 在其检索界面上集成了整个系统的浏览、检索与显示等功能。它有两个可供用户使用的检索界面，即主网站上的检索界面和专用图书阅读器中的检索界面，两个界面的检索功能基本一致。在方正 Apabi 检索界面上，具有分类（按中图法分类）浏览功能，以及书名、责任者、出版社、年代等检索入口及组合检索方式，其页面显示具有翻页

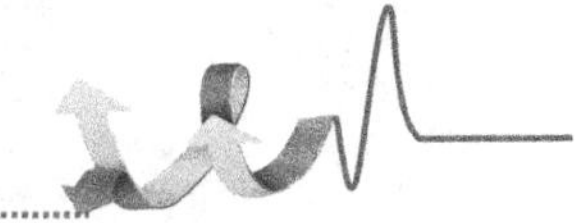

功能及跳转页的功能。在专用图书阅读器检索界面上，除具有网上阅读器功能外，还增加了全文检索、对检索结果一次显示等功能。为方便用户，还设置了相关信息的链接，如出版社、网上书店、图书馆以及使用帮助功能的设置。同时采取先进的数据加密技术，所以在使用时，用户必须使用由方正 Apabi 提供的专用阅读软件（即阅读器或浏览器）。

4）浏览器功能。方正 Apabi 在阅读器的功能设置方面不仅考虑到了电子图书资源使用时的特性，也成功借鉴了传统阅读方式的经验，除设置了页面缩放旋转、图书章节导航、书上内容查找、有限制的文字复制、打印（由出版单位规定权限）、全文下载等电子图书的功能外，还设置了上下翻页、目录页/正文页、指定页/指针定位页、自动滚屏、加书签、批注、画线、加亮、目注、显示比例调整、更换背景颜色等传统阅读方式的功能，使读者在阅读电子图书时，仍然可沿用传统方式阅读时的习惯，从而有利于读者快速接受电子阅读方式。

5.3 网络资源查询

5.3.1 网络图书馆

网络图书馆，因为网络环境改变了图书馆馆藏概念的内涵和外延，“网络时代的图书馆，是现实图书馆被信息技术化的产物（王泽生语）”。实现网络图书馆的 4 个要素：通信线路和通信终端设备、有独立功能的计算机资源储备、网络图书馆软件支持、实现数据通信与资源共享的行为。

网络图书馆，“保存记事的习惯、各类记载、藏书之所”等，又从传统意义上演变成网络化，促进了人类曾经和正在创造着的优秀资源共享。网络图书馆空间无限拓展，不因地域偏僻而资源匮乏；时间无限压缩，不因岁月流去而拮据贫富群体。目前，网络图书馆最主要的存在群体，还是国家或政府或大学的图书馆，资源完备。而某些图书网站，也冠以类似称谓。例如，文渊阁、藏书楼等。因在中国古代，“图书馆”，称为“府”、“阁”、“观”、“台”、“殿”、“院”、“堂”、“斋”、“楼”。

网络图书馆，被誉为“知识宝库、知识喷泉、社会心脏、校外第二课堂”，其职能如下：加快了传播人类文化遗产的速度与广度；电子保存，突破了手写时代和印刷局限；电子出版物具有存储量大、出版周期短、检索便捷、声像并重、大批量生产、成本低等特点，大大强化了信息资源开发。传统图书馆收藏着大量文献信息资源，以网络为纽带对馆外资源搜索过滤，成为虚拟馆藏，使馆藏文献走向数字化；参与社会教育的职能、思想教育的职能、文明建设的教育职能、文化素质的教育职能、丰富群众文化生活教育的职能。

网络图书馆在我国各地有不同程度分布。例如，浙江网络图书馆、上海教育网络图书馆等。网络图书馆承载着网络资源下载与资源安全的双重任务，要求传播和收集保存两位一体。网络图书馆的发展方向是在实现图书馆自动化、网络化的同时，还需绝大部分资源免费化。

1. 中国国家数字图书馆

（1）简介。中国国家数字图书馆（http://www.nlc.gov.cn/，见图 5-15）是以国家巨额财政投入建立的国家数字图书馆工程为基础，充分依托中国国家图书馆丰富的馆藏资源和国家数字图书馆工程资源建设联盟成员的特色资源、借助遍布全国的信息组织与服务网络建立起来的，是目前我国规模最大的数字图书馆。

图 5-15 中国国家数字图书馆首页

（2）功能。中国国家数字图书馆推出网上读书系统（Ver3.0），由图书检索引擎、中国数图浏览器、后台服务管理、后台用户管理构成，适用于公共图书馆、高校图书馆、智能化社区等局域网用户。可满足各局域网用户单位快速、便捷、经济地享用数字图书馆上读书服务的需求。中国国家数字图书馆内容覆盖经济、文学、计算机技术、历史、医药卫生、工业、农业、法律等 22 个门类。但针对企业信息服务，还可为客户提供个性化分类，即在为客户提供中图法标准分类的同时，也可以根据用户需求对分类进行调整。例如，在建筑工程企业，可以按照客户需求将 TU 建筑类提取出来与其他分类并列。

2．浙江网络图书馆

（1）简介。浙江网络图书馆（http://www.zjelib.cn/）是以浙江文化信息资源共享工程和全省公共图书馆的传统文献和数字资源为基础，以“共建、共享、共通、共赢”为目标，运用先进的网络技术，打破地域限制，为广大读者打造的一个统一的、“一站式”资源和服务平台。它是以全省公共图书馆为成员馆的网络化、数字化图书馆，在浙江图书馆设立管理中心。浙江网络图书馆的开通使用实现了各馆传统文献和数字资源在同一平台上的整合，实现了全省公共图书馆用户信息和资源的统一认证，实现了全省公共图书馆和文化共享工程基层服务点资源统一使用，实现了全省范围的电子文献传递和纸质文献的馆际互借。采取边建设、边投入、边服务、边完善的方针，不断推进系统平台完善、数字资源丰富和信息服务的优化，积极促进“资源丰富、技术先进、服务便捷、覆盖城乡”的数字文化服务体系建设，为广大读者提供全方位、公益性文献获取服务。

（2）功能。

1）读者统一认证。系统提供两种认证方式，其中一种是 IP 认证，通过内嵌的公共图书馆网络 IP 地址列表，所有在全省公共图书馆局域网范围内的读者可实现自动登录，使用有访问权限的资源；另一种是账号密码认证，在图书馆局域网以外的读者，利用注册用户或借书卡证号在平台统一登录，通过后读者即可使用共享资源和所在图书馆授权的数字资源。

2）资源统一检索。通过统一检索，检索所有各类中文、外文资源信息。浙江省各公共

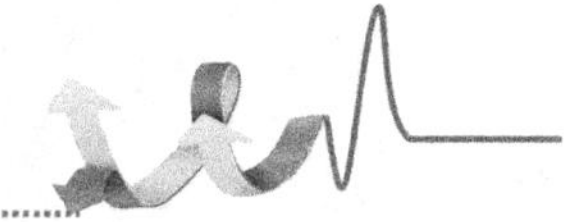

图书馆购买的各种电子资源已经逐步整合，读者只需从浙江网络图书馆检索入口进行一次检索，与关键字相关的所有信息包括期刊、电子图书、视频等信息都能一次获得。

3）在线查询目录。全面揭示浙江省公共图书馆的馆藏信息，为读者实现馆际互借和文献获取服务提供准确信息。

4）电子原文传递。读者可以通过平台上的图书馆文献传递中心发出原文传递请求，获取全文。

5）申请馆际互借。对于读者所在馆没有的纸质文献，读者可根据馆际互借制度和收费标准，通过平台向其他成员馆发出借阅申请。

6）提供知识导航。为读者提供专业的咨询和知识导航服务。

7）服务。浙江网络图书馆推出“查”、“读”、“传”、“借”、“询”5 种服务手段，为用户提供全面、高效、优质的文献服务。

“查”——“一站式”搜索为读者从 1.7 亿条中外文文献信息、260 万种图书书目信息、180 万种图书、6 亿页全文中找出您想要的信息。在线查询全省公共图书馆馆藏目录。

“读”——所有登录读者可以阅读电子图书的试读页（10 页）；有权限获取全文的读者，平台为您提供图书全文、期刊论文、视频等文献的下载和在线阅读服务。

“传”——对于无权限直接下载全文的读者，通过平台提供的原文传递服务，为您提供全文。

“借”——通过平台具有的馆际互借功能，为读者在全省公共图书馆中提供异地借阅纸质文献服务。

“询”——除了平台为读者提供的文献服务外，浙江省联合知识导航网的专业人员为读者提供人工咨询和知识导航服务。

3．浙江高校数字图书馆

前面已经在联合目录检索中提到浙江省高校数字图书馆（Zhejiang Academic Digital Library，ZADL），由于它是浙江省高校共享的国内一流的数字化文献信息资源库，已形成具有国内先进水平、功能齐全、资源丰富、覆盖面广的浙江高校数字化图书馆服务体系。并以集团采购方式购买国内外重要学术资源库，大力推动自建特色资源库，充分整合了各成员馆自有资源。自建特色数据库首页文献资源简介如图 5-16 所示。

图 5-16　自建特色数据库首页文献资源简介

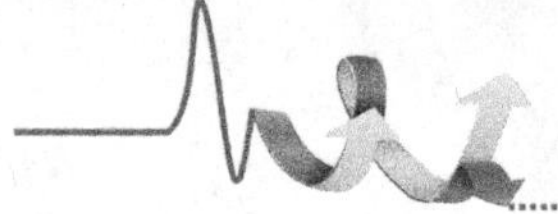

ZADL 联合集团采购数据库一览表见表 5-1。

表 5-1　ZADL 联合集团采购数据库一览表

Emerald 数据库	World Scientific 电子图书	万方中文硕博士论文数据库
读秀知识库	冰果英语	EPS 全球统计数据分析平台数据库
牛津期刊数据库	Lexis.com 专业法律数据库	中国资讯行（INFOBANK）
龙源数据库	起点自主考试学习系统	LexisNexis Academic 外文全文数据库
博看数据库	中经视频	库客（KUKE）数字音乐图书馆
起点视频数据库	EBSCO-SRC 数据库	Nowpublishers 电子期刊数据库
国研网	PQDT 外文博硕士论文数据库	公元集成教学图片数据库
Springer 电子图书	Springer 期刊数据库	EBSCO（ASP＋BSP）全文数据库
Scopus 文摘数据库	维普《中文科技期刊数据库》	World Scientific Net 电子期刊数据库

全省共享常用数据库一览表见表 5-2。

表 5-2　全省共享常用数据库一览表

ACS	ACM	AIP
Annual Review	APS	ASME
CUP	Derwent Innovations Index	Elsevier
BIOSIS Preview（BP）	EBSCO（ASP/BSP）	IEL
Engineering Village	Gale	HeinOnline
IMechE	MyLibrary	Nature
INSPEC	JSTOR	JCR
ProQuest	Sage	SciFinder（CA）
Science	Scopus	SPIE
NetLibrary	Wiley-Blackwell	Web of Science
Taylor&Francis	Thieme	中国知网
维普数据库	超星电子书	中国基本古籍库
万方数据资源		

（1）特色数字资源简介。全省共建了 33 个特色数据库，其中包括浙江中医药大学的“浙江中医药古籍特色数据库”、浙江商业职业技术学院的“中式烹饪特色资源库”等。ZADL 浙江中医药大学特色数据库首页如图 5-17 所示。

图 5-17　ZADL 浙江中医药大学特色数据库首页

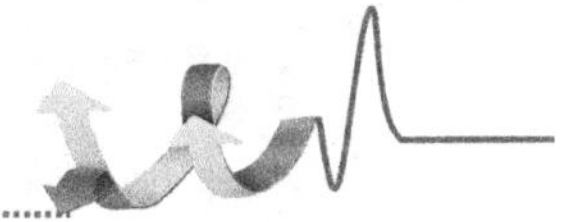

（2）文献资源搜索。第一步：访问 http://zadlbj.zj.edu.cn，进入该页面后，单击左侧“服务项目”下的“联合目录”，如图 5-18 所示。

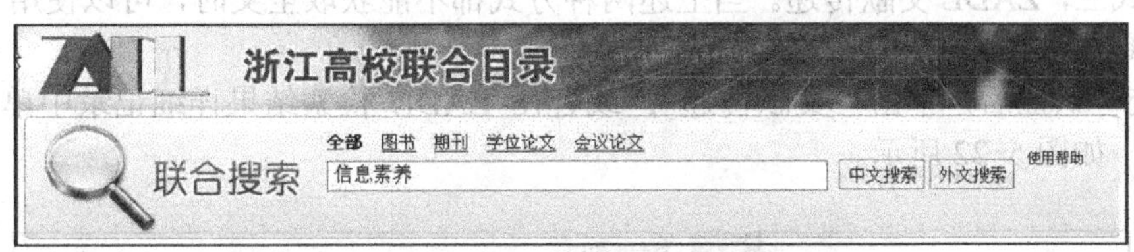

图 5-18　ZADL 联合目录搜索界面

第二步：进入“联合目录”页面后，选择文献类型，在搜索框输入检索词，单击“中文搜索/外文搜索”按钮，系统将为您在海量的资源中查找相关文献。

（3）文献资源获取。在搜索结果页面选择需要的文献，进入详细页面，查看文献详细信息，并从页面右侧“获取资源”栏目获取文献，如图 5-19 所示。

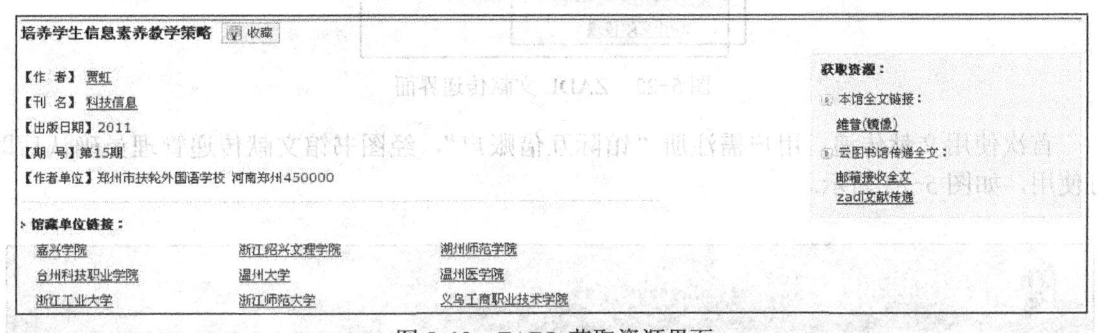

图 5-19　ZADL 获取资源界面

目前系统提供三种方式获取全文。

1）方式一，本馆全文链接。如果有“本馆全文链接”，可直接单击进入图书馆数据库的详细页面阅读和下载全文，如图 5-20 所示。

2）方式二，邮箱接收全文。如果没有“本馆全文链接”的文献，单击“邮箱接收全文”，如图 5-21 所示。

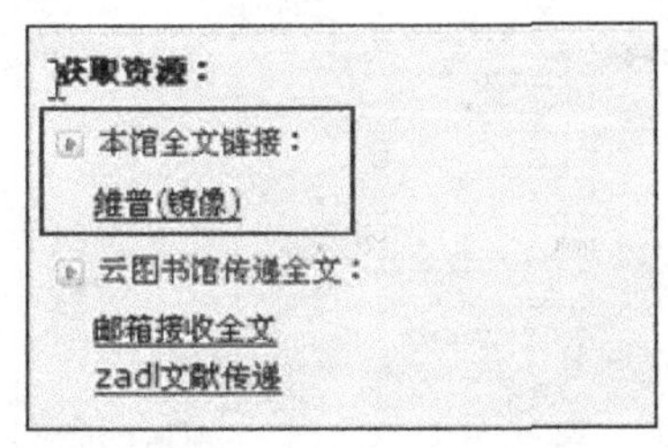

图 5-20　本馆购买的文献下载界面

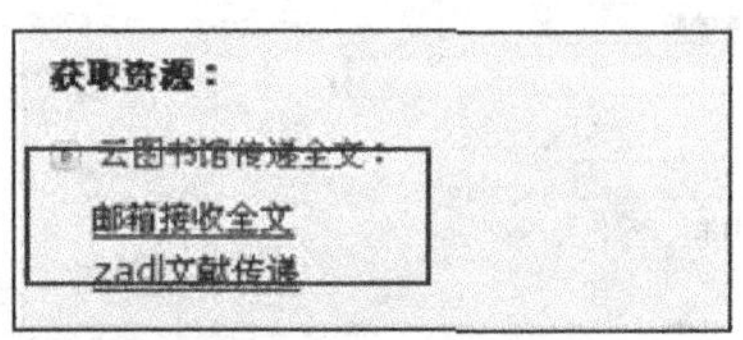

图 5-21　邮箱接收文献界面

单击“邮箱接收全文”，进入“云图书馆文献传递服务”页面，填写自己常用的邮箱地址和验证码后，单击“确认提交”。24 小时内查看填写邮箱，将会收到您所需文献。

如果 48 小时内您没有收到邮件，请尝试：邮箱可能被误认为垃圾邮件，请检查被过滤的邮件中是否有回复给您的信件；或请更换邮箱地址重新提交。

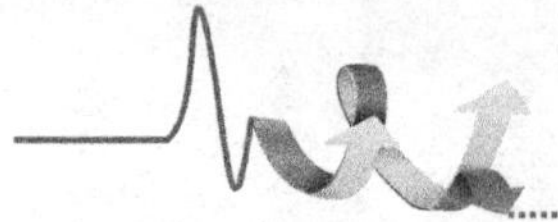

申请中外文图书，除了需要填写常用的邮箱和验证码，还要填写申请的页面范围，且一次最多只能申请传递 50 页。

3）方式三，ZADL 文献传递。当上述两种方式都不能获取全文时，可以使用“ZADL 文献传递”，具体操作如下：

登录统一认证后，单击“文献传递”；或者在 ZADL 检索结果详细记录中单击“ZADL 文献传递”，如图 5-22 所示。

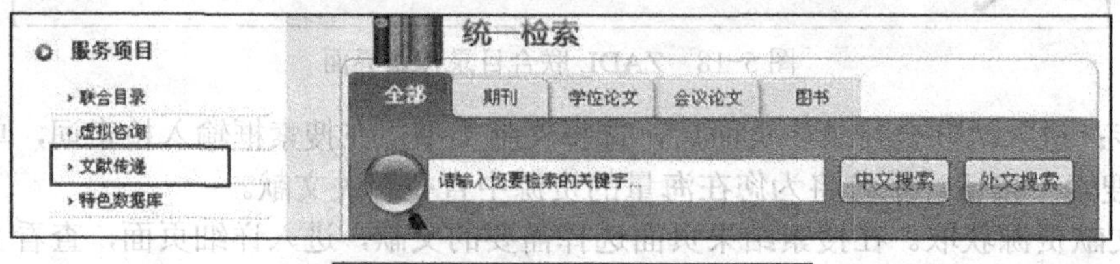

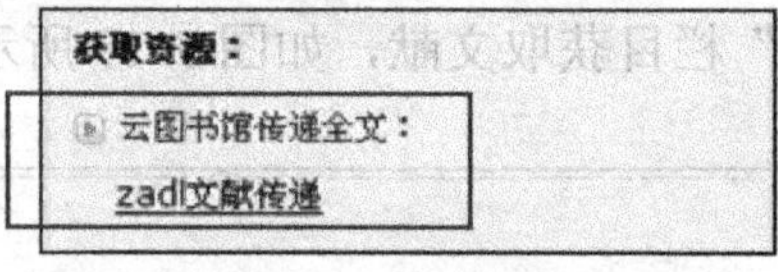

图 5-22　ZADL 文献传递界面

首次使用文献传递，用户需注册“馆际互借账户”，经图书馆文献传递管理员确认后即可使用，如图 5-23 所示。

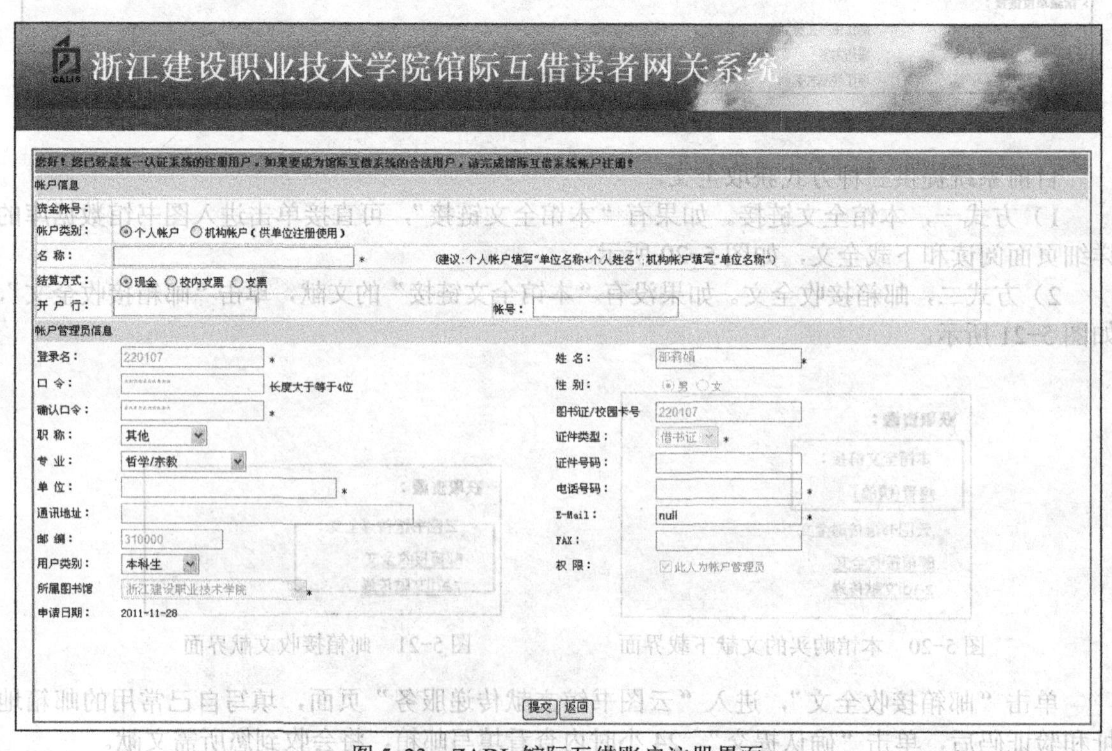

图 5-23　ZADL 馆际互借账户注册界面

用户“馆际互借账户”注册成功后，可以提交表单进行馆际互借申请，如图 5-24 所示。

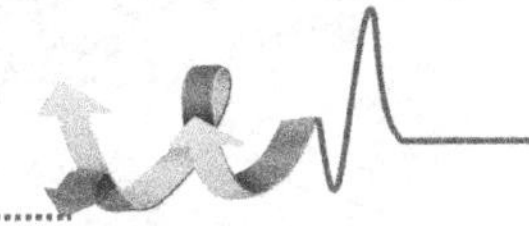

浙江建设职业技术学院馆际互借读者网关系统

个人管理　申请管理　帐户管理　关闭　帮助　关于

申请信息

服务方式

◉复制(非返还)　○借阅(返还)

文献信息

文献类型　期刊论文　作者

出版物名称

卷期号　(如:9卷,3期)　版本信息

文章名称

出版地　出版者

出版年

页码信息　(如:35-42页)

ISSN　ISBN

DOI　CALIS-OID

语种　英语

优惠信息

当前条件下没有优惠

馆际互借信息

有效时间　YYYY-MM-DD (如果申请超过该时间还未被处理，则申请自动结束！)

文献传递方式　e-mail　联系方式　e-mail

*费用限制　元　急迫程度　◉普通 ○加急

费用限制：用户能承受的完成此笔申请的最高费用。　加急：用户选择加急处理，需自付费用10元/篇。

图 5-24　ZADL 馆际互借申请界面

（4）图书、期刊、数据库导航。

1）图书导航。图书导航目前整合浙江全省图书 317 万种，其中纸质图书超过 180 万种，电子图书 130 万种。图书导航提供中图分类法标准的 23 个大类、共 7 级的标准图书学科分类，同时提供按照各高校馆藏进行浏览的功能，如图 5-25 所示。

对于每本图书都提供了相关的详细信息浏览，如果这本图书是本校拥有纸质图书的，则提供这本图书在本馆 OPAC 中的链接按钮；如果这本图书本馆拥有电子全文，则直接提供这本图书的电子全文链接，读者单击后即可阅读全文；对于本馆没有电子全文权限的图书，可提供这本图书部分内容的试读功能（前言页、版权页、目录页、正文前 17 页）。

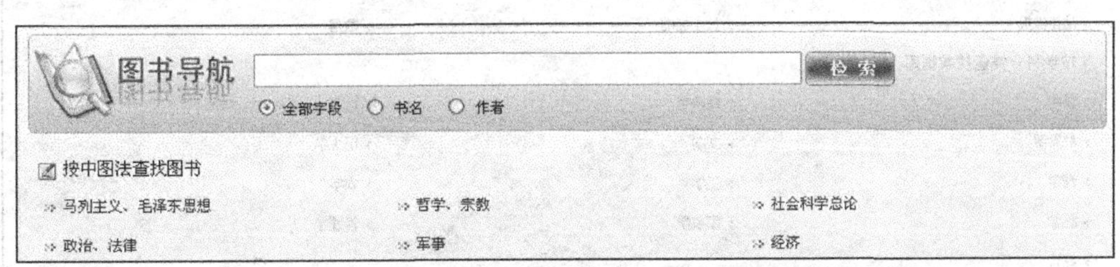

图 5-25　ZADL 图书导航检索界面

2）期刊导航。期刊导航提供了浙江省高校图书馆馆藏期刊及电子期刊的多途径浏览与检索，涵盖全省期刊 56701 种，中文期刊 17428 种、外文期刊 39273 种，如图 5-26 所示。期刊导航提供按学科分类、刊名、首字母等多种形式浏览期刊，也可按照馆藏单位来查看全省高校所购买的期刊。检索到的期刊提供篇目级检索，可以直接实现每一篇文献的信息查看和全文获取。

图 5-26　ZADL 期刊导航检索界面

3）数据库导航。数据库导航整合全省数据库近 500 种，如图 5-27 所示。提供按学科、文献类型、内容、首字母、馆藏等多种数据库分类浏览方式，对每一个数据库都提供了其语种、收录时间、简介、使用方法以及购买这个数据库的各高校的入口，对于期刊数据库，还提供了这个数据库所包含的期刊链接，通过这些链接可以跳转到期刊导航进行进一步的操作。

（5）虚拟参考咨询。ZADL 虚拟咨询系统采用省中心、分中心和各高校服务中心三级服务体系，如图 5-28 所示。其目的是开展以本校咨询为基础，中心和省内高校合作的分布式联合虚拟咨询，实现各成员馆、分中心和省中心无边界的咨询任务分配与调度，充分发挥各成员馆独特的咨询服务优势。

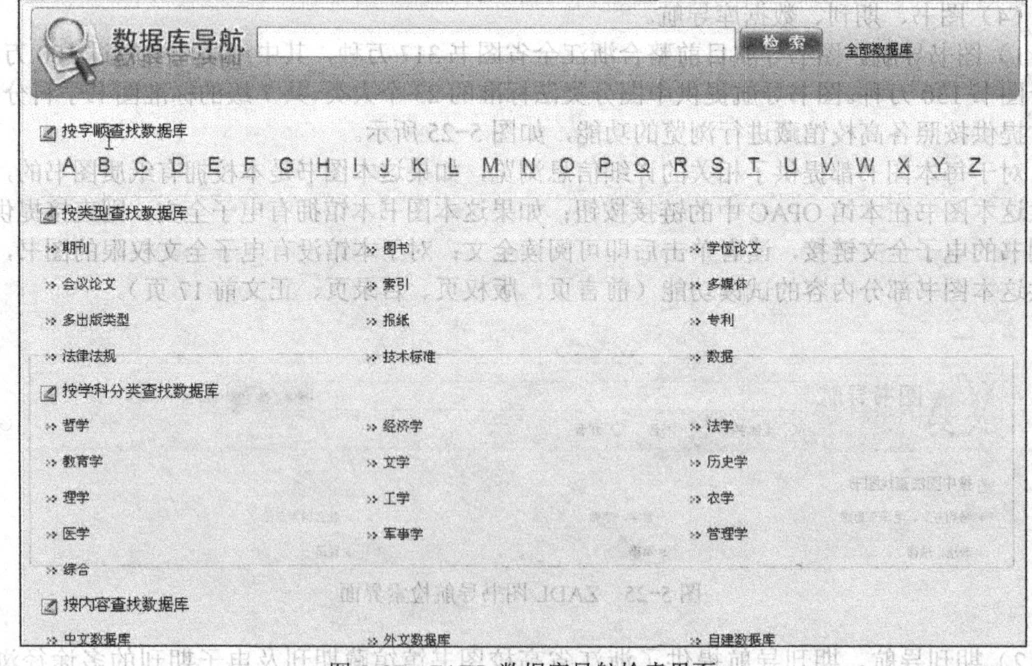

图 5-27　ZADL 数据库导航检索界面

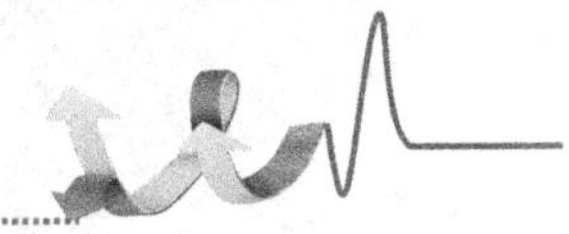

图 5-28　ZADL 虚拟咨询界面

（6）统一身份认证。浙江各高校图书馆均已成为 ZADL 成员馆，各校读者在校内可直接使用统一检索、联合目录等服务；根据学校的接入方式，以指定的证件类型如学号/工号登录，均通过统一身份认证，享受 ZADL 文献传递、虚拟参考咨询等多项服务，如图 5-29 所示。

a）

b）

图 5-29　ZADL 统一身份认证

5.3.2　搜索引擎

1．搜索引擎的组成

搜索引擎一般由搜索器、索引器、检索器和用户接口 4 部分组成。

（1）搜索器。其功能是在互联网中漫游，发现和搜集信息。

（2）索引器。其功能是理解搜索器所搜索到的信息，从中抽取出索引项，用于表示文档以及生成文档库的索引表。

（3）检索器。其功能是根据用户的查询在索引库中快速检索文档，进行相关度评价，对

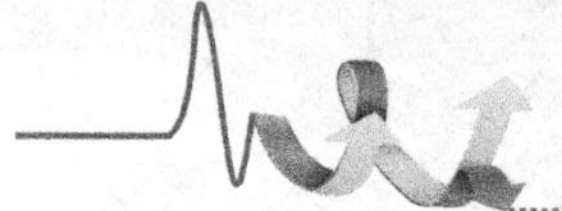

将要输出的结果排序，并能按用户的查询需求合理反馈信息。

（4）用户接口。其功能是接纳用户查询、显示查询结果、提供个性化查询项。

2．搜索引擎的原理

很多人认为搜索引擎就是随时搜索整个互联网的软件。其实，搜索引擎并不真正搜索互联网，它搜索的实际上是预先整理好的网页索引数据库。搜索引擎是一个对互联网上的信息资源进行搜集整理，然后供用户查询的系统。它包括信息搜集、信息整理和用户查询三部分。不同的用户可能会使用不同的搜索引擎，最早的用户则通常是用 Yahoo 分类或者新浪的分类目录进行逐层检索，随着搜索引擎技术的发展，基于全文搜索的搜索引擎得到了广泛使用。目前所说的搜索引擎，通常指的是收集了互联网上几千万到几十亿个网页并对网页中的每一个文字（即关键词）进行索引，建立索引数据库的全文搜索引擎。

搜索引擎的工作原理，可以分为三步：

（1）从互联网上抓取网页。利用能够从互联网上自动收集网页的 Spider 系统程序，自动访问互联网，并沿着任何网页中的所有 URL，爬到其他网页，重复这个过程，并把爬过的所有网页收集回来。

（2）建立索引数据库。由分析索引系统程序对收集回来的网页进行分析，提取相关网页信息（包括网页所在 URL，编码类型，页面内容包含的所有关键词，关键词位置、生成时间、大小，与其他网页的链接关系等），根据一定的相关度算法进行大量复杂计算，得到每一个网页针对页面文字中及超链中每一个关键词的相关度（或重要性），然后用这些相关信息建立网页索引数据库。

（3）在索引数据库中搜索排序。当用户输入关键词搜索后，由搜索系统程序从网页索引数据库中找到符合该关键词的所有相关网页，这些页面都将作为搜索结果被搜出来。在经过复杂的算法进行排序后，这些结果将按照与搜索关键词的相关度高低，依次排列。最后，由页面生成系统将搜索结果的链接地址和页面内容摘要等内容组织起来返回给用户。

搜索引擎的 Spider 一般要定期重新访问所有网页（各搜索引擎的周期不同，可能是几天、几周或几个月，也可能对重要性不同的网页有不同的更新频率），更新网页索引数据库，以反映出网页文字的更新情况，增加新的网页信息，去除死链接，并根据网页文字和链接关系的变化重新排序。这样，网页的具体文字变化情况就会反映到用户查询的结果中。

3．搜索引擎的优点和缺点

（1）优点。搜索引擎现在已经成为网络信息检索最重要的指路标，几乎达到了无所不搜的地步。正确使用搜索引擎，可以检索到本书第 4～7 章所列的事实数据、图书、期刊、学位论文、专利等各类信息的题录或者部分原文，还能检索文字、图像、声音、动画等不同格式的文件。

（2）缺点

1）质量参差不齐，信息的分类加工欠规范，各搜索引擎在检索指令的输入格式与输入内容上存在差异并难以兼容，缺乏通行易用的检索方法与技巧。

2）没有统一的网络信息分类标准，令网络用户无所适从，而且网络信息分类难以与传统的文献分类融合，与常见的学科及知识体系之间缺乏必要的内在联系，使得网络信息的分类体系对知识面或学科的覆盖率达不到要求，对专业性较强的深度信息的查全率较低。

3）建立资源索引时针对性不强，搜索速度慢，死链接过多，重复信息及无效信息过多。

4）对资源不具有选择和价值判断的能力，排序结果不理想，难以搜索动态网页，查全率下降。据调查，功能最强大的搜索引擎最多也只能覆盖 1/3 的网站与网页，依照网络信息

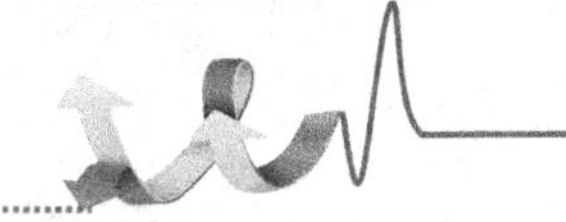

呈几何级数增长的趋势，搜索引擎覆盖的信息资源量还将有所下降。

要解决这些难题，搜索引擎将向智能化、精确化、交叉语言检索、多媒体检索、专业化等适应不同用户需求的方向发展。现在已经出现了自然语言智能答询。自然语言的优势在于，一是使网络交流更加人性化，二是使查询变得更加方便、直接、有效。例如，用关键词查询计算机病毒，用 virus 这个词来检索，结果中必然会包括各类病毒的介绍、病毒是怎样产生的诸多无效信息，而输入自然语言“How can kill virus of computer?”，智能化搜索引擎在对提问进行结构和内容分析之后，或直接给出提问的答案，或引导用户从几个可选择的问题中进行再选择，将怎样杀病毒的信息提供给用户，提高了检索效率。

5.3.3　常用搜索引擎

1．百度

（1）百度简介。百度是世界上规模最大的中文搜索引擎，致力于向人们提供最便捷的信息获取方式。百度拥有全球最大的中文网页库，每天处理来自一百多个国家的超过一亿人次的搜索请求。百度网址为：http://www.baidu.com/（见图 5-30）。百度搜索简单、方便，只需在搜索框内输入需要查询的内容，按“Enter”键，或者单击搜索框右侧的“百度一下”按钮，即可获得最符合查询需求的网页内容。

图 5-30　百度首页

（2）百度的优势。

1）核心技术使用超链分析。超链分析技术是新一代搜索引擎的关键技术，已为世界各大搜索引擎普遍采用，百度总裁李彦宏就是超链分析专利的唯一持有人。在学术界，一篇论文被引用得越多就说明其越好，学术价值就越高。超链分析就是通过分析链接网站的多少来评价被链接的网站质量，这保证了用户在百度搜索时，越受用户欢迎的内容排名越靠前。

2）搜索速度更大、更新、更快。百度在中文互联网中，支持搜索 10 多亿中文网页，是世界上最大的中文搜索引擎。并且，百度每天都在增加几十万新网页，对重要中文网页实现每天更新，用户通过百度搜索引擎可以搜到世界上最新、最全的中文信息。

百度在中国各地分布有服务器，能直接从最近的服务器上，把所搜索的信息返回给当地用户，使用户享受极快的搜索传输速度。

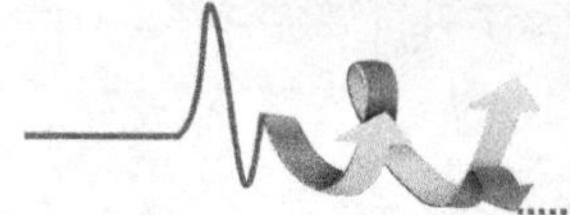

3）为中文用户量身定做。百度深刻理解中文用户搜索习惯，开发出关键词自动提示：用户输入拼音，就能获得中文关键词正确提示。百度还开发出中文搜索自动纠错：如果用户误输入错别字，可以自动给出正确关键词的提示。百度快照是另一个广受用户欢迎的特色功能，它解决了用户上网访问经常遇到死链接的问题。百度搜索引擎先预览各网站，拍下网页的快照，为用户储存大量应急网页。当用户不能链接上所需的网站时，百度为用户暂存的网页就可救急。而且通过百度快照寻找资料往往要比常规方法的速度快得多。

4）网页搜索特色功能。

① 百度快照。如果无法打开某个搜索结果，或者打开速度特别慢，该怎么办？每个被收录的网页，在百度上都存有一个纯文本的备份，称为“百度快照”。百度速度较快，可以通过“快照”快速浏览页面内容。不错，百度只保留文本内容!所以那些图片、音乐等非文本信息，快照页面还是直接从原网页调用。如果无法链接原网页，那么快照上的图片等非文本内容会无法显示。

② 相关搜索。搜索结果不佳，有时是因为选择的查询词不妥当。可以通过参考别人是怎么搜索的来获得一些启发。百度的“相关搜索”，就是搜索很相似的一系列查询词。百度相关搜索在搜索结果页的下方，按搜索热门度排序。

③ 拼音提示。如果只知道某个词的发音却不知道怎么写，或者嫌某个词拼写输入太麻烦，只要输入查询词的汉语拼音，百度就能把最符合要求的对应汉字提示出来。它事实上是一个无比强大的拼音输入法。拼音提示显示在搜索结果上方。例如，输入 jisuanji，提示如下：您要找的是不是：计算机。

④ 错别字提示。由于汉字输入法的局限性，在搜索时经常会输入一些错别字，导致搜索结果不佳。别担心，百度会给出错别字纠正提示。错别字提示显示在搜索结果上方。例如，输入“唐醋排骨”，提示如下：您要找的是不是：糖醋排骨。

⑤ 英汉互译词典。随便输入一个英语单词，或者输入一个汉字词语，留意一下搜索框上方多出来的词典提示。例如，搜索“apple”，单击结果页上的“词典”链接，就可以得到高质量的翻译结果。百度的线上词典不但能翻译普通的英语单词、词组、汉字词语，甚至还能翻译常见的成语。

⑥ 计算器和度量衡转换。百度网页搜索内嵌计算器功能。只需简单地在搜索框内输入计算式，按“Enter”键即可。看一下这个复杂计算式的结果：log((sin(5))^2)-3+pi。

如果要搜索的是含有数学计算式的网页，而不是做数学计算，单击搜索结果上的表达式链接就可以达到目的。

在百度的搜索框中也可以做度量衡转换，格式如下：

换算数量换算前单位=？换算后单位

例如，5 摄氏度=？华氏度。

⑦ 专业文档搜索。百度支持对 Office 文档（包括 Word、Excel、PowerPoint）、AdobePDF 文档、RTF 文档进行全文搜索。要搜索这类文档，在普通的查询词后面加一个“filetype：”文档类型进行限定。“filetype：”后可以跟以下文件格式：doc、xls、ppt、pdf、rtf、all。其中，all 表示搜索所有这些文件类型。例如，查找张五常关于交易费用方面的经济学论文。“交易费用 张五常 filetype：doc”，单击结果标题，直接下载该文档，也可以单击标题后的“HTML版”快速查看该文档的网页格式内容。

⑧ 股票、列车时刻表和飞机航班查询。在百度搜索框中输入股票代码、列车车次或者飞机航班号，就能直接获得相关信息。例如，输入深发展的股票代码 000001，搜索结果上方会

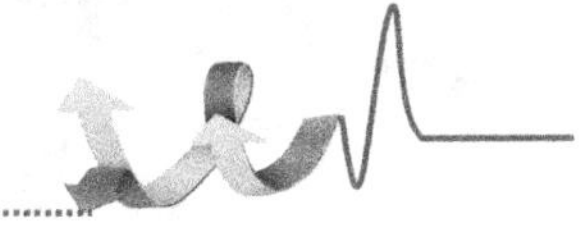

显示深发展的股票实时行情。也可以在百度常用搜索中进行上述查询。

⑨ 天气查询。在百度搜索框中输入要查询的城市名称加上天气这个词，就能获得该城市当天的天气情况。例如，搜索“北京天气”，就可以在搜索结果上面看到北京今天的天气情况。

（3）百度的高级搜索语法。

1）把搜索范围限定在网页标题中——intitle。网页标题通常是对网页内容提纲挈领式的归纳。把查询内容范围限定在网页标题中，有时能获得良好的效果。使用方式是把查询内容中，特别关键的部分用“intitle：”连起来。

例如，找梁思成的作品，就可以这样查询：作品 intitle：梁思成。

注意：“intitle：”和后面的关键词之间，不要有空格。

2）把搜索范围限定在特定站点中——site。有时，如果知道某个站点中有自己需要找的东西，就可以把搜索范围限定在这个站点中，以提高查询效率。使用方式是在查询内容的后面加上“site：站点域名”。

例如，天空网下载软件不错，就可以这样查询：msn site：skycn．com。

注意：“site：”后面跟的站点域名不要带“http://”；另外，“site：”和站点名之间不要带空格。

3）把搜索范围限定在 url 链接中——inurl。网页 url 中的某些信息常常有某种有价值的含义。如果对搜索结果的 url 做某种限定，就可以获得良好的效果。实现的方式是在 inurl 后跟需要在 url 中出现的关键词。

例如，找关于 Photoshop 的使用技巧，可以这样查询：Photoshop inurl：jiqiao。上面这个查询串中的 Photoshop 可以出现在网页的任何位置，而 jiqiao 则必须出现在网页 url 中。

注意：“inurl:”语法和后面所跟的关键词之间不要有空格。

4）精确匹配——双引号和书名号。如果输入的查询词很长，百度在经过分析后，给出的搜索结果中的查询词可能是拆分的。给查询词加上双引号就可以达到不拆分查询词。

例如，搜索北京林业大学，如果不加双引号，搜索结果被拆分，效果不是很好，但加上双引号后，获得的结果“北京林业大学”就是符合要求的了。

中文书名号可被查询。加上书名号的查询词，有两层特殊功能，一是书名号会出现在搜索结果中；二是被书名号括起来的内容不会被拆分。书名号在某些情况下特别有效果，例如，查名字很通俗和常用的那些电影或者小说。例如，查电影“手机”，如果不加书名号，很多情况下出来的是通信工具——手机，而加上书名号后，《手机》结果就都是关于电影方面的了。

5）要求搜索结果中不含特定查询词。如果发现搜索结果中有某一类网页是不希望看见的，而且这些网页都包含特定的关键词，那么用减号语法就可以去除所有这些含有特定关键词的网页。

例如，搜“神雕侠侣”，希望是关于武侠小说方面的内容，却发现很多关于电视剧方面的网页，那么就可以这样查询：神雕侠侣 –电视剧。

注意：前一个关键词和减号之间必须有空格，否则减号会被当成连字符处理，而失去了减号语法功能。减号和后一个关键词之间有无空格均可。

2．谷歌（Google）

（1）谷歌简介。Google 公司于 1998 年 9 月 7 日以私有股份公司的形式创立，以设计并管理一个互联网搜索引擎。Google 公司的总部称作“Googleplex”，它位于加利福尼亚山景城。Google 目前被公认为是全球规模最大的搜索引擎，它提供了简单易用的免费服务。不作恶（Don′ t be evil）是谷歌公司的一项非正式的公司口号，最早是由 Gmail 服务创始人在一次会议中提出。2012 年 5 月，谷歌以 125 亿美元收购摩托罗拉移动。2012 年 9 月 7 日，谷歌称已经收购了网络安全创业公司 VirusTotal。谷歌网址为：http://www.google.com/（见图 5-31）。

图 5-31　谷歌首页

（2）谷歌的功能与特点。Google 搜索引擎是一个利用蜘蛛程序（Spider）以某种方法自动地在互联网中搜集和发现信息，并由索引器为搜集到的信息建立索引，从而为用户提供面向网页的全文检索服务的互联网信息查询系统。

它主要具有以下特点和功能：

1）采用了先进的网页级别（PageRankTM）技术。这种技术是指依据网络自身结构，根据互联网本身的链接结构对相关网站用自动方法进行分类，清理混沌信息整合组织资源，使网络井然有序。

2）在同一个界面下，用户可以定制语言和到何种网站中进行搜索。将多国语言的搜索引擎整合到同一个界面，供用户方便选择。目前，Google 已可以对包括中文简体、中文繁体、捷克语、丹麦语、荷兰语、英语、爱沙尼亚语、芬兰语、法语、德语、希腊语、希伯来语、匈牙利语、冰岛语、意大利语、日语、朝鲜语、拉脱维亚语、立陶宛语、挪威语、波兰语、葡萄牙语、罗马尼亚语、俄语、瑞典语、西班牙语等 26 个国家和地区的语言文字进行搜索。而一般情况下，Google 会自动根据用户所使用的浏览器设置相应的语言界面。

3）具有超链分析的功能。即根据网页间彼此的连接关系，把一篇网页被连接数目的多寡视为相关性的一项指标，并根据相关性的高低排列出次序，以确定该网页的质量或重要度。因此，当用户输入关键字作 Google 搜索时，Google 不仅会去搜索包含关键字的网页，同时还会搜索和这些网页具有高相关性的网页。

4）遵从关键字的相对位置。只提供包含所有关键字的网页，其正文或指向它的链接包含用户所输入的所有关键字。

查询结果对网页关键字的接近度进行分析，按照关键字的接近度区分搜索结果的优先次

序，筛选与关键字较为接近的结果。在显示的结果中，只摘录包含用户查询字串的内容作为网页简介，查询字串以高亮显示。

5）提升了中文搜索引擎的相关性，而且更好地实现了检索字串与网页中文字语义上的匹配，从而提高了检索效率。支持混合检索词查询，支持多种编码，使有些字虽然不在常用字符集中，但存在于 Google 所支持的其他字符集中，使问题迎刃而解。

（3）高级检索方法。

1）Google 具有自己独特的语法结构，它不支持“and”、“or”和“*”等符号的使用，它自动带有“and”的功能，当需要使用类似功能时，只需在两个关键词之间加空格即可，如“武汉广州”，由于不支持“or”查找，用户如需获取两种不同的信息，则需分开检索。Google 不支持“词干法”和“通配符”等，要求所输入的关键词完整，准确，一字不差，才能得到最准确的资料。要获得最实用的资料，并逐步缩小检索范围，则需要增加关键词的数量，或者在想删除的内容前加减号“–”（在减号前需留一空格）。

2）高级搜索对于某些专用语的查询，可以单击“高级搜索”，例如，为查找名言警句等专有名词时，要在键入的专用词语上加上双引号。此外，Google 支持诸如“–”、“\”、“+”、“=”、“，”、“'”等标点符号作为短语连接符，并将之作为专用语的搜索处理。Google 忽略“http”和“com”等字符，以及数字和单字，因为这类字词过于频繁出现于大部分网页，既无助于查询，又大大降低了搜索速度。因此需用“+”将这些字词强加于搜索项（“+”前必须留一空格）。如查“EpisodeI”或“OS/2”，需输入“Episode+I”及“OS/+2”。Google 支持如冒号（：）等的某些特殊操作符，并具有相应的特殊功能，例如，查询：“link:<网址>”，就可得到所有连接到该网址的网页（该方法不能与关键词查询联合使用）。

3．读秀学术搜索

（1）概述。读秀学术搜索（http://www.duxiu.com）由北京超星信息技术发展有限公司开发，是一个海量全文数据及元数据组成的超大型数据库。它能够为读者提供 260 万种图书书目、170 万种全文图书、6 亿页全文资料、5000 万条期刊元数据、2000 万条报纸元数据、100 万个人物简介、1000 万个词条解释等一系列海量学术资源检索及使用。同时，通过读秀学术搜索，还能一站式检索馆藏纸质图书、电子图书、期刊等各种异构资源，几乎囊括了图书馆内的所有信息源。不论是学习、研究、写论文、做课题，读秀都能够为读者提供全面、准确的学术资料。读秀学术搜索首页如图 5-32 所示。

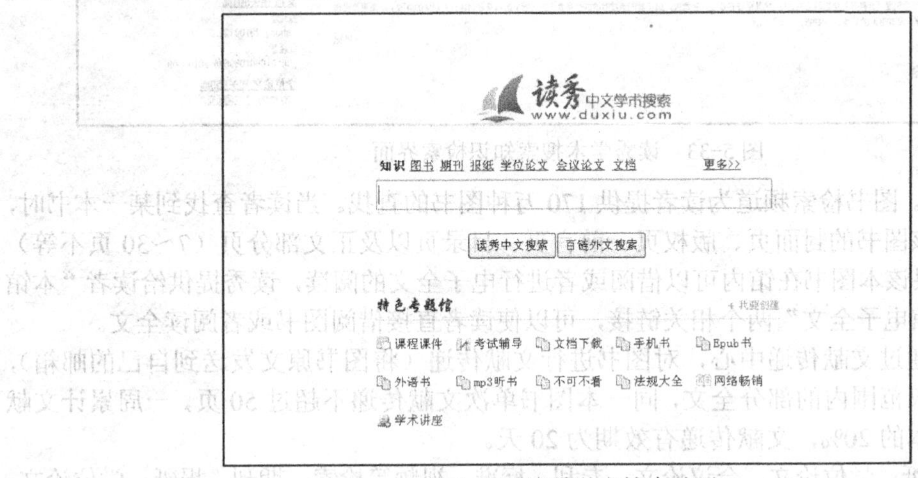

图 5-32　读秀学术搜索首页

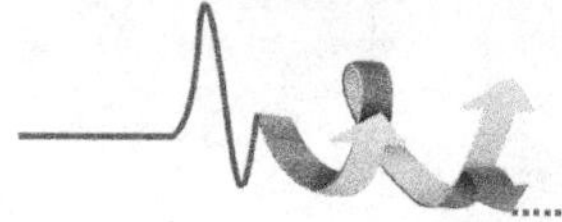

读秀检索集业界领先搜索引擎内核，突破一般检索模式，实现目录和全文的垂直检索，使读者在最短的时间内获得最深入、最准确、最全面的文献信息。使用读秀全文检索，用户可以跳过选择图书的过程，直接将检索精确到知识点的分类和子分类上，有效地缩小检索结果的范围，使用户在海量数据中迅速锁定目标，直接命中知识点。一目了然的原文阅读不仅提供传统的文献信息，还提供封面页、版权页、目录页、前言页、正文部分页面阅读，以帮助读者清楚地判断是否是自己所需的图书，进而提高信息的检准率和读者检索的效率。同时还为读者提供了利用 E-mail 的文献传递服务，使读者足不出户就可以获得大量文献资源。

（2）读秀学术搜索检索。读秀学术搜索提供全文检索、图书、期刊、报纸、学位论文、会议论文、专利、标准、视频等 9 个频道的检索，可以一站式检索馆藏纸质图书、电子图书、期刊等各种异构资源。

1）知识检索。知识检索是将数百万种的图书等学术文献资料打散为数亿页资料，当读者输入一个检索词，如“红楼梦”，读者将获得数亿页资料中所有包含“红楼梦”这个关键词的章节、文章等，并且可以对任何一个章节进行 7~30 页不等的试读。系统还揭示与该主题相关的中文期刊、中文学位论文、中文会议论文、中文专利、中文视频文献数量等。读秀学术搜索知识检索界面如图 5-33 所示。

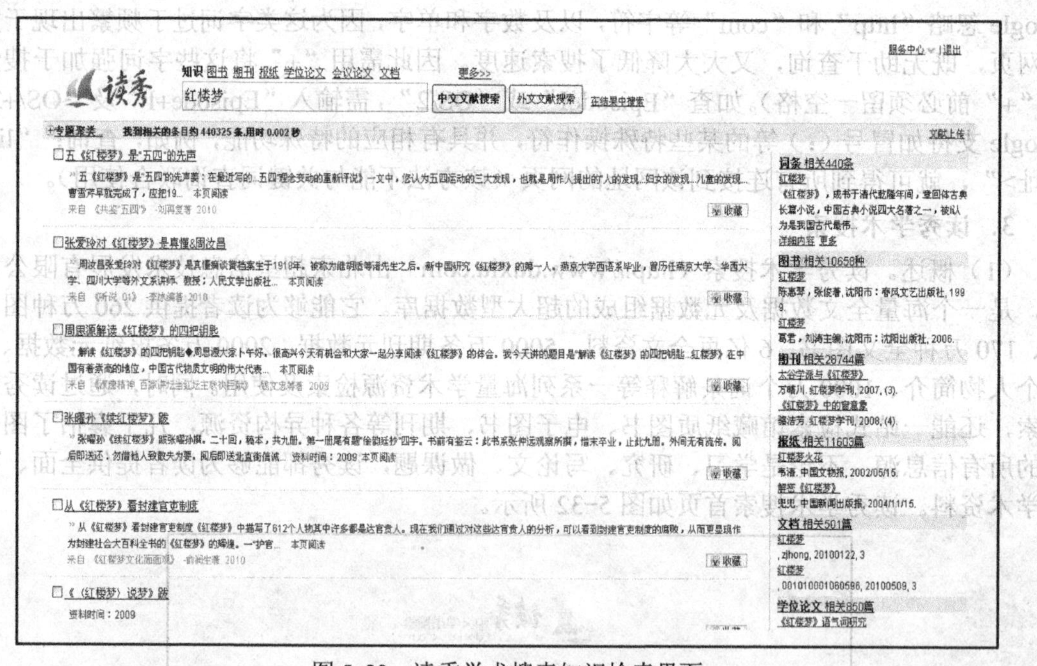

图 5-33　读秀学术搜索知识检索界面

2）图书检索。图书检索频道为读者提供 170 万种图书的查找。当读者查找到某一本书时，读秀为读者提供该图书的封面页、版权页、前言页、目录页以及正文部分页（7～30 页不等）的试读。同时如果该本图书在馆内可以借阅或者进行电子全文的阅读，读秀提供给读者“本馆馆藏纸书”、“本馆电子全文”两个相关链接，可以使读者直接借阅图书或者阅读全文。

读者还可以通过文献传递中心，对图书进行文献传递（将图书原文发送到自己的邮箱），文献传递提供版权范围内的部分全文，同一本图书单次文献传递不超过 50 页，一周累计文献传递量不超过整本的 20%，文献传递有效期为 20 天。

3）期刊、报纸、学位论文、会议论文、专利、标准、视频等检索。期刊、报纸、学位论文、

会议论文、专利、标准、视频是新增的 7 个元数据搜索频道，为读者提供的都是题录检索，不提供试读。但是为读者提供文献传递服务（将检索到的期刊等原文内容发送到读者自己的邮箱）。

4．建筑工程类专业常用网站

中国设计网　http://www.cndesign.com/
中国室内设计联盟　http://bbs.cool-de.com/
筑龙网　http://bbs.zhulong.com/forum/index.asp
中国市政工程资讯网　http://www.cmeinfo.com.cn/2009/
中国工程项目管理网　http://www.cpmchina.com/
中国环境监测总站　http://www.cnemc.cn/
中国建设工程造价管理协会　http://www.ceca.org.cn/
中国建设工程造价信息网　http://www.cecn.gov.cn/
浙江建设工程造价信息网　http://www.zjzj.net/

案　例

【案例】如何在 ZADL 中获取“建筑工程测量与勘察”这本书的全文？

步骤 1：使用校内网，请单击“本链接”进行身份认证，登录后单击“浙江高校数字图书馆”进入 ZADL 滨江分中心页面。

步骤 2：单击左侧“服务项目”下的“联合目录”。

步骤 3：进入统一检索的界面，输入检索项（建筑工程测量与勘察）（见图 5-34），单击“中文搜索”。

图书检索方法：

（1）在检索框中直接输入检索项即可。

（2）单击右侧的“高级检索”，通过作者名，出版社等关键字进行更精确的检索。

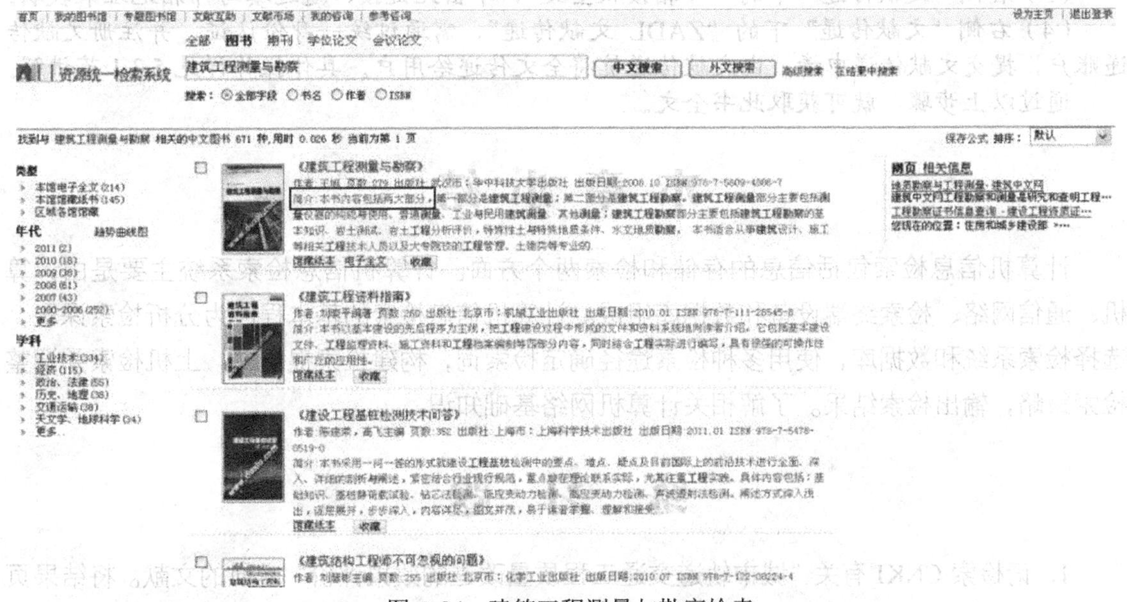

图 5-34　建筑工程测量与勘察检索

步骤 4：出现如下界面，单击所需要的书名。

步骤 5：进入如下界面（见图 5-35）。

首页 | 我的图书馆 | 专题图书馆 | 文献互助 | 文献市场 | 我的咨询 | 参考咨询　　设为主页 | 退出登录

全部　图书　期刊　学位论文　会议论文

资源统一检索系统　中文搜索　外文搜索　高级搜索

搜索：◉全部字段 ○书名 ○作者 ○ISBN

建筑工程测量与勘察　　试 读　详细信息

【作　者】王旭

【形态项】 279 ； 32开

【出版项】 武汉市：华中科技大学出版社， 2008.10

【ISBN号】978-7-5609-4886-7

【中图法分类号】TU19-44

【原书定价】 18.00

【参考文献格式】 王旭．建筑工程测量与勘察．武汉市：华中科技大学出版社，2008.10.

内容提要：

本书内容包括两大部分，第一部分是建筑工程测量；第二部分是建筑工程勘察。建筑工程测量部分主要包括测量仪器的构成与使用、普通测量、工业与民用建筑测量、其他测量；建筑工程勘察部分主要包括建筑工程勘察的基本知识、岩土测试、岩土工程分析评价，特殊性土与特殊地质条件、水文地质勘察。本书适合从事建筑设计、施工等相关工程技术人员以及大专院校的工程管理、土建类等专业的师生参考。

获取资源：

试读

版权页 | 前言页 | 目录页 | 正文页

本馆服务：

馆藏纸书　本馆电子全文　本馆全文链接

文献传递： 邮箱接收全文　zadl文献传递

互助平台：文献互助

浙江高校联合目录检索系统借阅

浙江树人大学图书馆(地图)

宁波职业技术学院图书馆(地图)

浙江科技学院图书馆(地图)

温州职业技术学院图书馆(地图)

浙江同济职业技术学院图书馆(地图)

浙江绍兴文理学院图书馆(地图)

浙江林学院图书馆(地图)

浙江水利水电专科学院图书馆(地图)

更多……

网上书店购买：

当当网(¥13.5)

卓越网(¥14.0)

北京图书大厦(¥14.9)

按需印制服务：

朗润数字书店(稀缺绝版图书代寻及按需印制服务)

图 5-35　检索结果界面

（1）右侧“本馆服务”下的 “藏馆纸书”，该链接表明本馆有纸本藏书，可到图书馆借阅。

（2）右侧“本馆服务”下的“本馆电子全文”，该链接表明本馆购买本书的电子图书，可直接下载查看。

（3）右侧“文献传递”下的“邮箱接收全文”，单击此链接，通过填写邮箱地址来获取。

（4）右侧“文献传递”下的“ZADL 文献传递”，需通过统一身份认证，并注册文献传递账户，提交文献传递申请，由文献传递员将全文传递给用户。具体操作详见 5.3.1 节讲解。

通过以上步骤，就可获取此书全文。

本章小结

计算机信息检索包括信息的存储和检索两个方面。计算机信息检索系统主要是由计算机、通信网络、检索终端设备和数据库组成。计算机信息检索的基本程序为分析检索课题，选择检索系统和数据库，使用多种检索途径确定检索词，构建检索提问式，上机检索并调整检索策略，输出检索结果。了解相关计算机网络基础知识。

练习题

1. 请检索 CNKI 有关“城市轨道交通工程质量改进的效果评价”方面的文献。将结果页面保存，并下载一篇相关度最高的文献（PDF 格式），用 adobe reader 阅读。

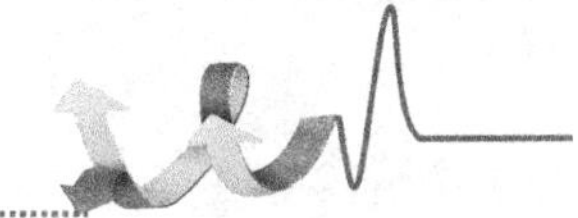

2. 请利用 CNKI 导航，检索出您所在专业的两种核心期刊。进入这两种核心期刊查看它们最新刊的论文目录，将论文目录保存。

3. 使用维普数据库检索“建筑工程量清单计价措施”的学术论文，下载一篇相关度高的论文。

4. 进入读秀数据库，查询一本你认为有价值的图书，复制图书部分（封面、目录等）4 页；查找您所在专业的一本英文杂志，并提供相关信息点（刊名、篇名、作者、发表时间等）。

5．利用浙江省高校数字图书馆平台

（1）图书检索。确定检索词，完成 3 种专业图书资源的检索。其中，一种为馆藏纸本资源，一种为本馆电子图书资源，另一种为通过文献传递获得的资源，要求以截屏的方式标明检索步骤和检索到的信息。例如，第一步：登录平台；第二步：选择入口；第三步：输入确定的检索词；第四步：选择馆藏纸本。

（2）期刊检索。根据专业确定检索词，完成 5 篇专业期刊文献的检索。其中，3 篇为中文期刊（可通过 CNKI 或维普直接下载获得），2 篇为外文期刊（需通过文献传递获得资源），要求以截屏的方式标明检索步骤和检索到的信息。

特种文献检索

学习目的：特种文献是指出版发行和获取途径都比较特殊的科技文献，一般包括会议文献、科技报告、专利文献、学位论文、标准文献、科技档案和政府出版物七大类，是工程类学生的实际工作运作非常重要的信息源。在此需要了解专利文献的特点、作用与检索，了解标准文献、科技报告、学位论文、会议文献的作用和检索以及政府出版物、科技档案、产品资料以及各种标准的检索。

6.1 专利文献及其检索

6.1.1 专利基本知识

1．专利的基本概念

专利一词来源于拉丁语 Litterae Patentes，意为公开的信件或公共文献，是中世纪的君主用来颁布某种特权的证明，后来指英国国王亲自签署的独占权利证书。专利是世界上最大的技术信息源，据实证统计分析，专利包含了世界科技信息的 90%～95%。

专利，英文是“PATENT”，是专利权的简称。它是指一项发明创造向国家知识产权局提出专利申请，经依法审查合格后，向专利申请人授予的在规定时间内该项发明创造享有的专有权。

专利是专利法中最基本的概念。社会上对它的认识一般有三种含义：一是从法律角度来说的，是指专利权，即国家按专利法授予专利申请人在一定时间对其发明创造成果享有的独占权和垄断权；二是从技术角度来说，是指受到专利法保护的发明创造，即通常所说的专利技术；三是从文献角度来说的，是指专利文献，即记载发明的技术内容和相关法律事项的文献。人们习惯上所说的专利主要是指专利权。

2．专利的种类

我国专利法规定的专利类型有三种：发明专利、实用新型专利和外观设计专利。这也是目前国际上根据专利被保护的实质内容普遍划分的种类。

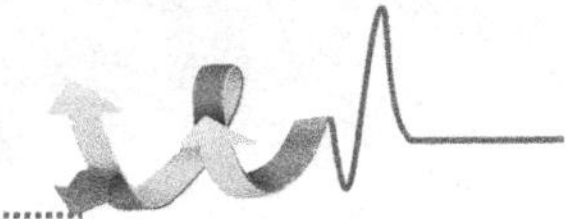

发明专利是指对产品、方法或者其改进所提出的新的技术方案。它又分为产品发明和技术方案的方法发明。产品发明是指一切以有形形式出现的发明，即用物品来表现其发明，如机器、设备、仪器、用品等。方法发明是指发明人通过操作方式、工艺过程的形式提供的技术解决方案，是针对某种物质以一定的作用、使其发生新的技术效果的一种发明。

实用新型是指对产品的形状、构造或者其结合所提出的适于实用的新的技术方案，因此，实用新型专利只保护具有一定形状的产品，没有固定形状的产品和方法以及单纯平面图案为特征的设计不在此保护之例。授予实用新型专利不需经过实质审查，手续简便、费用较低，因此，关于日用品、机械、电器等方面的有形产品的小发明，比较适用于申请实用新型专利。该类型专利的申请量占总的专利申请量的 2/3。

外观设计是指对产品的形状、图案或者其结合以及色彩与形状、图案的结合所作出的富有美感并适于工业应用的新设计。外观设计专利的保护对象，是产品的装饰性或艺术性外表设计，这种设计可以是平面图案，也可以是立体造型，更常见的是这二者的结合，授予外观设计专利的主要条件是新颖性。

专利权的法律保护具有时间性，中国的发明专利权期限为 20 年，实用新型专利权和外观设计专利权期限为 10 年，均自申请日起计算。

3．申请专利的条件和意义

（1）申请专利的条件。如果一项发明创造要想取得合法的专利权，则这项发明创造必须具备新颖性、创造性、实用性这三个条件。

1）新颖性在专利申请提交到专利局以前，没有同样的发明创造在国内外出版物上公开发表过；在国内没有公开使用过，或者以其他方式为公众所知；在该申请提交日以前，没有同样的发明或实用新型由他人向专利局提出过申请并且记载在以后公布的专利申请文件中。《中华人民共和国专利法》第二十四条规定“申请专利的发明创造在申请日以前 6 个月内，有下列情形之一的，不丧失新颖性：

① 在中国政府主办或者承认的国际展览会上首次展出的。

② 在规定的学术会议或者技术会议上首次发表。

③ 他人未经申请同意而泄露其内容的。

2）创造性专利申请同申请提交日前的现有技术相比，该发明具有突出的实质性特点和显著进步。

3）实用性申请专利的发明创造，能够在工农业及其他行业的生产中制造、或能够在产业上或生活中应用，并能产生积极的效果。专利的实用性应具备可实施性、再现性和有益性。可实施性是指申请专利的发明创造必须是已完成，并且所属技术领域普通的技术人员可以按使用说明书实施；再现性是指发明创造必须具备可以多次重复再现的可能性，能重复制造出产品；有益性是指发明创造实施后能产生一定的经济效应和社会效应。

新颖性、创造性、实用性是一项发明创造通过专利审查得到专利权的必备条件，但不是满足这 3 个条件就可以获得专利权，对于违反国家法律、违背社会道德、妨害社会利益的发明创造是不授予专利权的。

（2）申请专利的意义

1）可以获得知识产权。专利权是一项重要的知识产权，也是一种无形资产，可以在市场上进行交易，并且受国家专利法所保护，任何人和单位都不得未经专利权人许可擅自使用。

2）在激烈市场竞争中占领市场。市场经济是激烈竞争的经济，要想在市场经济中长期

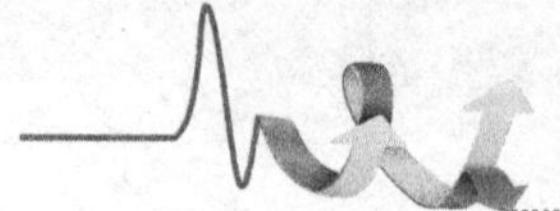

立于不败之地，就必须不断发明创新。申请专利就可以使自己的发明创造得到国家相关法律法规的保护，进而抢先占领市场，并在一段时间内处于领先地位。

3）防止他人仿冒抄袭。及时申请专利可以保证自己的发明创造为我所用，防止被他人仿冒抄袭。如他人违法将专利占为己有，可向法院控告其侵犯专利持有人的专利权，使自己从被动变成主动。

4）促进产品的更新换代。制定专利法是为了保护专利持有人的合法权利不受侵犯，是为了鼓励大家发明创造，提高产品的技术含量，降低产品成本，促进产品更新换代，提高企业的盈利能力和竞争能力。

4．不授予专利的技术领域

并非所有的发明创造都可以申请专利并获得通过，对发明创造授予专利权必须有利于推广应用，促进我国科学技术进步和创新及适应社会主义现代化建设的需要。考虑到国家和社会的利益，专利法对专利保护的范围作了某些限制性规定，一方面，《中华人民共和国专利法》（以下简称《专利法》）第五条规定，对违反国家法律、社会公德或者妨害公共利益的发明创造不授予专利权；另一方面，《专利法》第二十五条规定了不授予专利权的客体。

根据《专利法》第五条的规定，发明创造的公开、使用、制造违反了国家法律、社会公德或者妨害了公共利益的，不能被授予专利权。这是一个总的原则。发明创造本身的目的与国家法律相违背的，不能被授予专利权。例如，用于赌博的设备、机器或工具，吸毒的器具，伪造国家货币、票据、公文证件、印章、文物的设备等都属于违反国家法律的发明创造，不能被授予专利权。发明创造本身的目的并没有违反国家法律，但是由于被滥用而违反国家法律的，则不属此列。例如，以医疗为目的的各种毒药、麻醉品、镇静剂、兴奋剂和以娱乐为目的的棋牌等。《专利法实施细则》第九条规定，《专利法》第五条所称违反国家法律的发明创造，不包括那些仅仅实施为国家法律所禁止的发明创造。其含义是，如果仅仅是发明创造的产品的生产、销售或使用受到国家法律的限制或约束，则该产品本身及其制造方法并不属于违反国家法律的发明创造。例如，以国防为目的的各种武器的生产、销售及使用虽然受到国家法律的限制，但这些武器本身及其制造方法仍然属于可给予专利保护的客体。

我国《专利法》还规定对下列各项不授予发明和实用新型专利权：

（1）科学发现。例如，对自然现象、社会现象及其规律的新发现、新认识以及纯粹的科学理论和数学方法。

（2）智力活动的规则和方法。例如，对人和动物进行教育、训练的方法，进行组织生产、经商和游戏的方案、规则，单纯的计算机程序。

（3）疾病的诊断和治疗方法。

（4）动物和植物品种。这是指自然存在的动物和植物。

（5）用原子核变换方法获得的物质。

其中第（1）、（2）两项因为不属于技术发明的范畴，所以不能取得专利保护。第（3）项因与人民生命健康有关，不宜授予专利权，但是各种对人体的排泄物、毛发和体液的样品以及组织切片的检测、化验方法不属于疾病的诊断方法。第（4）项因为动、植物品种的遗传性状的确认是十分困难的，所以难以用专利保护，国际上通常制定专门法规进行保护。第（5）项因为与大规模毁灭性武器的制造生产密切相关，所以不能授予专利权。

上述第（3）项方法虽不能用专利保护，但各种诊断、治疗疾病的仪器、设备的发明可以申请专利保护。第（4）、（5）项产品本身虽不能授予专利权，但它们的生产方法及生产和

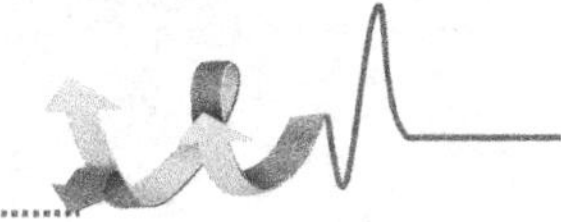

研究中使用的设备、工具等可以受专利保护。

6.1.2 专利文献检索

1．专利文献

专利文献是专利制度的产物，反过来说，又是专利制度的重要基础，在专利审查和国际交流中发挥着重要作用。专利文献和专利制度一样，经历了漫长的发展过程，从最初的萌芽状态到被公开出版、广泛传播，最终成为占全世界每年各种文献总出版量1/4的出版物。

（1）什么是专利文献。世界知识产权组织1988年编写的《知识产权教程》阐述了现代专利文献的概念："专利文献是包含已经申请或被确认为发现、发明、实用新型和工业品外观设计的研究、设计、开发和试验成果的有关资料，以及保护发明人、专利所有人及工业品外观设计和实用新型注册证书持有人权利的有关资料的已出版或未出版的文件（或其摘要）的总称。"该教程还进一步指出："专利文献按一般的理解主要是指各国专利局的正式出版物。"例如，专利说明书、专利公报、专利文摘、专利索引和专利分类表等。所以，专利文献是指专利申请文件经国家主管专利的机关依法受理、审查合格后，定期出版的各种官方出版物的总称。专利文献有多种形式及不同的载体。

我国出版的专利文献主要包括：

1）发明专利公报、实用新型专利公报和外观设计专利公报。

2）发明专利申请公开说明书、发明专利说明书。

3）实用新型专利说明书。

4）专利年度索引。

专利文献出版社是中国专利局所属出版发行专利文献的专业出版社。1985年9月开始出版以纸为载体的3种专利公报、发明专利申请公开说明书、发明专利说明书及实用新型专利说明书，并相继出版了专利年度索引。1987年开始出版发行以缩微胶片为载体的公报和说明书的专利文献。1992年开始出版发行中国专利文献的CD-ROM光盘出版物，标志着我国专利文献的出版迈入电子化时代。目前出版社同时以纸件、缩微胶片、CD-ROM光盘三种载体向国内外发行中国专利公报、中国专利说明书等多种专利文献。

（2）专利文献的特点与作用。

专利文献有以下特点：

1）涉及的技术领域广泛。专利文献几乎涉及所有的技术领域。例如，世界通用的国际专利分类表，经过5次改版，分为8个部，20个分部，118大类，620小类，6871主组，57320分组。目前全世界的专利申请量每年都快速增长，据统计，2006年，全世界申请专利达176万件，其中中国申请专利达57万件。

2）技术方案描述详细，达到实际应用标准。由于专利法要求进行专利申请时技术必须公开，说明书应详细描述其技术内容，因此，与其他文献相比，专利文献所报道的技术内容更加详细，达到该领域普通技术人员能够实施的程度。

3）报道迅速及时，反映最新技术。据国外统计资料表明，专利文献对新技术的报道比其他文献平均早3～5年。这是因为许多发明人在其科研成果即将结束时便急于申请专利，以获得专利法的保护：

4）反映专利的法律状态。以中国专利局出版的《专利公报》为例。在《专利公报》上不仅报道了专利的技术内容，而且还报道了以下内容：专利申请的驳回、撤回、视为撤回；

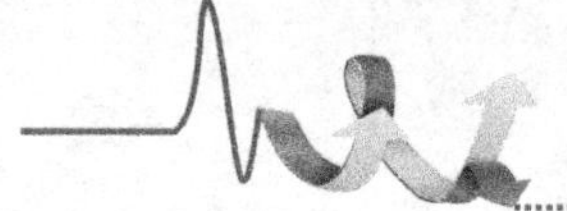

专利审查；专利权的授予和无效宣告、强制许可、继承或转让、终止等。

专利文献有如下作用：

1）对专利申请进行专利性检索。申请人在申请专利前，应检索相关的专利文献，看看该项发明是否具有新颖性、创造性与实用性，以免提出申请后不能获得专利权；发明专利的申请人请求实质审查，按专利法规定应向专利局提交相关的参考资料，包括专利文献。

2）启迪发明创造思路。许多发明是从他人发明基础上发展起来的，或者从中获得启发、借鉴。

3）可以了解该领域的最新动态。前面说过专利文献的报道比其他文献早 1～3 年，而且一项新技术从诞生到推广应用有个过程，存在一个“时间差”少则几个月，多则几十年。因此从专利文献中可以了解科技发展的最新动态。

4）有利于技术转让。企业在寻找新技术时，无非是两种途径：一是企业“主动出击”；二是发明人“毛遂自荐”。对于主动出击，较好的方法是检索专利文献，在该技术领域中检索出众多的技术，然后择优筛选；对于“毛遂自荐”，更应检索一下专利文献，可以避免被自荐者的发明特点所迷惑。

5）有利于企业的技术开发。从以往的教训来看，许多企业盲目研制一些新产品，不仅造成人力、物力、财力的浪费，而且与以往的技术相比，并不是先进的技术结果，其产品在市场上销售不畅。进行专利检索，可以避免浪费和重复劳动，而且可以借鉴以往的发明，开发出技术先进且有市场潜力的产品；同时还可以从中了解竞争对手的发展动态，以便采取相应的应对措施。

6）有利于引进国外先进技术和设备。从以往的引进来看，存在不少弊端：盲目引进，不是引进最先进的技术；技术转让中的一些专利是过期专利，结果支付了过高的技术使用费等。通过检索专利文献，不仅可以避免上述弊端，而且可以货比三家，从中找出先进且又适合国情的技术。

7）作为专利诉讼的有力依据。在专利侵权诉讼中，被告在被起诉侵权时，应检索专利文献，查看一下原告的专利资料及相关的背景技术，以避免败诉；专利申请人对于专利局复审委员会作出某决定（驳回或撤销或无效或维持等）不服向人民法院起诉时，同样应检索专利文献，并提供相关的资料。

（3）专利说明书。专利说明书有广义和狭义两种解释。就广义而言，专利说明书是指各国专利局或国际性专利组织出版的各种类型说明书的统称，包括未经专利性审查的申请说明书，如德国公开说明书、日本公开特许公报，中国发明专利申请公开说明书等；经过专利性审查的专利说明书，如美国专利说明书、前苏联发明说明书、中国发明专利说明书等。就狭义而言，专利说明书是指经过专利性审查、授予专利权的专利说明书。

专利说明书是专利文献的主体。其主要作用为一方面公开新的技术信息，另一方面确定法律保护的范围。只有在专利说明书中才能找到申请专利的全部技术信息及准确的专利权保护范围的法律信息。

据世界知识产权组织统计，目前有 90 多个国家（地区）及组织用大约 30 种文字出版专利文献，每年出版的专利文献大约有 100 多万件。其中，以日本、德国、美国、法国、英国、加拿大、澳大利亚、欧洲专利局、世界知识产权组织出版量最大，约占世界每年专利文献出版量的 80%左右。这些统计数字主要是就专利说明书而言的。

中国的专利说明书采用国际上通用的专利文献编排方式，即每一件说明书单行本依次由说明书扉页、权利要求书、说明书和附图所组成。扉页上包括发明名称、申请人、专利权人、

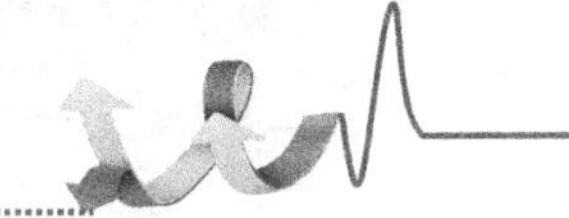

申请号、公开（公告）号、分类号等全部著录项目和摘要及附图，要求优先权的还有优先权申请日、申请号和申请国。

2．检索途径

所谓检索途径即检索入口，主要有：

（1）号码途径。号码途径是指利用申请号、专利号检索，这样检索出的专利文献是同族专利或相同专利。

（2）姓名途径。姓名途径是指利用发明人、专利权人的名称查找专利。这要求对某一领域的专家比较了解，以便可以随时掌握本领域的研究动态和发展趋势。

（3）主题途径。主题途径是指分析课题选择主题词查找相关技术主题的专利。这种检索途径可以定期对某一技术领域进行跟踪监视，及时掌握这一领域的发展趋势和发展动态。

（4）分类途径。分类途径即按照所查专利的 IPC 号检索专利文献。为此首先要确定出所要查找专利技术主题的 IPC 号，然后按照 IPC 的类别检索专利。

（5）优先权项途径。所谓优先权项是指同族专利中基本专利的申请号、申请国别、申请日期。同族专利则是指同一个发明为了在不同的国家得到保护而分别在这些国家申请的一系列专利。由于同族专利都具有相同的优先权项，所以通过优先权项的检索可以方便、快捷地检索出有关同一发明的全部相同专利或同族专利，从而了解这个发明所申请的专利数量或申请国别，进一步对此项发明的潜在经济价值进行评估。

在实际专利检索过程中，可以从某一途径入手，也可以多种途径相结合检索；还可以在检索结果中再找出检索入口，进行新的检索。总之，要具体问题具体分析。

3．专利分类法

国际专利分类法（InternationalPatentClassification, IPC）自 1951 年酝酿至 1967 年 11 月第 1 版开始使用到现在，基本上每 5 年修订一次，它是一个在世界范围内由政府组织执行的专利体系。目前各主要工业国家出版的专利说明书都印有国际专利分类号，其中绝大部分国家的专利检索工具已经改用国际专利分类法编排，因此，它是检索专利文献必不可少的工具。

（1）IPC 分类原则。IPC 采用的是按功能分类和按应用分类相结合的分类原则，以功能分类为主。所谓功能分类法是按物或方法所固有的性质或功能（而不限定于一个特定使用领域）的分类方法。例如，一个机械阀门的内在功能（如开或关一个通道）是由其结构或功能所决定的，至于这个阀门用在何处，是用在水管系统还是用在啤酒厂的管道系统中，是无关紧要的。而应用性分类法是把物或方法限定于特定使用领域的分类法，例如，用作肥料或洗涤剂的化合物，它们虽然是化合物，但从其用途考虑，将它们划分为肥料或洗涤剂。

IPC 采用两种分类中的哪一种，主要是根据公开发明的具体内容确定。有些分类并不仅仅是功能性或应用性的，而是混合系统。另外，功能性分类，在功能程度上也不尽相同。例如，F16C 包括所有轴悬，不管其用途如何，而 B26K 则限制得更窄，仅包括专用于自行车上的轴悬。

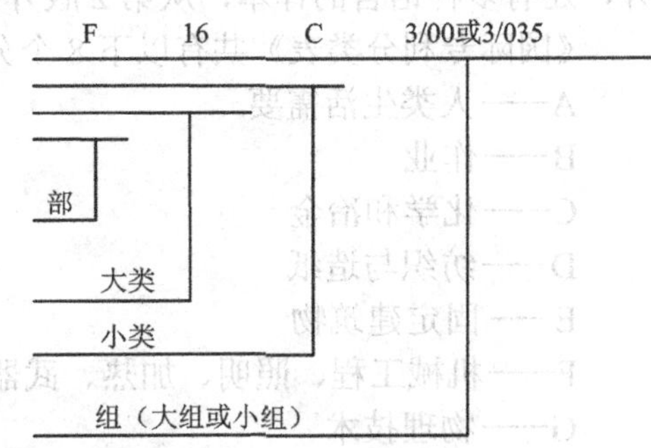

图 6-1 IPC 号等级结构

（2）IPC 号。IPC 的一个完整分类由以下 5 级构成：部（Section），大类（Class），小类（Sub-Class），大组（Main-Group）和小组（Sub-Group）。IPC 号

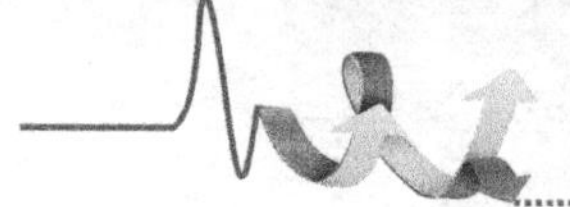

等级结构如图 6-1 所示。

1）部（Section）。IPC 共分 8 个部，每个部都有部名及部号，8 个部号分别用大写字母 A、B、C、D、E、F、G、H 表示，每个部又包含若干个分部，8 个部共包含 20 个分部。分部只有分部名而没有分部号，它只在分类表中作为情报性分类标题出现。

2）大类（Class）。每个大类都有类名和类号，大类号由部类号加上两位阿拉伯数字组成。

3）小类（Sub-Class）。每个小类都有类名和类号，小类号由小类号加上一个小写英文字母组成。

4）大组（Group）。大组（又称为主组）号由小类号加上一个 1～3 位阿拉伯数字（必须是奇数），然后画一斜线“/”，再加上两个零组成。

5）小组（Sub-Group）。小组（又称为分组）号是由小类号加上一个 1～3 位阿拉伯数字后加上一斜线“/”，斜线之后再加上 2～4 位阿拉伯数字（100 除外）所组成。

以下用实例说明 IPC 号的具体使用方法：

A 人类生活必需（农、轻、医）

A63 运动、游戏、娱乐活动

A63H 玩具，如陀螺、玩偶、滚铁环、积木

A63H3/00 玩偶

A63H3/36……零件；附属物

A63H3/38……玩偶的眼睛

A63H3/40……会动的

A63H3/42……眼睛的制作（人用的假眼睛入 A61F2/14）

表明：

1）IPC 号表面为 5 级，但实际上不止 5 级，具体确定一个 IPC 号的级别要根据其后的小圆点个数来确定。例如，A63H3/40 后有三个圆点，则为 8 级类。作为小组一级的 A63H3/36 以下还有两个细写：A63H3/40 和 A63H3/42，但从 IPC 号表面是看不出来的。

2）上位类对下位类有约束力，而且有时一些类目间组合起来才行。例如，A63H3/38 玩偶的零件或附件之一：“眼睛”，A63H3/40 为“会动的玩偶的眼睛”，A63H3/42 为“玩偶的眼睛的制造”。

（3）IPC 的检索工具。专利局、专利文献出版检索部门、工程技术人员等常需要利用 IPC 分类表来检索国际专利分类号。进行这一检索的工具有以下两种：

1）《国际专利分类表》（IPC）。《国际专利分类表》除了英文和法文版本这两个官方版本外，还有多种语言的译本，从第 2 版开始都有中文版本。

《国际专利分类表》共有以下 8 个分册：

A——人类生活需要

B——作业

C——化学和冶金

D——纺织与造纸

E——固定建筑物

F——机械工程、照明、加热、武器、爆破

G——物理技术

H——电技术

使用指南——它是使用 IPC 的指导性分册，它对 IPC 的编排、分类原则、分类方法与分

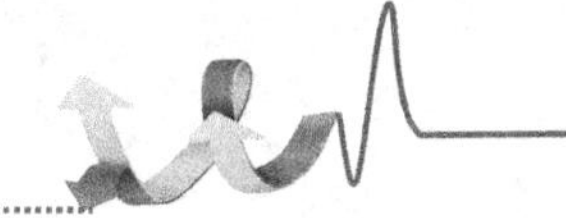

类规则等作了解释性说明

前 8 个分册的编排结构相同，每个分册包括了分部、大类、小类、大组、小组索引。在对某一技术主题的分类号进行检索时，可以首先从《国际专利分类表使用指南》这一分册查找到合适的大组类号，然后再利用相应的分册查出合适的小组分类号；也可以直接利用各相应分册来查找完整的 IPC 五级分类号。

2)《IPC 关键词索引》。它是一部英文版的单独出版物，主要用于根据技术主题的关键词，检索出与该技术主题相关的 IPC 分类号。由该出版物检索出的 IPC 分类号有的是五级，有的则只是三级或四级。所以，在检索时往往要与《国际专利分类表》配合使用，在通过《IPC 关键词索引》查出三级或四级分类号后，再借助于《国际专利分类表》各分册，查出完整的五级分类号。

《IPC 关键词索引》包括 6 万多个主词（实词），按英文字母顺序排列，并用大写字母表示；在主词下，又进一步注有二级主词（有的是功能性词组，不一定是关键词），以限定一级主词的含义。对主词或二级主词，均标明其在 IPC 表中的位置（即标明 IPC 分类号）。

利用《IPC 关键词索引》进行分类检索，其关键是要从发明的技术主题出发，准确地确定关键词。

（4）国际外观专利分类表。国际外观设计分类依据是世界知识产权组织 1968 年 10 月 8 日签订于洛迦诺的《建立工业品外观设计国际分类洛迦诺协定》，分 32 个大类，大类下面是小类，小类分为 01 到 99，再按产品名称顺序排列。其形式为：大类（2 个数字）——小类（2 个数字）——（字母数字组合）。32 个大类如下：01．食品，02．服装和服饰用品，03．旅行用品、箱子、遮阳伞和其他类未列入的个人用品，04．刷子类，05．纺织品、人造或天然材料片材类，06．家具，07．其他未列入的家用物品，08．工具和金属器具，09．用于商品运输或装卸的包装和容器，10．钟、表和其他计量仪器、检查和信号仪器，11．装饰品，12．运输和提升工具，13．发电、配电和输电的设备，14．录音、通信或信息再现设备，15．其他类未列入的机械，16．照相、电影摄影和光学仪器，17．乐器，18．印刷和办公机械，19．文具用品、办公设备、艺术家用材料及教学材料，20．售货和广告设备、标志，21．游戏、玩具、帐篷和体育用品，22．武器，烟火，狩猎、捕鱼及杀伤有害动物的器具，23．液体分离设备，卫生、供暖、通风和空调设备，固体燃料，24．医疗和实验室设备，25．建筑构件和施工元件，26．照明设备，27．烟草和吸烟用具，28．药品和化妆品，梳妆用品和器具，29．火灾及事故防救装置和设备，30．动物的管理与训养设备，31．其他类未列入的食品或饮料制作机器和设备，32．其他杂项。

（5）检索实例。查找有关光致变色玻璃的专利文献。

第一步：分析课题，选光致变色玻璃为主题词。

第二步：确定光致变色玻璃的国际专利分类号。

1）用《国际专利分类表使用指南》找出 IPC 前三级类号，查得 C03C 玻璃、釉或搪瓷釉的化学成分，玻璃……

2）再用《国际专利分类表》C 分册找出四、五级分类号，得

C03C 玻璃、釉或搪瓷釉的化学成分……

1/00　制造玻璃、釉或搪瓷釉的普通成分

4/00　特殊性能玻璃组成

4/02　着色玻璃

4/04　光敏玻璃

4/06　光变色或光致变色玻璃

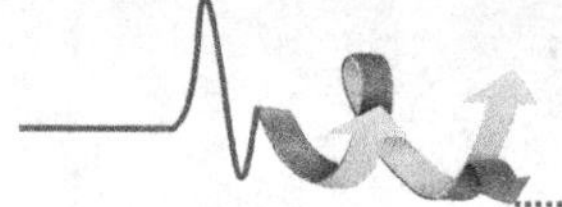

由此确定光致变色玻璃的国际专利分类号为C03C4/06。

第三步：近期文献可逐年逐期查阅《发明专利公报》的“IPC索引”；追溯可逐年查《中国专利索引分类年度索引》。

下面试查1989年《分类年度索引》，在“发明专利申请公开”部分按国际专利分类号的英文字母顺序查到著录格式，如图6-2所示。

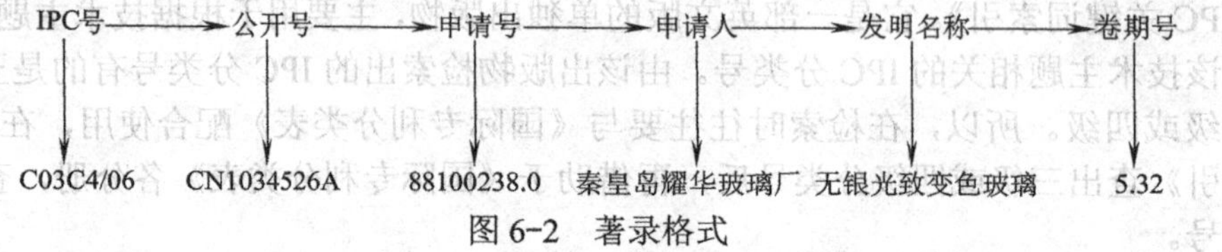

图6-2　著录格式

第四步：查阅文摘，筛选文摘。在第5卷32期《发明专利公报》的发明专利申请公开部分按公开号顺序找到公开号CN1034526A，即可获得该专利文摘（文摘内容略）。

第五步：根据公开号CN1034526A索取专利说明书进一步阅读原文。

4．专利检索方法

（1）中国专利文献网络数据库及其检索方法。网络上现有若干个专利文献检索数据库，有的还提供全文下载。下面介绍几个常用的数据库及其检索方法。

1）中国国家知识产权局网站专利检索系统。该数据库于2001年11月开通，记录了1985年实施专利法以来的全部中国专利文献的全文，面向公众提供免费专利检索服务和全文提供服务。提供检索的内容包括中国发明专利、实用新型专利、外观设计专利相关说明书、附图、权利要求书的摘要与全文。该检索系统是目前唯一免费提供全文下载的中国专利检索系统。鉴于设备与带宽的限制，该专利数据库通常每日提供每个IP 300页的全文浏览与下载服务。该数据库地址为http://www.sipo.gov.cn/zljs/，国家知识产权局——.专利检索如图6-3所示。

图6-3　国家知识产权局——.专利检索

这里可以选择全部、发明、实用新型、外观设计4个类型中任一类型，然后输入检索字

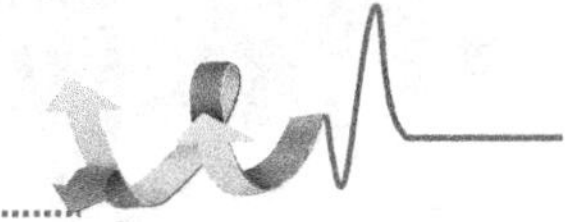

段检索，系统提供了专利号、摘要、公开（公告）号、专利申请人、地址、颁证日、代理人、名称、申请日、公开（公告）日、主分类号、发明（设计）人、国际公布、专利代理机构和优先权共 15 种检索入口，可以任意选择。同时还可以通过 IPC 分类检索进行检索，单击后 IPC 分类检索页面如图 6-4 所示。

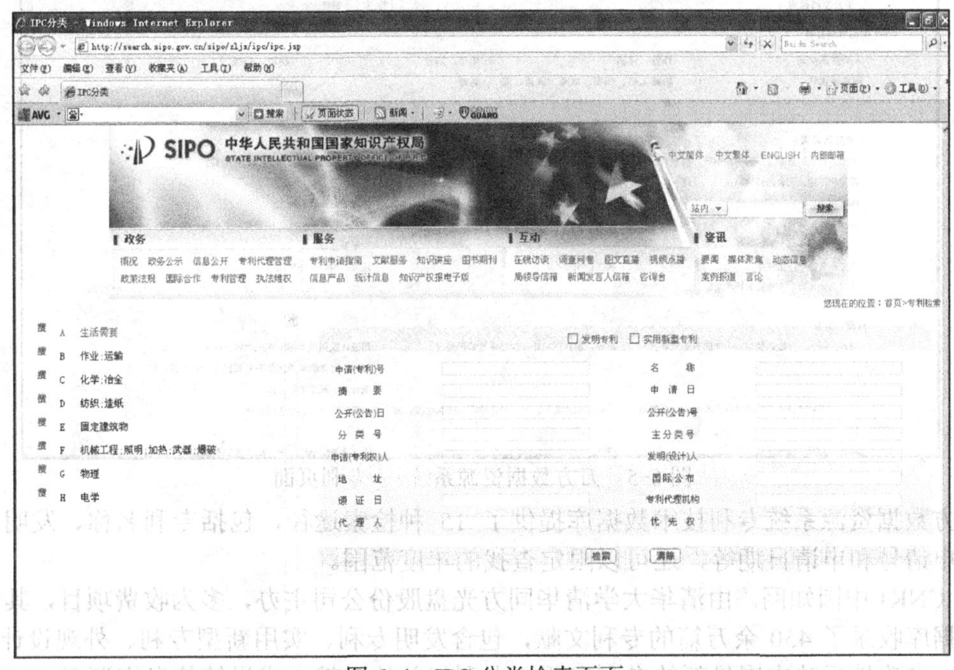

图 6-4　IPC 分类检索页面

该界面分为左右两个部分，左边给出的是分类号 A～H 共 8 个类别以及各自所包含的小类别，单击可以层层进入，右边是相应的检索结果。检索时可以输入相关的关键词进行检索，以提高检索效率。

检索出结果后，可以单击专利名称进入该专利著录显示页，单击左侧链接可获得说明书全文。该网站提供的说明书为 tiff 格式，需要下载 Alternatiff 浏览器插件才可以浏览全文，该插件可以从 AlternaTIFF 网站下载，地址：http://ffwww.ahernatiff.com/。

2）中国知识产权网。由国家知识产权局知识产权出版社主办，收录了 1985 年至今公开的所有专利。但是该系统实行收费服务，检索前需先注册，购买文献阅读卡。该数据库提供文摘和说明书全文，地址：http://www.cnipr.com/。

3）中国专利信息网。该数据库收录了 1985 年 4 月 1 日至今在中国申请公开的所有专利。该系统使用前需要注册，注册后分为免费用户、正式用户和高级用户。免费用户可以浏览专利说明书全文的首页，正式用户（包括高级用户）可以查看、下载、打印发明专利和实用新型专利说明书全文，但外观设计专利另行收费。地址：http://www.patent.com.cn/。

4）万方数据资源系统。万方数据资源系统的专利技术数据库收录了 1985 年至今受理的全部发明专利、实用新型专利、外观设计专利数据信息，包含专利公开（公告）日、公开（公告）号、主分类号、分类号、申请（专利）号、申请日、优先权等数据项，并提供全文下载。该专利数据库到目前为止共收录专利数据 27410957 条。地址：http://c.wanfangdata.com.cn/Patent.aspx。

单击首页上的专利技术数据库即可进入该子系统，万方数据资源系统——专利页面如图 6-5 所示。

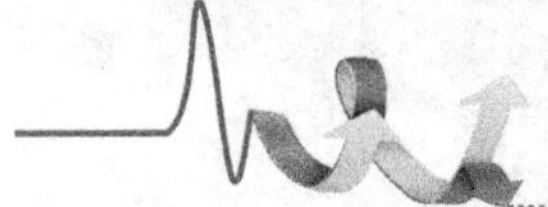

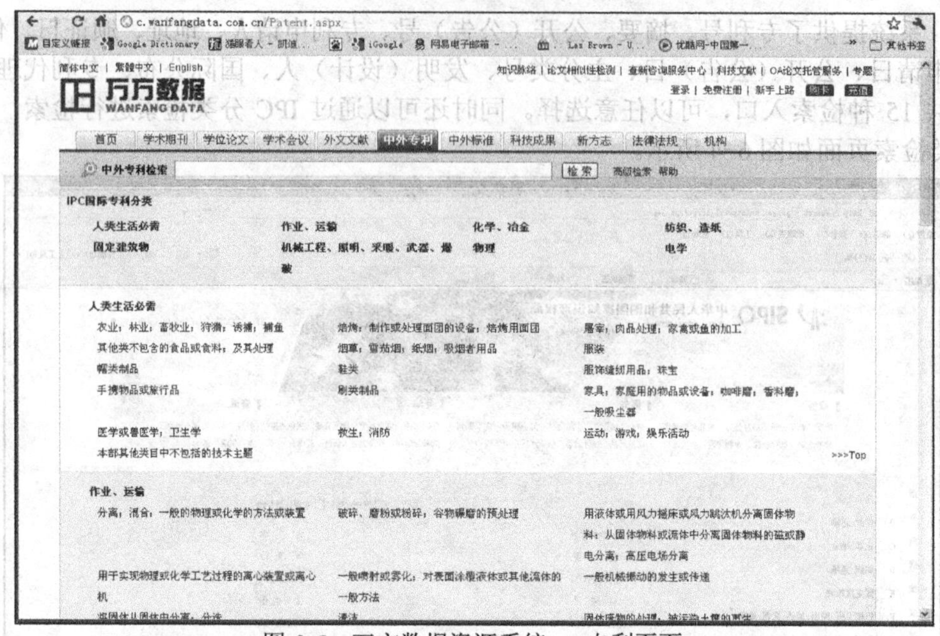

图 6-5　万方数据资源系统——专利页面

万方数据资源系统专利技术数据库提供了 15 种检索途径，包括专利名称、发明人、申请人、申请号和申请日期等，还可以限定查找的年度范围。

5）CNKI 中国知网。由清华大学清华同方光盘股份公司主办，多为收费项目，其中中国专利数据库收录了 450 余万篇的专利文献，包含发明专利、实用新型专利、外观设计专利 3 个子库，准确地反映中国最新的专利发明。专利相关的文献、成果等信息来源于 CNKI 各大数据库。可以通过申请号、申请日、公开号、公开日、专利名称、摘要、分类号、申请人、发明人和优先权等检索项进行检索，并一次性下载专利说明书全文。

单击 http://dbpub.cnki.net/Grid2008/Dbpub/brief.aspx？ID=SCPD 即可进入中国专利数据库（知网版）系统，CNKI 中国专利数据库如图 6-6 所示。

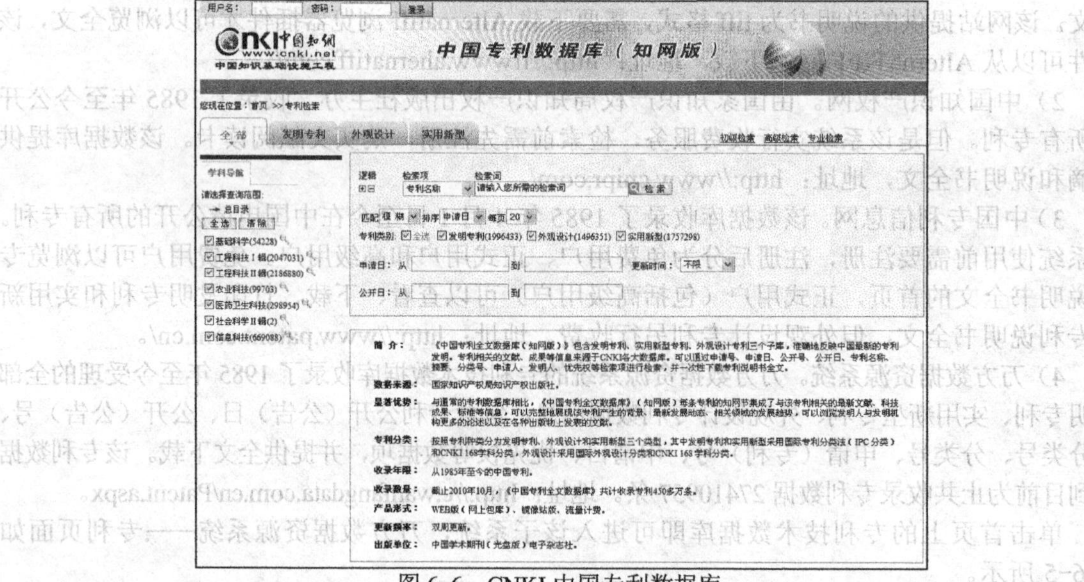

图 6-6　CNKI 中国专利数据库

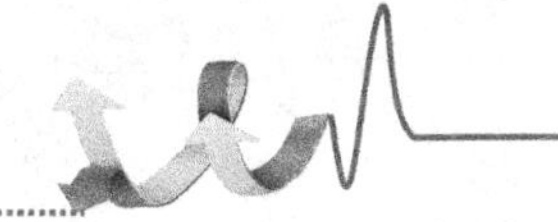

单击 http://dbpub.cnki.net/Grid2008/Dbpub/brief.aspx？ id=SOPD 即可进入国外专利数据库（知网版）系统，CNKI 国外专利数据库如图 6-7 所示。

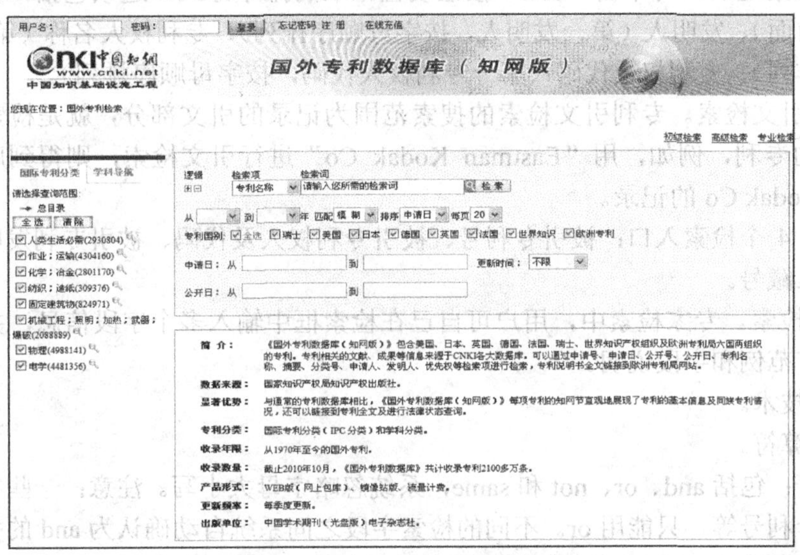

图 6-7　CNKI 国外专利数据库

（2）德温特专利文献网络数据库及其检索方法。

1）数据库概述。德温特专利网络数据库即《德温特创新索引》（Derwent Innovations Index，DII），是德温特公司与美国科学情报研究所（ISI）合作开发的基于 ISI 检索平台的网络专利数据库。DII 将“世界专利索引”（WPI）和“专利引文索引”（PCI）的内容整合起来，为人们提供了世界范围内综合全面的专利信息。

DII 收录了 1963 年以后全球范围的大约 2000 万项专利，1100 万项基本发明，并每周新增由德温特公司专家筛选加工的来自世界 40 多个专利机构授权的 25000 条专利文献，同时新增的还有来自世界专利组织（WO）、美国专利局（US）、欧洲专利局（EP）、德国专利局（DE）、英国专利局（GB）、日本专利局（JP）这 6 个专利版权组织的 45000 条专利引用信息。

2）数据库检索方法。德温特将专利数据库按学科范围分为 3 个数据库：化工（Chemical）、电子和电气（Electrical Electronic）、机械工程（Engineering），在检索前首先要选择检索的分数据库，如果不选择，系统缺省为全选。然后根据需要选择要检索的时间或年代，并确定是作一般检索还是专利引用检索。时间范围包括：最新更新数据、选择某一年数据、选择起止年代（如默认为所有年代）。如果以前保存过检索策略，在数据库选择页面可以进行编辑或直接调用。

系统提供 4 种检索方式：快速检索、形式检索、专利引文检索和专家检索。

① 快速检索。有 3 个检索入口。

Who（人名）：输入发明人、专利权人或专利权人代码，可进行布尔逻辑组配。

What（事物）：用于检索专利文献的标题和文摘，可输入一个或多个检索词进行逻辑组配。

Source（来源）：输入专利号，可输入一个或多个专利号进行逻辑组配。专利号输入格式是国别代码加专利次序号。

② 形式检索。在各字段检索框中输入检索词，系统自动按照“and”的关系将检索字段组配检索。可以进行全部字段检索，也可以进行部分字段检索。页面检索字段设置有：主题、专利权

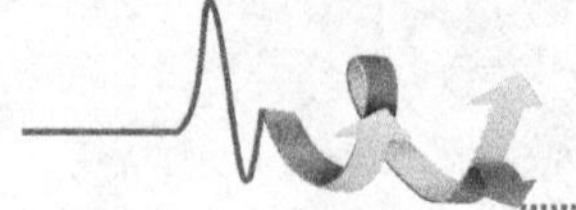

人、发明人、专利号、国际专利分类号、德温特分类号、德温特指南代码、德温特入藏号。

在执行检索之后，可单击“sort”按钮设置记录的排序方式，选项包括：更新时间（最新记录排在前面）、发明人（第一发明人，按字母顺序排列）、专利权人名称（第一专利权人，按字母顺序排列）、专利权人代码（第一专利权人代码，按字母顺序排列）。

③ 专利引文检索。专利引文检索的搜索范围为记录的引文部分，就是检索引文中与检索式相匹配的专利，例如，用“Eastman Kodak Co”进行引文检索，则得到所有引文中出现 Eastman Kodak Co 的记录。

DII 提供 4 个检索入口：被引专利号、被引专利权人及代码、被引专利发明人及被引专利的德温特入藏号。

④ 专家检索。专家检索中，用户可自己在检索框中输入多个字段信息，并进行逻辑组配，页面上有范例和字段说明。

3）检索技术。

① 逻辑算符。

布尔算符：包括 and、or、not 和 same，系统忽略字母大小写。注意：一些字段包含唯一的内容，如专利号等，只能用 or。不同的检索字段之间系统自动确认为 and 的关系。检索中用布尔算符可以将 50 个以内的检索词组合起来。

检索词或短语中包含 and、or、not，但不是作为布尔算符时，这些词要使用引号，以区别布尔算符。如检索发明人 O．R．Koechli，检索式为：Koechli “or”。

优先算符：括号（），用来指定优先检索顺序，括号内的检索优先执行。

位置算符：进行专利引用检索时，在被引用专利受让人和被引用专利发明人两个字段中还可以使用另一个算符 same，same 的用法与 and 相似，组配的检索词都要同时出现在同一个记录中，但不同的是组配的检索词必须同时出现在同一个被引专利中。

② 截词符。

无限截断：使用的截词符为“*”，表示 0 或多个字符。

有限截断：使用的截词符为“？”，一个“？”代表一个字符。

截词符可以用于所有字段，可以放在词中或词尾，但不能放在词头，而且使用*检索时，在*之前至少要有 3 个字母。两种截词符可以同时用于一个检索词中。

4）检索结果。完成检索策略单击“Search”按钮，系统执行检索，随即显示检索结果列表，包括专利号、题目、专利权人以及专利发明，每屏显示 10 条记录。单击文章的题目即可看到该文章的详细记录格式，每条全记录一般具有所有德温特专利字段。带有“DELPHION”标志的记录有专利全文，“Show Drawing”标志为图像链接键，只有部分记录具有全文和图像。在详细记录显示页面，可以直接链接到本专利引用的其他专利或文献，也可以看到其他专利引用本专利的情况。

（3）美国专利数据库及其检索方法。

1）数据库介绍。美国专利商标局 USPTO（The US Patent and Trademark Office）目前通过 Internet 免费提供 1976 年以来到最近一周发布的美国专利全文库，以及 1790—1975 年的专利全文扫描图像，称为 USPTO WebPatent Databases。该库由文献著录信息库（Bibliographic Database）、文本全文库（Full-Text Database）组成。专利全文扫描图像 300d.P.i.TIFF（tagged image file format）格式的文件。在检索结果的专利文本全文页中，提供了专利扫描图像的链接。但是请注意，大部

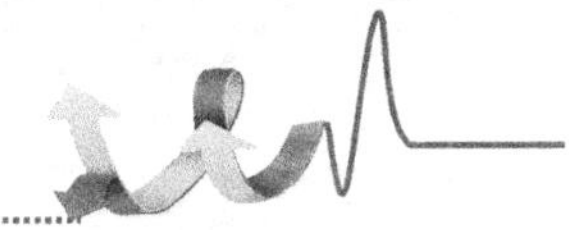

分的 Web 浏览器并不能直接浏览该图像。USPTO 的专利扫描格式是 TIFF，TIFF 格式以及 TIFF 文件的压缩方法都有许多变种。USPTO 和其他国家的知识产权机构均采用 CCITTGroup4 国际标准压缩图像，简称 G4。要在 Web 浏览器中浏览 USPTO 的专利扫描图像，需要在浏览器中安装 TIFFG4 插件。到目前为止支持 TIFFG4 压缩的插件很少。USPTO 提供了唯一支持 TIFFG4 压缩的免费插件是 Medical Informatics Engineering 的 AhernaTIFF，它是一个 32 位的 Windows 程序，可以安装在常用的 Web 浏览器如 Netscape Communicator4.0、Microsoft 的 Internet Explorer3.0 或者它们更高的版本上，到 1999 年 4 月的最新版本是 AlternaTIFF v1.2.0。USPTO 的站点曾经提供下载该插件的服务，但目前只提供下载插件或控件的链接。该数据库地址：http://www.uspto.gov/patft/，美国专利数据库页面如图 6-8 所示。

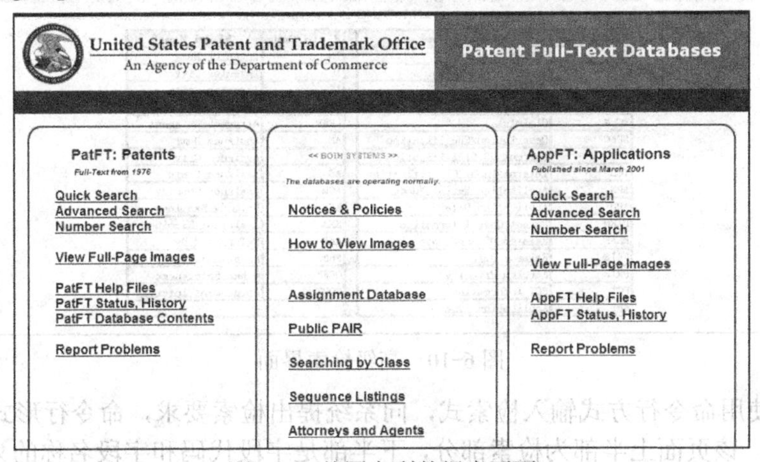

图 6-8 美国专利数据库页面

2）检索方法。该数据库有 3 个检索途径：快速检索（Quick Search）、高级检索（Advanced Search）和专利号检索（Number Search）。

① 快速检索。单击快速检索后出现的快速检索界面如图 6-9 所示。

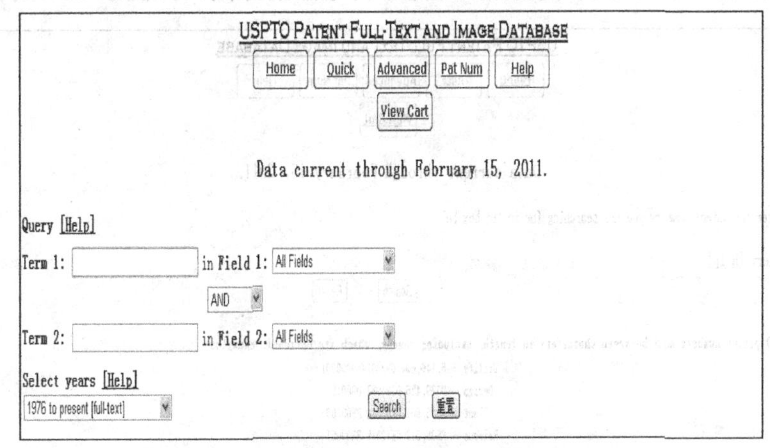

图 6-9 快速检索界面

在 Term 里输入一个关键词，然后在 Field 选择相关字段，单击 Search 按钮即可。也可输入两个关键词，但要选择它们间的布尔逻辑算符（and、or、andnot）。Field 里提供了专利名称、专利文摘、专利号、发明人等选项内容。在输入词组时，需要将词组用引号括起；使用

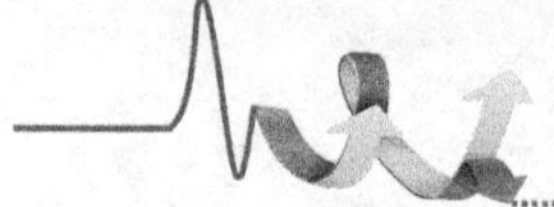

截词检索时，即使前方一致，也需要在检索词后面紧跟通配符“$”，如用“electronic$”进行检索，就可以得到包含“electronic、electronics”等内容的专利。

② 高级检索。单击高级检索后出现的高级检索界面如图 6-10 所示。

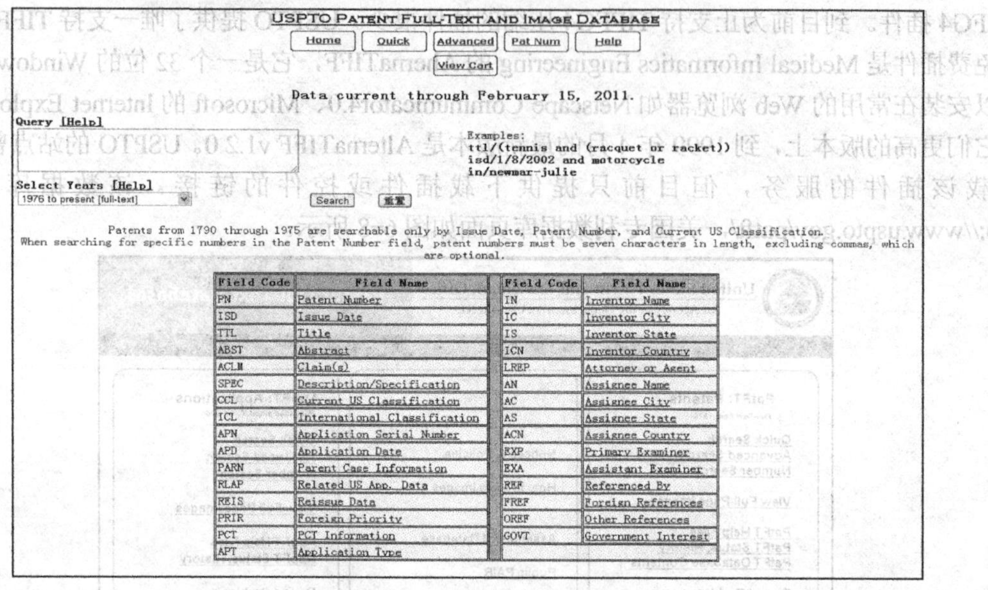

图 6-10　高级检索界面

高级检索使用命令行方式输入检索式，向系统提出检索要求，命令行形式见检索框右方的“Examples”。该页面上半部为检索部分，下半部是字段代码和字段名称的列表，直接单击可调出某字段的使用方法等信息。

词组检索、截词检索和快速检索相同；用专利号检索时直接输入专利号即可；字段检索时，字段代码在前，检索词在后；日期检索时，其格式为月/日/年。

③ 专利号检索。单击专利号检索后出现专利号检索界面，如图 6-11 所示。

USPTO PATENT FULL-TEXT AND IMAGE DATABASE

Home | Quick | Advanced | Pat Num | Help

View Cart

Data current through February 15, 2011.

Enter the patent numbers you are searching for in the box below.

Query [Help]

Search　Reset

All patent numbers must be seven characters in length, excluding commas, which are optional. Examples:

Utility -- 5,146,634 6923014 0000001
Design -- D339,456 D321987 D000152
Plant -- PP08,901 PP07514 PP00003
Reissue -- RE35,312 RE12345 RE00007
Defensive Publication -- T109,201 T855019 T100001
Statutory Invention Registration -- H001,523 H001234 H000001
Re-examination -- RX12
Additional Improvement -- AI00,002 AI000318 AI00007

图 6-11　专利号检索界面

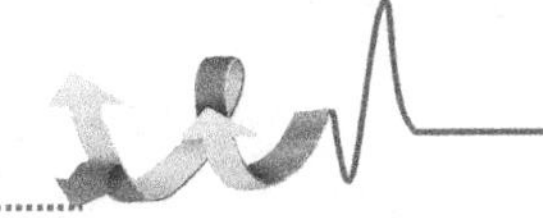

只要输入专利号后就可获得相应的专利文献。如想同时输入多个专利号码，则必须把每个专利号用空格隔开。

3）获取全文。单击检索结果中的专利号或者专利标题即显示 1976 年及以后的 HTML 文本格式的专利全文，1976 年以前的专利在 HTML 页中只显示专利号及分类号。单击该页中的 Images，则可按需分页显示其 TIFF 格式的扫描文本。

（4）欧洲专利数据库及其检索方法。

1）数据库概况。打开欧洲专利局的网址 http://www.epo.org/。该网页上提供了各专利信息数据库的超文本链接，用户单击感兴趣的数据库，便可快速、简便地进入该库，欧洲专利局主页如图 6-12 所示。

图 6-12　欧洲专利局主页

欧洲专利数据库是全文免费数据库，包括欧洲专利局数据库（EPO）、世界知识产权组织数据库（WIP）、日本专利（JP）及世界范围的专利文献（Worldwide）。欧洲专利数据库是 1998 年 10 月欧洲专利局与欧共体共同开发的一个面向公众的专利信息系统。它利用互联网专利服务器向用户免费提供 60 多个国家近 3100 万件专利数据信息的查阅服务，包括著录项目、英文文摘及扫描图像（各国的数据范围及起始时间不同）。其中，AT、FR、DE、GB、CH、US 的全文图像均起始于 1921 年。EP、PCT 的全文图像从第一件起。欧洲专利数据库提供首页著录数据、英文文摘、全文的浏览，可免费下载或打印全文说明书的扫描图像。网页还与欧共体的知识产权帮助台（IPR Helpdesk）建立链接。EPO 各成员国可以使用本国官方语言通过本地服务器进入该网站，各成员国网页提供近两年的本国全文说明书的扫描图像。欧洲专利数据库提供世界上最大的互联网上免费专利服务，对于促进公众的发明创造能力起到重要的作用。

欧洲专利数据库更新较快，一般都能检索到当年、当月的专利文献，有英语、法语、德语 3 个版本可供选择。欧洲专利数据库主页如图 6-13 所示。

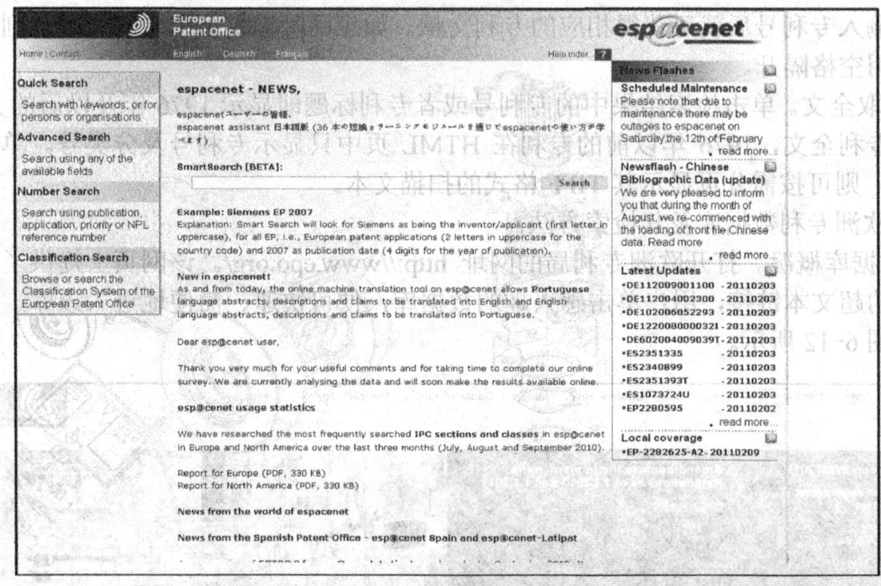

图 6-13　欧洲专利数据库主页

2）检索方法。欧洲专利数据库给出了 4 种检索方法：快速检索（Quick Search）、高级检索（Advanced Search）、专利号检索（Number Search）和国际专利分类号检索（Classification Search）。

① 快速检索。快速检索为综合检索，检索范围为上述 4 个专利数据库。检索前应先选择数据库，再选择字段。快速检索提供专利题目、文摘、人名和机构 4 个字段。快速搜索界面如图 6-14 所示。

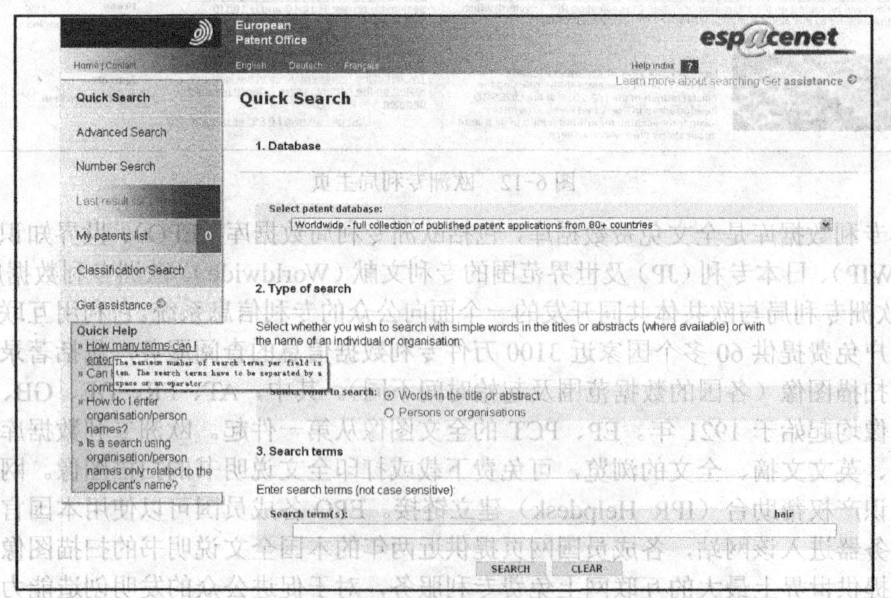

图 6-14　快速搜索界面

② 高级检索。高级检索可进行较为复杂的检索。先选择数据库，然后选择字段。如果分库搜索，则每个专利数据库都提供专利题目（Keyword(s)in title）、专利题目与文摘（Keyword（s）in title or abstract）、专利号（Publication Number）、申请号（Application Number）、优先

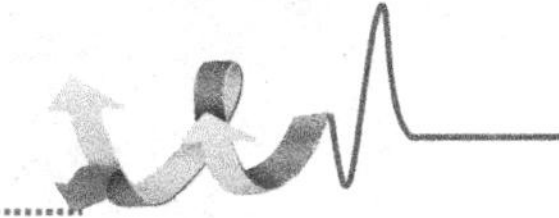

权号（Priority Number）、出版日期（Publication Date）、申请人（Applicant）、发明人（Inventor）、欧洲专利分类号（ECLA）、国际专利分类号（IPC）等 10 个途径的复杂检索。这些检索途径可以单独使用，也可以组合使用。高级检索界面如图 6-15 所示。

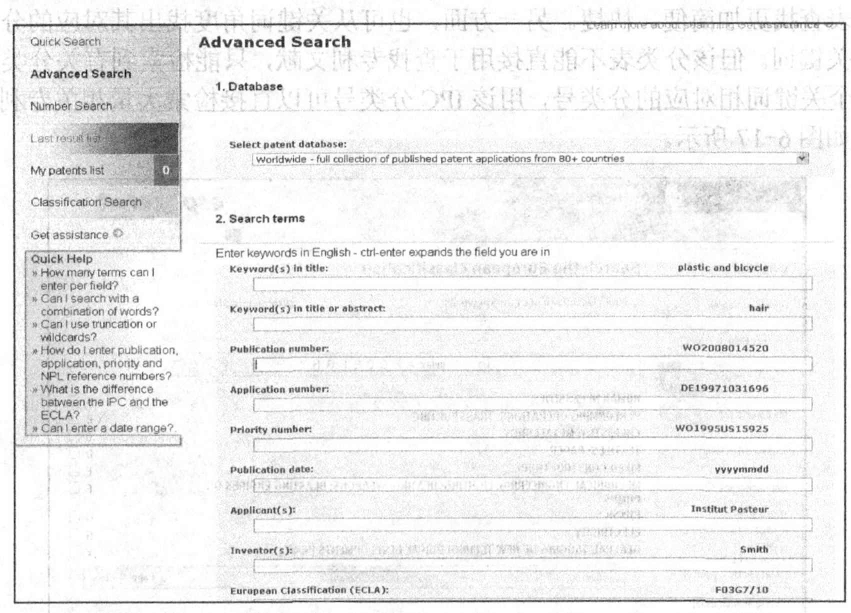

图 6-15 高级检索界面

③ 专利号检索。专利号检索比较简单，先选择数据库，然后输入专利号即可，专利号检索界面如图 6-16 所示。

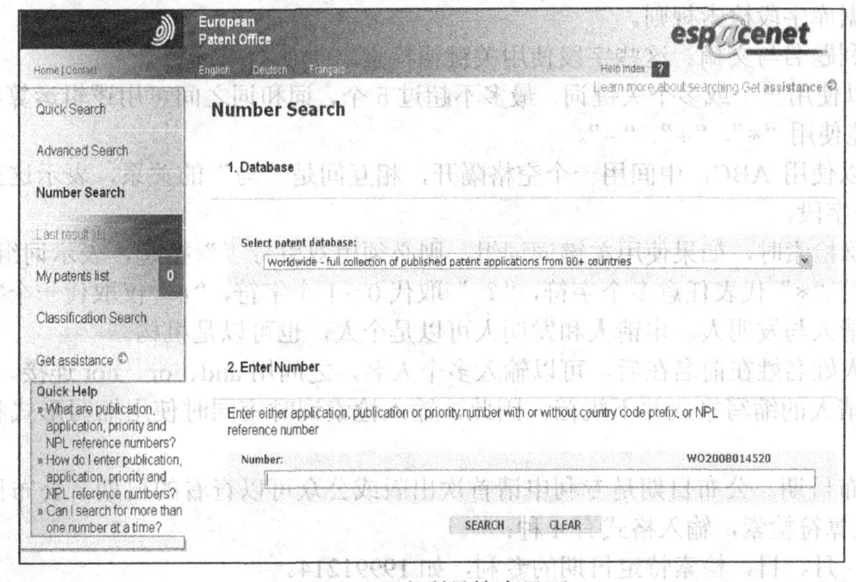

图 6-16 专利号检索界面

④ 专利分类号检索。欧洲专利采用欧洲专利分类法，与国际专利分类法（IPC）基本相同。为了帮助不熟悉专利分类表的检索者从分类角度检索专利文献，该数据库提供 IPC 专利的分类情况。IPC 分 8 个部：A、B、C、D、E、F、G、H，该分类表列出各个分类号及其所

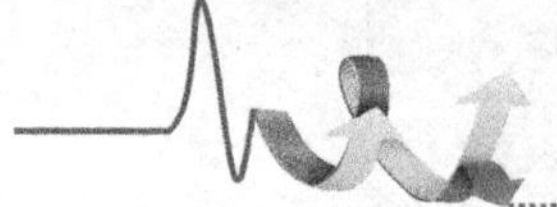

含的内容范围。分类号一般到 5 级为止，即部类—大类—小类—组—分组。

该分类表可以分层逐级查找，也可以在检索框内输入某个分类号，直接查找该类的内容。一方面，类目之间有供参考的分类号，参考分类号之间设置了互相连接，它扩大了检索者的视野，使分类表查找更加简便、快捷。另一方面，也可从关键词角度找出其对应的分类号，在检索框内输入关键词。但该分类表不能直接用于查找专利文献，只能检索到有关分类号所涵盖的内容，或某个关键词相对应的分类号，用该 IPC 分类号可以直接检索大量相关专利。专利分类号检索界面如图 6-17 所示。

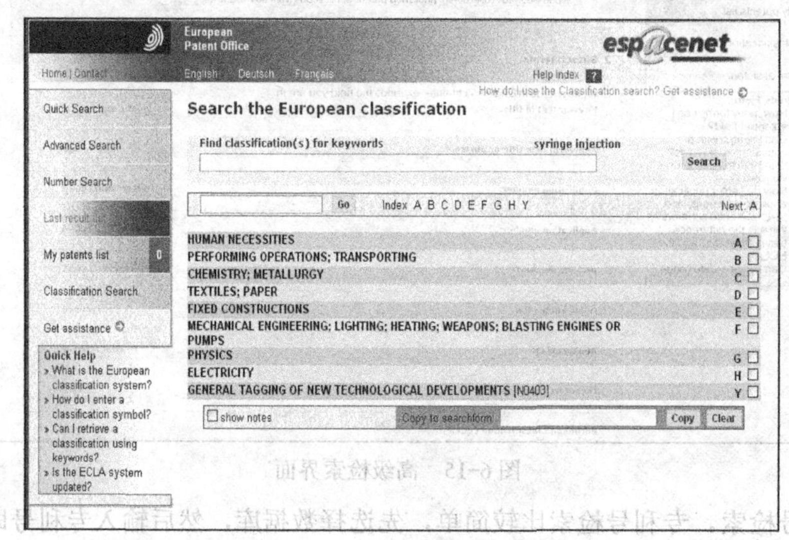

图 6-17　专利分类号检索界面

3）数据库字段检索规则。

① 专利题名与文摘。这些字段使用关键词检索。

a）可以使用一个或多个关键词，最多不超过 5 个，词和词之间可用逻辑运算符 and、or、not，但不能使用“*”、“+”、“−”。

b）可以使用 ABC，中间用一个空格隔开，相互间是“与”的关系，表示这三个词必须出现在同一字段。

c）精确检索时，如果使用关键词词组，则必须用双引号“ ”括起，表示词组不能分开。

d）词符“*”代表任意多个字符，“？”取代 0~1 个字符，“#”仅取代一个字符。

② 申请人与发明人。申请人和发明人可以是个人，也可以是机构。

a）个人姓名姓在前名在后。可以输入多个人名，之间用 and、or、not 连接。

b）申请人的缩写格式并不规范，因此，输入检索词时应同时使用缩写形式和全称格式进行检索。

③ 公布日期。公布日期是专利申请首次出版或公众可以查看的日期。公布日期中不能使用逻辑运算符检索，输入格式有 4 种：

a）年、月、日，检索特定日期的专利，如 19991214。

b）日、月、年，检索特定日期的专利，如 14/12/1999。

c）年、月，检索特定月份的专利，如 199912。

d）年，检索特定年份的专利，如 1999。

4）国际专利分类号（IPC）。可使用大类、小类、组、分组进行检索，也可输入多个分

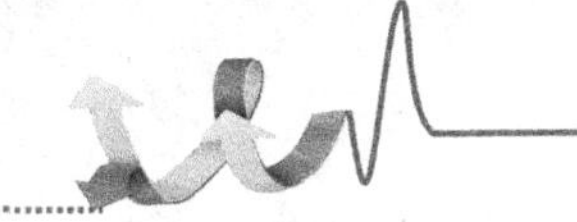

类号，并用逻辑算符连接，缺省逻辑算符为“and”。

5）申请号、专利号、优先权号。申请号、专利号、优先权号之间都不能添加任何符号。

6.2 标准文献及其检索

6.2.1 标准文献概述

1．标准和标准文献

标准是在生产科研活动中对产品、工程、环境和其他技术项目的质量、品种、检索方法及其技术要求等所作的统一规定，是有关方面可以共同遵守的技术依据和准则。

标准文献狭义上是指按规定程序制订，经公认权威机构（主管机关）批准的一整套在特定范围（领域）内必须执行的规格、规则、技术要求等规范性文献，简称标准，主要包括技术标准、管理标准、政府文件、标准化专著、标准化会议文献等，其中，技术标准是标准文献的主体。广义指与标准化工作有关的一切文献，包括标准形成过程中的各种档案、宣传推广标准的手册及其他出版物、揭示报道标准文献信息的目录、索引等。标准文献一般是公开的，但有少数属于国防、军事及尖端科技的技术标准是保密的，仅在内部发行。

2．标准文献的发展历史

在公元前 1500 年的古埃及纸草文献中就有关于医药处方计量方法的标准，是现存最早的标准。现代标准文献产生于 20 世纪初。1901 年英国成立了第一个全国性标准化机构，同年世界上第一批国家标准问世。此后，美国、法国、德国、日本等国相继建立全国性标准化机构，出版各自的标准。中国于 1957 年成立国家标准局，次年颁布第一批国家标准（GB）。20 世纪 80 年代，已有 100 多个国家和地区成立了全国性标准化组织，其中 90 多个国家和地区制定有国家标准，国家标准中影响较大的有美国（ANSI）、英国（BS）、日本（JIS）、法国（NF）、苏联（ГОСТ）、联邦德国（DIN）等。国际标准化机构中最重要、影响最大的是 1947 年成立的国际标准化组织（ISO）和 1906 年成立的国际电工委员会（IEC）。随着标准化事业的迅猛发展，标准文献激增。ISO 情报中心收藏标准文献 60 多万件（1981）。中国标准化综合研究所标准馆是中国标准文献中心，收藏有国际标准上万件以及 56 个国家的国家标准、专业标准、标准目录等标准文献 33 万件（1982）。

3．标准文献的分类

（1）按使用范围分。

1）国际标准。经国际标准组织通过的标准，或在一定情况下经从事标准化活动的组织通过的技术规范，是国际间通用的标准。现常用的有 ISO 标准和 IEC 标准。

ISO 标准成立于 1947 年，是联合国经社理事会的甲级咨询机构，目前已有 89 个成员方。它下设 163 个技术委员会（TC），639 个分技术委员会（SC）和 1430 个工作组（WG），它负责制定和批准除电工与电子技术领域以外的各种技术标准。ISO 标准一般必须经全体成员方协商表决通过后，才能正式生效。它目前已颁布 5000 多个标准。

IEC 标准成立于 1906 年，是世界上最早的国际标准化机构。目前，它的地位与 ISO 标准同

样重要。它主要负责制定、批准电工和电子技术方面的技术标准，目前已颁布1800多个标准。

2）区域标准。经区域性标准组织通过的标准，或在一定情况下经从事标准化活动的区域性组织通过的技术标准，在该地区若干国家内适用，如全欧标准 EN、欧洲计算机制造商协会标准 ECMA 等。

3）国家标准。全国性标准组织颁布的标准，如我国国家标准 GB、美国国家标准 ANSI 等。

4）专业标准。专业标准是指某一专业团体对其所采用的原材料、零部件、完整产品以及有关工艺设备所制定的标准，适用于该专业和相关专业，如美国材料与试验学会标准 ASTM，美国石油学会标准 API 等。

5）企业标准。企业标准是指一个企业或部门批准的在企业和部门内部实行的标准，如美国波音飞机公司标准 BAC 等。

（2）按标准内容分。

1）基础标准。它一般包括名词术语、符号、代号、机械制图、公差与配合、产品分类、各种参数系列和产品环境条件试验、可靠性要求以及抽样方法等。

2）产品标准。它包括产品品种、规格、技术性能、试验方法、检验规则、包装、储藏、运输等。

3）工艺装备标准。它包括工具、模具、夹具、专用设备及其零部件标准等。

4）原材料标准。它包括材料分类、品种、规格、牌号、化学成分、物理性能、使用范围和保管验收规则等。

5）方法标准。它以试验、检查、分析、抽样、统计、计算、测定、作业等对象制定的标准。

（3）按标准成熟程度分。按标准成熟度划分，一般可分为法定标准、推荐标准、试行标准、标准草案。

4．标准文献的特点和作用

（1）标准文献的特点。标准文献不用于一般的技术文献，它有以下特点：

1）每个国家对于标准的制定和审批程序都有专门的规定，并有固定的代号，标准格式整齐。

2）它是从事生产、设计、管理、产品检验、商品流通、科学研究的共同依据，在一定条件下具有某种法律效力，有一定的约束力。

3）时效性强，它只以某时间阶段的科技发展水平为基础，具有一定的陈旧性。随着经济发展和科学技术水平的提高，标准不断地进行修订、补充、替代或废止。如国际标准（ISO）规定5年复审，修订一次。所以，在使用或引用时要注意采用最新标准。

4）一个标准一般只解决一个问题，语言叙述精练，措词准确，逻辑严谨。

5）不同种类和级别的标准在不同范围内贯彻执行。

6）标准文献具有其自身的检索系统。

（2）标准文献的作用。标准文献反映某一个国家或地区的技术经济政策、生产技术水平、管理水平、标准化水平、科学研究水平以及自然资源情况，是科技工作者了解各国工业和经济等发展情况的重要科技信息源之一。其作用表现在以下几个方面：

1）通过标准文献可了解各国经济政策、技术政策、生产水平、资源状况和标准水平。标准文献是获取经济、技术信息的重要来源，分析、研究一个国家的标准文献，可以得到许多有用的信息，它对促进科学技术的发展和最新科研成果的推广应用，提高产品质量和生产

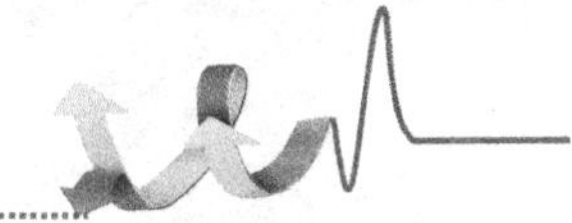

水平，改进科学管理都具有十分重要的作用。特别是在许多方面，都需要参考借鉴国际和国外标准，例如：

① 在修订或制定新的标准时，需要参考国际标准或其他国家的先进标准，以便从中汲取经验。我国的许多标准都是汲取国际或国外标准的某些优点，再结合我国的具体情况制定的。

② 在对外贸易方面需要了解国际和国外的工业标准。了解国际标准，可以明确差距，使很多出口产品按国际标准生产，提高我国在国际市场上的竞争能力。

③ 验收引进成套设备，以及维修进口设备，或测试某些进口样机时，都需查阅有关国家的工业标准。

④ 在进行某项科学研究时，有时也需要从国外标准中查找一些成熟的试验方法，以便把实验结果与国外的类似数据进行比较，才能确定其可靠性。

2）在科研、工程设计、工业生产、企业管理、技术转让、商品流通中，采用标准化的概念、术语、符号、公式、量值、频率等有助于克服技术交流的障碍。

3）国内外先进的标准可供推广研究，改进新产品，提高新工艺和技术水平依据。

4）标准文献是鉴定工程质量、校验产品、控制指标和统一试验方法的技术依据。

5）可以简化设计、缩短时间、节省人力，减少不必要试验、计算，能够保证质量，减少成本。

6）进口设备可按标准文献进行装备、维修配制某些零件。

7）有利于企业或生产机构经营管理活动的统一化、制度化、科学化和文明化。

5．标准文献分类法

国际标准分类法（ICS）：数字分类，共分 97 个大类。国际、区域性和国家标准以及其他标准文献的目录结构，并作为国际、区域性和国家标准的长期订单系统的基础，也可以用于数据库和图书馆中标准及标准文献的分类。

中国标准分类法（CCS）：数字与字母混合，26 个大类。1997 年开始标注 ICS 分类号。几乎各个先进工业国家都有自己的标准分类。

6.2.2　标准文献检索

1．中国标准检索

（1）中国标准服务网。中国标准服务网（CSSN）是由中国技术监督情报研究所和国家信息中心合作开发的标准信息资源网络，是世界标准服务网的中国站点（http://www.cssn.net.cn/）。CSSN 为用户提供标准查询、标准服务、标准出版物、站点转接等服务窗口。首批数据库包括中国国家标准、中国行业标准、地方标准、国际标准、国外标准、国外学会协会标准、技术法规、标准化期刊等百余种数据库。

该界面提供分类检索和高级检索两种检索途径。

1）分类检索。可按国际标准分类表或中国标准分类表分类检索有关标准。逐级单击分类类号和类名，可得到标准号、标准名称等。

2）高级检索。可通过标准号、关键词、分类号等字段来查询标准信息。在检索框中输入检索词（支持逻辑“与”和逻辑“或”的运算），单击“检索”按钮即可，CSSN 高级检索界面如图 6-18 所示。

图 6-18　CSSN 高级检索界面

CSSN 标准服务窗口为用户提供委托检索和全文提供等服务。全文提供服务就是用户在上述标准检索窗口获取标准信息后，可在全文提供窗口提出获取标准全文的请求。网站在接到用户服务请求的 1～2 个工作日内，完成请求服务或对用户请求进行信息反馈。这项服务不是免费的，用户需在线注册并预交服务费后才能享受该项服务。该网站还为用户提供与世界上一些重要的标准化组织的网站 ISO、IEC、ITU、ANSI、BSI，DIN、AFNOR、JIS 等的超链接。

（2）工标网。工标网全称工业标准咨询网，成立于 2005 年 5 月，网址为 http://www.csres.com/。工标网拥有海量的标准数据库，包括：国家标准、行业标准、国家军用标准、ISO（国际标准化组织）、ASTM（美国材料与实验协会）、IEC（国际电工委员会）、DIN（德国标准化学会）、EN（欧洲标准）、BS（英国国家标准学会）、JSA（日本标准）等数十个国家的近百万条标准。通过与国内标准化研究的合作关系，工标网可及时得到国内标准的更新数据以及标准化动态。同时有 400 免费电话、QQ、MSN 和 Web 客服等在线交流工具进行一对一的人性化服务。目前，工标网成为国内最大、最全的标准化信息服务平台之一，也是目前国内在线咨询量最多的网站之一。但查找标准全文需收费。工标网首页如图 6-19 所示。

图 6-19　工标网首页

工标网采用智能化搜索引擎，向用户提供了两种标准文献的检索方法：一种是简单查询，在工标网首页检索框内只需要输入简单的关键字系统就会自动匹配出相关标准，同时显示各

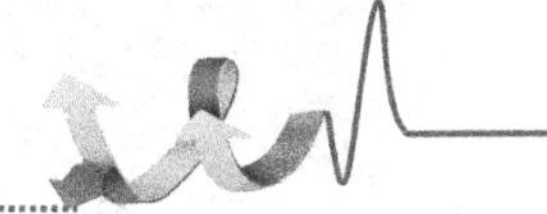

个标准时效以及替代情况。另一种是高级查询（见图 6-20），向用户提供标准标题、标准编号等 9 项查询信息，并提供了排序方式等结果显示的选择。

图 6-20 工标网——高级查询

（3）万方数据资源系统的“中外标准类数据库”。万方数据资源系统的“科技信息子系统”中设有“中外标准类数据库”栏目，网址为：http://c.wanfangdata.com.cn/Standard.aspx。该栏目的中外标准类数据库有：中国国家标准数据库，中国行业标准数据库，中国建材标准数据库，中国建设标准数据，国际标准化组织标准数据库，国际电工委员会标准数据库，欧洲标准数据库以及美国、英国、德国、日本等国标准化组织和其他学会（协会）的标准数据库。单击其中任何一类，即可进入检索界面，并可检索相关标准信息。万方数据资源系统的“中外标准类数据库”向用户提供了简单检索、高级检索、经典检索和专业检索 4 种途径。万方数据库——中外标准首页如图 6-21 所示。

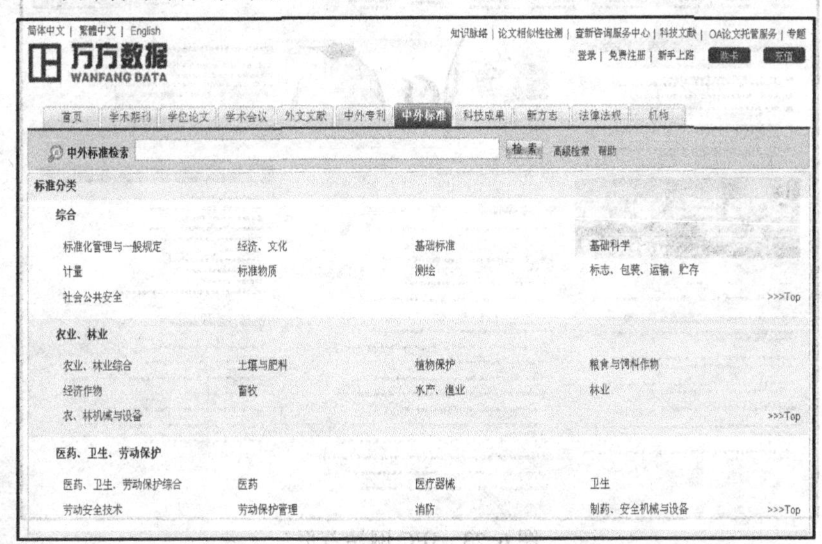

图 6-21 万方数据库——中外标准首页

2. 国际标准检索

（1）ISO 在线。国际标准化组织 ISO 的网址为 http://www.iso.org/iso/home.html。ISO 在

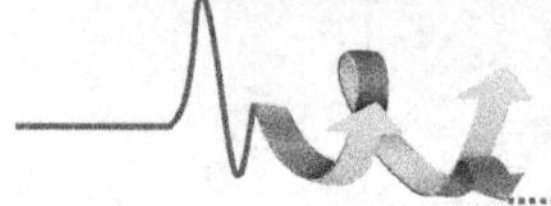

线首页如图 6-22 所示。该网站设有 ISO 介绍、产品和服务、ISO 9000/ISO14000、ISO 会员专用、信息中心等栏目。通过 ISO 在线网址，可查询 13000 多条国际标准信息。ISO 在线的检索主要有简单检索、分类检索与扩展检索等 3 条途径。

图 6-22　ISO 在线首页

（2）IEC 网站。国际电工委员会 IEC 的网址为 http://www.iec.ch。IEC 网站首页如图 6-23 所示。该网站设有 IEC 介绍、公众信息通告、技术委员会信息中心、IEC 网上商店、用户服务中心和数据库搜索等栏目。

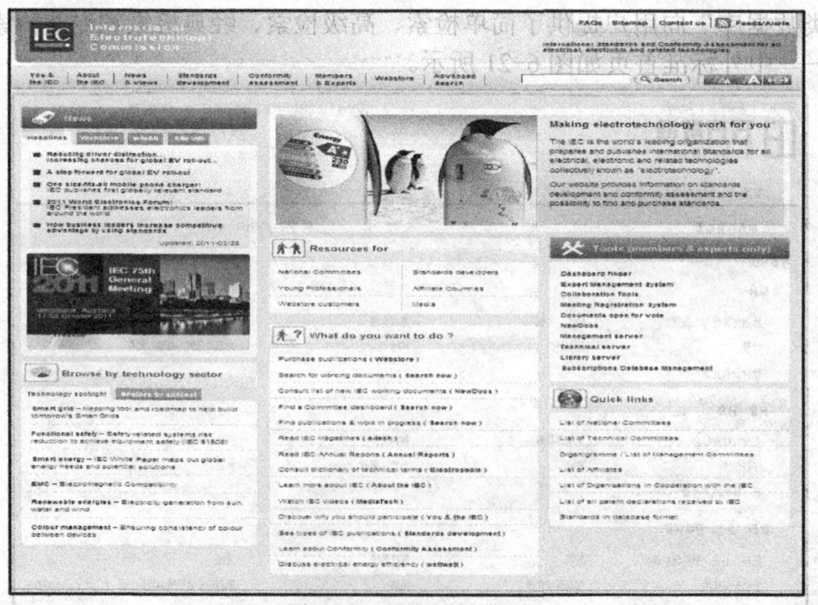

图 6-23　IEC 网站首页

（3）世界标准服务网。世界标准服务网（WSSN）是由 ISO 的信息系统和服务委员会建立在互联网上的网站，其网址为：http://www.wssn.net/WSSN/index.html。WSSN 网站首页如图 6-24 所示。它以一个松散的形式提供信息，用户可以直接从与 WSSN 网站链接的 WSSN

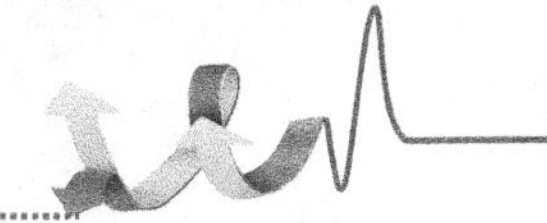

国家成员的站点中获取标准信息。目前参加 WSSN 的成员有：国际标准组织、国际电工委员会、国际电信联盟以及一些地区标准化组织、ISO 和 IEC 的成员国和地区性组织。

查找时可单击有关站点，也可以直接从“WSSN Web 站点字典目录”中查找。如单击 ISO，就进入国际标准化组织的网站。

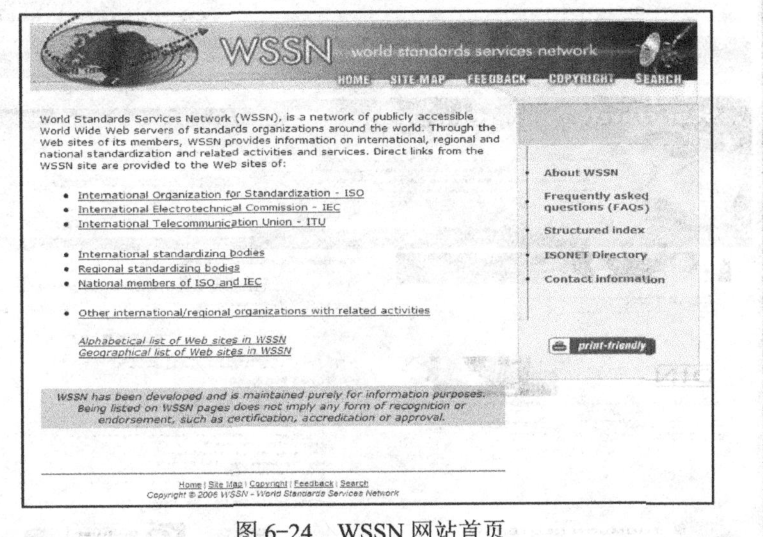

图 6-24　WSSN 网站首页

（4）IEEE Standards。IEEE 标准主页网址为 http://standards.ieee.org。IEEE 网站首页如图 6-25 所示，提供美国电气与电子工程师协会（IEEE）发布的有关标准的信息，主要有以下超链接：标准协会、标准产品、开发资源、信息数据库、图书馆和标准委员会等，用户可免费进入查询。

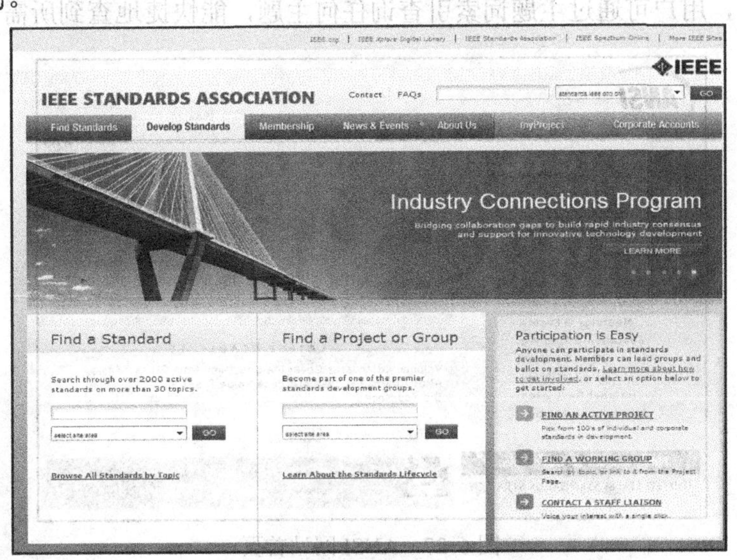

图 6-25　IEEE 网站首页

（5）PERINORM。PERINORM 是全球技术法规和标准的多国数据库，由法国、德国和英国的国际标准化机构 AFNOR、DIN 和 BSI 于 1989 年首创，覆盖了 22 个国家（主要是 OECD 国家）100 多万条标准记录，其中约 5000 条标准为 PDF 格式的标准全文，可直接下载。每

一条记录对应一个独立的国别、地区或者国际标准，大多记录都有该标准实施的产品类别标志。该数据库的网址为：http://www.cssinfo.com，PERINORM 网站首页如图 6-26 所示，该数据库向用户提供快捷检索模式和高级检索模式两种检索方法。

图 6-26　PERINORM 网站首页

（6）ANSI。在线美国国家标准学会建立在互联网上的网站，网址为 http://www.ansi.org/，ANSI 网站首页如图 6-27 所示，该网站设有标准活动、ANSI/ISO/IEC 联合目录、ANSI 电子标准馆藏等栏目，用户可通过主题词索引查询任何主题，能快捷地查到所需信息。

图 6-27　ANSI 网站首页

（7）SCC.CA。这是加拿大标准委员会建立在互联网上的网站，网址为 http://www.scc.ca/en/index.shtml，SCC.CA 网站首页如图 6-28 所示，该网站主要包括加拿大标准、国际及国外标准、加拿大标准法规等内容。用户可在主页单击“Standards”或者“Search”按钮进入标准搜索页面，然后使用题名关键词、标准号等进行标准信息的搜索。

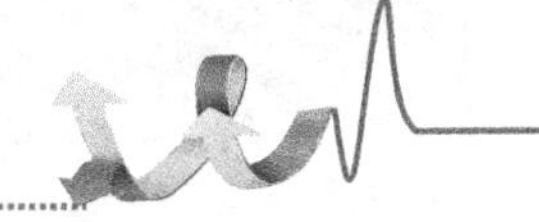

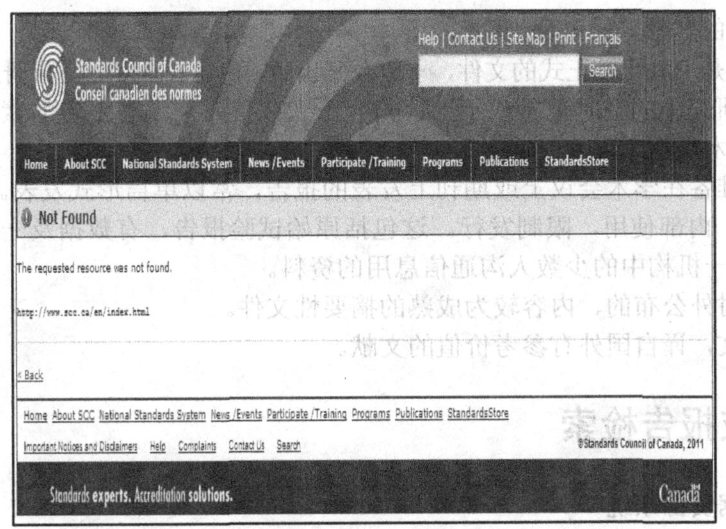

图 6-28　SCC.CA 网站首页

6.3　科技报告及其检索

6.3.1　科技报告简介

1．科技报告的概念

科技报告（Scientific and Technical Report）是在科研活动的各个阶段，由科技人员按照有关规定和格式撰写的，以积累、传播和交流为目的，能完整而真实地反映其所从事科研活动的技术内容和经验的特种文献。它具有内容广泛、翔实、具体、完整，技术含量高，实用意义大，而且便于交流，时效性好等其他文献类型所无法相比的特点和优势。做好科技报告工作可以提高科研起点，大量减少科研工作的重复劳动，节省科研投入，加速科学技术转化为生产力。

2．科技报告的特点

（1）迅速反映新的科研成果。以科技报告形式反映科研成果比这些成果在期刊上发表，一般要早一年左右，有的则不在期刊上发表。

（2）内容多样化。它几乎涉及整个科学、技术领域和社会科学、行为科学以及部分人文科学领域。

（3）保密性。大量科技报告都与政府的研究活动、高新技术有关，使用范围控制较严。

（4）报告质量参差不齐。大部分科技报告是合同研究计划的产物，由工程技术人员编写，由于撰写受时间限制、因保密需要以工作文件形式出现等因素影响，使报告的质量相差很大。

（5）每份报告自成一册，装订简单，一般都有连续编号。

3．科技报告的类型

（1）按科技报告反映的研究阶段，大致可分为两大类：

1）研究过程中的报告，如现状报告、预备报告、中间报告、进展报告和非正式报告。

2）研究工作结束时的报告，如总结报告、终结报告、试验结果报告、竣工报告、正式报告和公开报告等。

（2）按报告的文献形式可分为：

1）报告书，是一种比较正式的文件，一般公开出版，内容较详尽，是科研成果的技术总结。

2）札记，研究中的临时记录或小结，内容不太完善，是编写报告的素材，也是科技人员编写的专业技术文件。

3）论文，准备在学术会议上或期刊上发表的报告，常以单篇形式发表。

4）备忘录，内部使用，限制发行。这包括原始试验报告，有数据及一些保密文献等，供同一专业或同一机构中的少数人沟通信息用的资料。

5）通报，对外公布的、内容较为成熟的摘要性文件。

6）技术译文，译自国外有参考价值的文献。

6.3.2 科技报告检索

1．万方数据资源系统

该库由北京万方数据股份有限公司开发研制，是国家科技部指定的新技术、新成果查新数据库，其网址为：http://c.wanfangdata.com.cn/Cstad.aspx，科技成果——万方数据知识服务平台如图6-29所示。该数据库主要收录了国内的科技成果、科技决策支持性信息、科技奖励项目信息等内容，包括新技术、新产品、新工艺、新材料、新设计，涉及涵盖化工、生物、医药、机械、电子、农林、能源、轻纺、建筑、交通、矿冶等在内的各个自然学科领域。截至2007年9月，总记录达到38万多条，该数据库已成为国内最具权威的科学技术成果数据库。

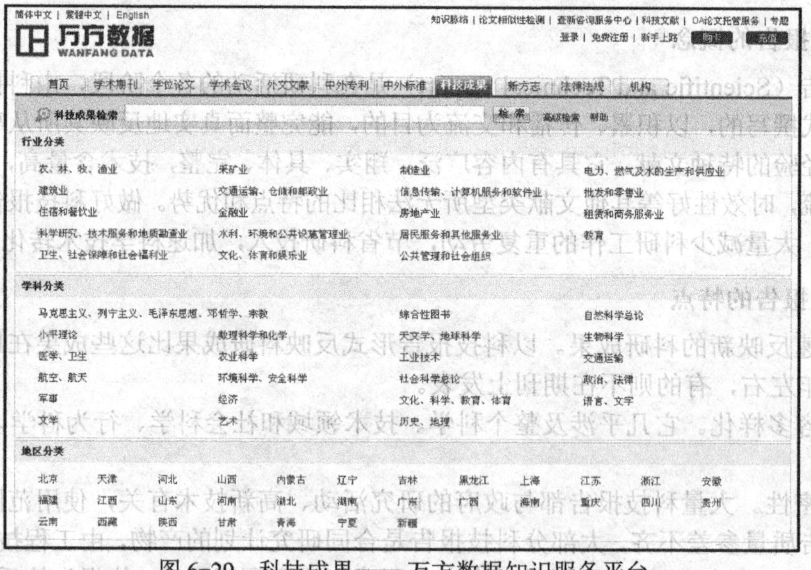

图6-29 科技成果——万方数据知识服务平台

2．国家科技成果网

国家科技成果网是由中华人民共和国科技部科技成果管理办公室和中国化工信息中心承办的一个全国科技成果的信息平台，其网址为：http://www.tech110.net/，国家科技成果网首页如图6-30所示。网站主要设置了成果查询、专利查询、成果公报、统计分析、网上成果展、技术供需、推广计划、中介机构、科技进展、成果管理、科技政策、科技查新、成果档案等栏目。该网站也是一个成果发布的平台，各类成果可在此发布和交流。通

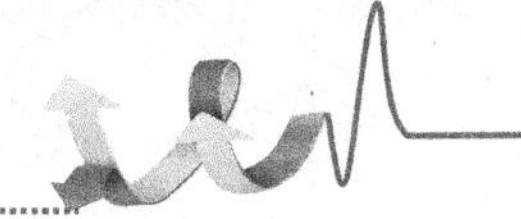

过该网站也可以看出某个学科的科研发展动态，网站中收录了 1978 年至今各个学科的科技成果。

图 6-30　国家科技成果网首页

3．CNKI 科技成果

中国知网国家科技成果数据库：http://dbpub.cnki.net/Grid2008/Dbpub/Brief.aspx？ID=SNAD，中国知网国家科技成果数据库平台如图 6-31 所示，该数据库收录了 1978 年以来所有正式登记的中国科技成果，按行业、成果级别、学科领域分类。每条成果信息包含成果概括、立项情况、评价情况、知识产权状况及成果应用情况、成果完成单位情况、成果完成人情况、单位信息等成果基本信息。成果的内容来源于中国化工信息中心，相关的文献、专利、标准等信息来源于 CNKI 各大数据库。可以通过成果名称、成果完成人、成果完成单位、关键词、课题来源等检索项进行检索。

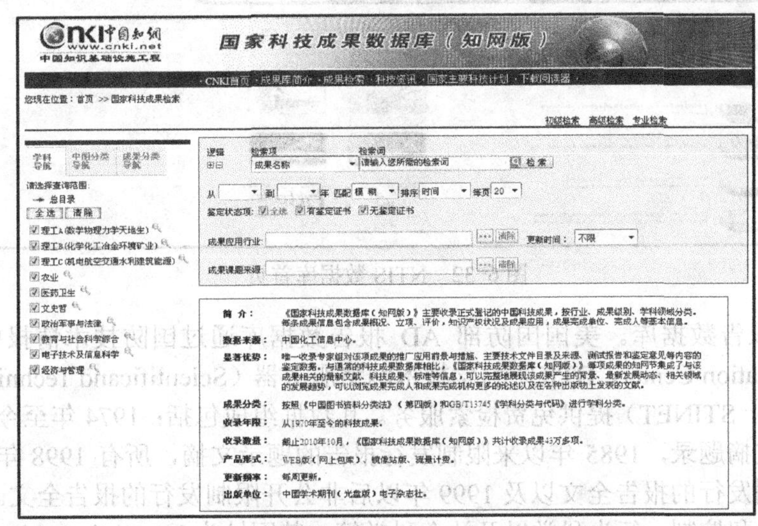

图 6-31　中国知网国家科技成果数据库平台

4．各省市科技厅科技成果网

全国各省市科技厅的门户网站，是国家科技成果管理的工作平台，提供科技成果管理机构、相关科技政策的查询，为成果登记、成果管理和推广转化服务。

5．美国四大科技报告检索

（1）NTIS 数据库。NTIS（National Technical Information Service）是美国国家技术情报社出版的美国政府报告文摘题录数据库，是目前查找美国四大报告的主要检索工具，以收录美国政府立项研究及开发的项目报告为主，少量收录世界各国的科学研究报告。它包括项目进展过程中所做的一些初期报告、中期报告、最终报告等，反映最新政府重视的项目进展。具体说，它报道全部 PB 报告、所有非密的或者解密的 AD 报告、部分 NASA 报告和 DEC 报告以及其他类型的科技报告，还有部分会议文献和美军的申请专利与批准专利说明书的摘要。该数据库 75%的文献是科技报告，其他文献有专利、会议论文、期刊论文、翻译文献；25%的文献是美国以外的文献；90%的文献是英文文献。内容覆盖科学技术各个领域，检索结果为报告题录和文摘。Ei 公司在 Engineering Village2 平台上提供 NTIS 数据服务，数据库已在清华大学图书馆设立镜像服务器，国内高校可以在 EV2 平台检索。其主页地址为 http://www.ntis.gov，NTIS 数据库首页如图 6-32 所示。通过该主页可以浏览或检索 20 世纪 90 年代以来的有关科学技术、工程和商业信息报告。

图 6-32　NTIS 数据库首页

（2）AD 报告数据库。美国国防部 AD 报告数据库通过国防技术情报中心（Defense Technical lnformation Center，DTIC）科学技术网络服务器（Scientificand Technical lnformation Network Service，STINET）提供免费检索服务。其数据组成包括：1974 年至今非公开与非密类技术报告的文摘题录，1985 年以来限制发行报告的题录文摘，所有 1998 年至今非密公开发行和非密限制发行的报告全文以及 1999 年以后非公开限制发行的报告全文。内容涉及生物医学、环境污染和控制、行为科学以及社会科学等，其网址为 http://stinet.dtic.mil/，AD 报告数据库首页如图 6-33 所示。

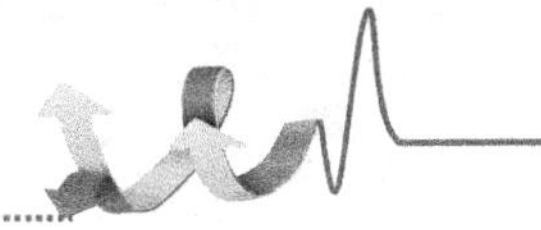

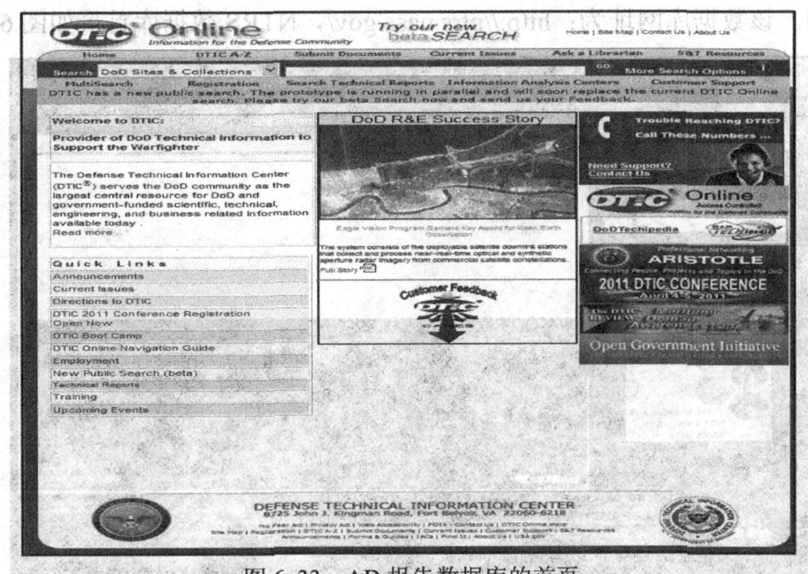

图 6-33　AD 报告数据库的首页

（3）DOE 报告数据库。美国能源部信息通道是美国能源部（Department of Energy，DOE）所属的科技信息办公室创立并维护的能源科学与技术虚拟图书馆，其网址为 http://www.osti.gov/poridge/，DOE 报告数据库首页如图 6-34 所示，该数据库提供了经过整合的综合性科技信息资源，是检索 DOE 报告的主要数据库。该库为题录和全文混合型技术报告数据库，其中由美国国家能源实验室提交的 1995 年以前的 DOE 研究和开发项目报告全文约 65000 篇，形成人们获取能源方面技术报告的一个重要的情报源，内容涉及物理、化学、材料、生物、环境科学、能源技术、工程、计算机、信息科学、再生资源等其他相关学科。

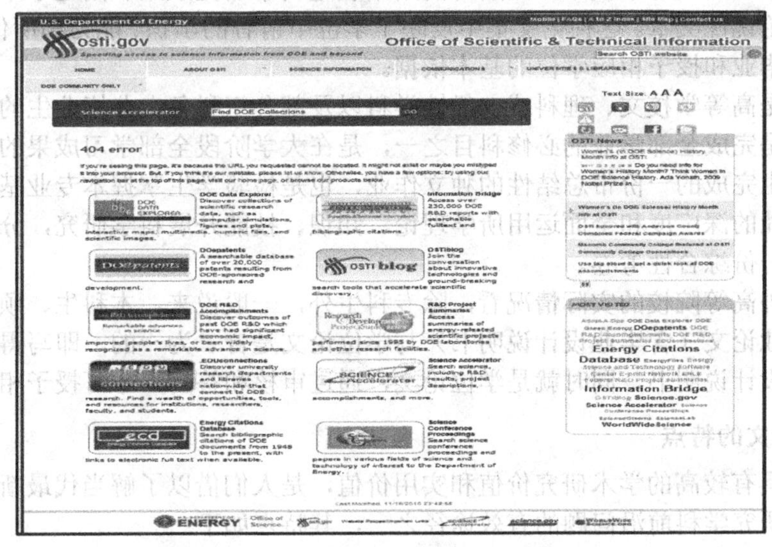

图 6-34　DOE 报告数据库首页

（4）NTRS 数据库。这是 NASA 技术报告服务中心的综合性网站，分 20 多个子库提供航空航天方面的科技报告的摘要，采用同一个检索界面可完成多个分布式的 WAIS 服务器技

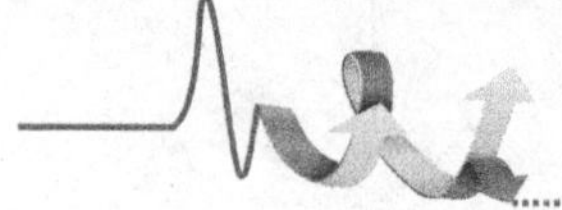

术报告的查询。该数据库网址为：http://ntrs.nasa.gov/，NTRS 数据库首页如图 6-35 所示。

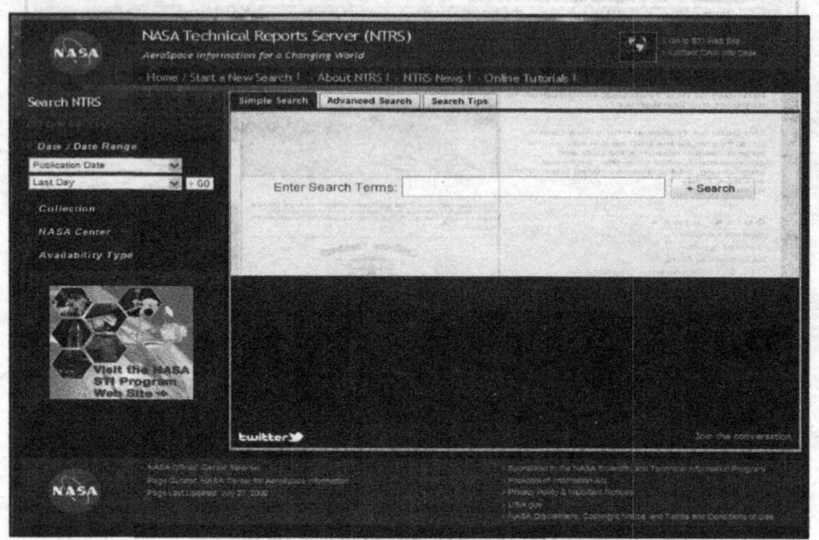

图 6-35　NTRS 数据库首页

6.4　学位论文及其检索

6.4.1　学位论文简介

1．学位论文的概念

学位论文指的是高等学校毕业生所写的用来表述科学研究成果和阐述学术观点、申请授予相应学位的论说性文章。这种论文集中反映了学位申请者的学识、能力和所作的学术贡献，是考核其能否毕业和授予相应学位的基本依据。

学位论文是高等学校文、理科或一般性学科以及部分工科各专业毕业生的最后一道综合性教学环节，是完成全部学业的必修科目之一，是在大学阶段全部学习成果的总结，是在教师指导下由学生完成的一份带总结性的独立作业，也是检验学生掌握本专业基础理论、专门知识、基本技能的深广度和全面运用所学理论、知识、技能开展科学研究，分析、解决问题的基本能力的一份综合性考卷。

从当前中外高等院校的实际情况看，除专科生外，一般说来，本科生、硕士研究生、博士研究生的毕业论文（含毕业设计说明书）与学位论文是合二为一的，即写得合乎要求的毕业论文和毕业设计说明书，同时就是学位论文，通过审核和答辩，才可授予相应的学位。

2．学位论文的特点

学位论文具有较高的学术研究价值和实用价值，是人们借以了解当代最新学术动态，掌握科技信息、研究学科前沿问题的有效途径之一，其特点如下：

（1）学位论文具有一定的独创性。学位论文是通过大量的思维劳动而提出的学术性见解或结论，所以学位论文是专业性强，阐述问题较为系统、详细的、有一定独创性的参考资料。

（2）学位论文一般不公开出版。学位论文是向校方提供的书面材料，它不像其他公开出版物那样广泛流传，多数情报单位不做系统收藏，通常都是以手抄本或打字体的形式存储在

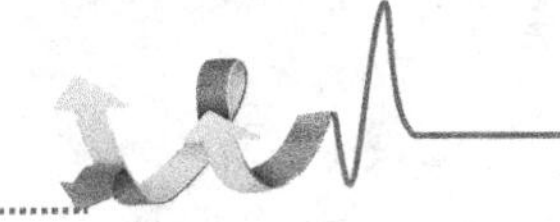

学术授予单位，只有少部分学位论文日后在期刊或会议上发表或以专著的形式出版，所以，其使用率不高。

（3）学位论文的信息量大。学位论文包罗社会各个领域的新经验、新成果等大量已知的信息，此类信息具有较完整的原始性，少有人为删改的痕迹，有利于人们对信息主体的进一步深入探讨与研究。

（4）学位论文的传递速度快。学位论文与常规文献相比，其形成的周期短、不受出版因素的制约，在计算机网络化的今天，各种信息可通过网络瞬间发布，同时打破了地域与行业的界限，为实现资源共享创造了有利条件。

（5）学位论文处于无序传播状态。作为信息资源的学位论文的产生和分布过于分散，并呈现多头管理趋势，致使大量学位论文无序传播，处于乱、散、滥的状态之中。

3．学位论文的分类

（1）根据所申请的学位不同，学位论文又可分为学士论文、硕士论文、博士论文三种。学位论文要求作者对所研究的课题有一定的新的并具有从事科学研究的初步能力；硕士论文要求作者对所研究的课题有独到见解并具有独立从事科学研究的能力；博士论文要求作者对所研究的课题作出创造性成果并具有坚实的知识和较强的科学研究能力。

（2）按照研究方法不同，学位论文可分理论型、实验型、描述型三类，理论型论文运用的研究方法是理论证明、理论分析、数学推理，用这些研究方法获得科研成果；实验型论文运用实验方法，进行实验研究获得科研成果；描述型论文运用描述、比较、说明方法，对新发现的事物或现象进行研究而获得科研成果。

（3）按照研究领域不同，学位论文又可分人文科学学术论文、自然科学学术论文与工程技术学术论文两大类，这两类论文的文本结构具有共性，而且均具有长期使用和参考的价值。

6.4.2 学位论文检索

1．国内学位论文检索

（1）提供学位论文的主要数据库

1）万方数据——中国学位论文数据库

http://c.wanfangdata.com.cn/Thesis.aspx

2）中国知网——中国优秀硕士论文数据库

http://acad.cnki.net/Kns55/brief/result.aspx？dbPrefix=CMFD

3）中国知网——中国博士论文全文数据库

http://acad.cnki.net/Kns55/brief/result.aspx？dbPrefix=CDFD

4）CALIS 高校学位论文库

http://etd.calis.edu.cn/ipvalidator.do

（2）学位论文授予单位的学位论文查询系统。

1）中国科学院学位论文数据库。中国科学院学位论文数据库网址为：http://dpaper.csdl.ac.cn/xwlw/index.jsp，它收录了 1980 年以来中国科学院的硕士、博士学位论文和博士后出站报告。2007 年初统计该数据库中发布数据有 43000 多条，且每年以不少于 5000 条的速度增长。该数据库中所有的论文都提供文摘，大部分学位论文提供了电子版前 16 页全文，相应的学位论文印本收藏于总馆五层阅览区。在主页面的“QuickSearch 快速检索”下方

图标栏中单击“找特殊资源”，在下拉框中选择“学位论文”，系统默认对中国科学院学位论文数据库中的数据进行检索。

2）北京大学学位论文数据库。北京大学学位论文数据库网址为：http://fulltext.lib.pku.edu.cn/was40/searchbrief.htm，该平台采用方正系统，和方正电子图书一样使用 Apabi 阅读器，收录了自 1978 年以来的学位论文，其中包括几万篇学位论文书目信息，自 2001 年起以 CEB 格式全文发布。

2．国外学位论文检索——PQDD 数据库

PQDD 数据库网址为：http://proquest.umi.com/login。PQDD 是目前世界上最大的、最具权威性的和广泛被使用的学位论文数据库。使用 PQDD 可以免费检索最近两年的学位论文文摘数据库（Dissertation Abstracts Database），同时可获得学位论文全文的前 24 页（PDF 格式和 TIFF 格式）及部分获奖博硕士论文的全文。PQDD 是一个收费数据库，要获得全文需要付费订购。其检索界面如图 6-36 所示。

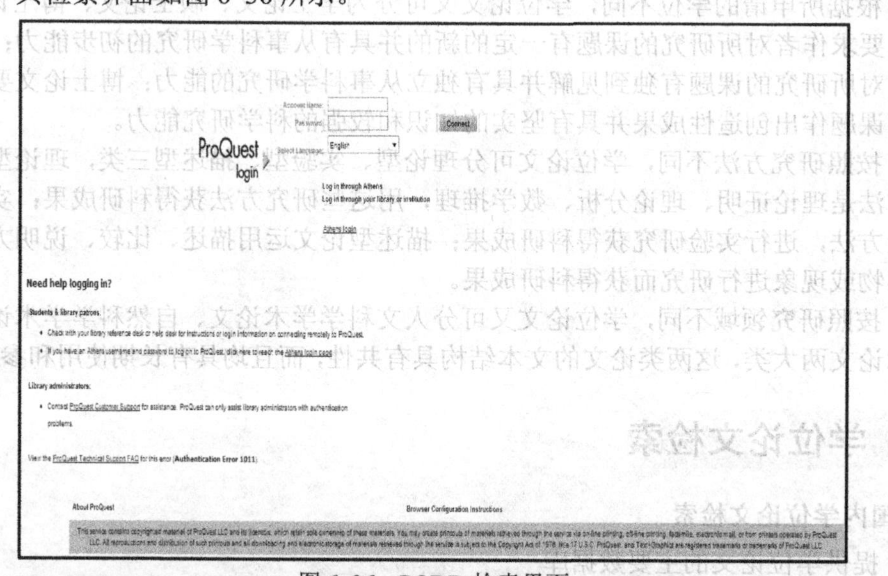

图 6-36　PQDD 检索界面

PQDD 通过 Subiect Tree（主题分类）提供了学科专业导航系统。主题分类将数据库的论文分为两大类：The Humanities and Social Sciences（人文与社会科学）和 TheSciences and Engineering（理工）。大类下又细分为 5 个二级类目，在二级类目下，再细分为三级类目。

PQDD 还提供了初级检索和高级检索两种检索方式。初级检索界面提供了 3 个检索词的输入，检索词之间可通过布尔逻辑算符（and、or、not）进行组配，检索结果也可以进行二次检索。PQDD 的高级检索界面由检索式输入框和检索式构造辅助表两部分组成，可在检索式输入框中直接输入检索式或利用辅助表辅助构成检索式。

6.5　会议文献及其检索

6.5.1　会议文献概述

1．会议文献的概念

会议文献（Conference Literature）是指在学术会议上宣读和交流的论文、报告及其他有

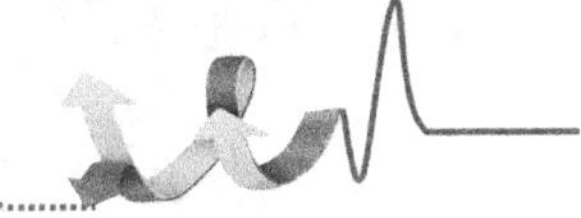

关资料。会议文献多数以会议录的形式出现。随着科学技术迅速发展，世界各国的学会、协会、研究机构及国际性学术组织举办的各种学术会议日益增多。20 世纪 80 年代世界上每年举办的科学会议约 1 万个，其中科技会议就达四五千个，产生会议论文约十几万篇，每年出版的各种专业会议录达 3000 余种。

2. 会议文献的特点

会议文献的特点是传递情报比较及时，内容新颖，专业性和针对性强，种类繁多，出版形式多样。它是科技文献的重要组成部分，一般是经过挑选的，质量较高，能及时反映科学技术中的新发现、新成果、新成就以及学科发展趋向，是一种重要的情报源。

3. 会议文献的类型

会议文献按出版时间划分，可分为会前、会中和会后文献 3 种。

（1）会前文献包括征文启事、会议通知书、会议日程表、预印本和会前论文摘要等。其中预印本是在会前几个月内发至与会者或公开出售的会议资料，比会后正式出版的会议录要早 1～2 年，但内容完备性和准确性不及会议录。有些会议因不再出版会议录，故预印本就显得更加重要。

（2）会中文献有开幕词、讲话或报告、讨论记录、会议决议和闭幕词等。

（3）会后文献有会议录、汇编、论文集、报告、学术讨论会报告、会议专刊等。其中会议录是会后将论文、报告及讨论记录整理汇编而公开出版或发表的文献。

4. 会议文献的出版形式

会议文献没有固定的出版形式，大体可分为以下几种形式：

（1）图书。常用会议名称作为出版物名称，并加以会议的届次，多半由召开会议的学会、协会及商业性出版社定期或不定期出版，如会议的论文集、会议丛刊、丛书等。

（2）期刊。由许多学会、协会的专业期刊出版专辑、特辑，或定期、不定期地刊载部分会议论文，如 SAE、IEEE 的汇刊等。据统计，以期刊形式出版的会议录约占会议文献总数的 50%。

1）科技报告，如美国的四大报告就包含了相当数量的会议论文。

2）录音带或录像带。

3）缩微品。

6.5.2 会议文献检索

为更好地利用会议文献，一些国家出版有各种会议文献检索工具或建立数据库，下面简单介绍几种常用检索工具。

1. 预报会议消息的检索工具

（1）《世界会议》（World Meetings）。预报两年内将在世界各地召开的国际学术会议。

（2）《未来国际科技会议预报》（Forthcoming International Scientific and Technical Conference）。英国专业图书馆与情报机构联合会出版，预报四年内国际与英国的科技会议。

2. 已版会议文献的检索工具

（1）《会议论文索引》（Conference Papers Index）。

（2）《科技会议录索引》（Index to Scientific Technical Proceedings，ISTP）。

《科技会议录索引》是美国费城科学信息研究所编辑出版的综合性科技会议文献检索刊物，1978年创刊。它涉及学科范围广，包括：生命科学、临床医学、物理学、化学、工程技术、应用科学、生物学、环境科学与能源科学等；报道会议数量大，目前每年报道的会议有4000多个，报道会议论文20万篇左右，约占每年主要会议论文的75%以上；每条记录均指出索取原文的线索，如会议录的书名或丛书名及卷号、书号，会刊的名称、年卷期和页码，订购地址和订购号等。该刊在国际上占有显著地位，是检索正式出版会议文献的主要检索工具，在我国学术界得到广泛重视，并作为文献收录评价依据的四大检索系统之一。

（3）《在版会议录》（Proceedings in Print）。

（4）收录部分会议文献的文摘杂志，如CA、BA、EI、SA等。

（5）学会、协会的出版物索引，如Index to IEEE Publications等。

3．中国学术会议论文全文数据库（PACC）

该数据库由万方数据股份有限公司提供，是国内唯一的学术会议文献全文数据库，主要收录1998年以来国家级学会、协会、研究会组织召开的全国性学术会议论文，每年涉及600多个重要的学术会议，每年增补论文15000篇，数据范围覆盖自然科学、工程技术、农林、医学等领域。该平台为收费网站，其网址为http://c.wanfangdata.com.cn/Conference.aspx，向用户提供高级检索、经典检索、专业检索等检索方法。

6.6 政府出版物

6.6.1 政府出版物概述

政府出版物（Government Publication），又称官方出版物，是各国政府及其所属机构颁布的文件，包括书、期刊、小册子、影片、磁带以及其他声像资料等，如政府公报、会议文件和记录、法令汇编、条约集、公告、调查报告等。它所包括的内容范围十分广泛，几乎涉及整个知识领域，但重点主要在政治、经济、法律、军事、制度等方面。政府出版物具有正式性和权威性的特点，对于了解各国科学技术发展状况具有独特的参考价值。

1．政府出版物分类

政府出版物主要包括行政性文件和科技性文献。前者包括政府报告、会议记录、法令、条约、决议、规章制度、普查统计资料等；后者包括科研报告、科普资料、科技政策、技术法规等。政府出版物反映政府机构的活动，反映官方的意志和观点，大部分是政府在决策和工作过程中产生的文献，是一种完成任务的报告，或者是研究某一地区、某一国家或某一问题的成果，它往往提供原始的资料数据，也是宣传政策、报道科研进展、普及知识的工具。政府出版物从基础科学、应用科学到人文社会科学，内容广泛翔实，是了解各国科技发展水平、政治经济状况及各项政策的权威性官方文献，是重要的情报源之一。

2．美国政府文献分类系统

美国政府文献的分类，采用专门的《美国政府出版物分类表》。这一分类体系是在19世纪90年代创立的，目前使用的基本上仍维持着原来的框架。

美国政府出版物的分类号称为“管理局文献分类号”（Superintendent Documents Number, SU.Doc.）。

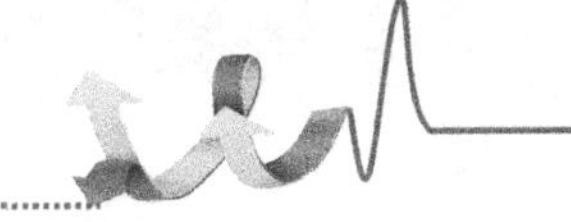

分类号由拉丁字母、阿拉伯数字和标点符号三部分组成。

分类号的第一部分为 1 至数个拉丁字母，代表出版文献的美国各政府部门英文名称的首字母。

例如，Agriculture Dep.（农业部）A

分类号的第二部分的数字和第三部分的标点分别表示部门的下辖机构与文献类型。例如，“A17.22”，其中“17”表示农业部下属的国立森林图书馆，“22”则表示该馆出版的手册，指南等。“17. 22”后面的冒号“：”为区分符号，在它之前的标记表示文献的出版部门与类型，在它之后的数字则通常表示卷号、期号或年份等。

6.6.2　政府出版物的主要手工检索工具

1．国内政府出版物

查找国内最新的政府出版物，使用《国务院公报》，这种小册子约每周一期。若要回溯性查找，可使用书本式的检索工具《中华人民共和国法律及有关法规汇编》和《中华人民共和国法规汇编》。

2．《美国政府出版物目录月报》（Monthly Catalogue of U. S. Government Publications）

《美国政府出版物目录月报》是美国政府出版局下辖的文献管理局编辑出版的月刊，是检索美国政府文献的主要检索工具。报道了约 220 个美国政府部门的出版物，其文献内容涉及各个方面，既有印刷型，也提供机读磁带型。

6.6.3　政府出版物的网上检索

1．中国政府信息网上检索

目前几乎所有的国家级政府机构及各级地方政府都开通了相关网站，中国的政府上网工程自 20 世纪 90 年代末期启动。面对丰富的网上政府信息，要进行准确的检索也需要借助相关检索工具。目前专业提供我国政府信息检索服务的平台或专业搜索引擎还比较少，一般可以利用一些综合性的搜索引擎（如百度等）来检索有关政府的各种动态新闻，国家重大政策、法规的变动等信息。还有许多综合性网络信息门户网站（如搜狐、新浪等）的分类导航体系中均有相关类目，提供对政府与国家机构网络资源的分类链接。

1999 年，政府上网工程主站点（http://www.gov.cn/）开通运行。目前它已发展为中国电子政务导航和服务中心（http://www.govonline.cn/），通过该网站主页，用户可系统地浏览查找政府机构网站索引或按地域查询政府网站。

2．联合国出版物与文献信息的网上检索与获取

联合国也是一个庞大的文献出版机构，在其 50 多年的历史中生产、出版了成千上万的各类文献（研究报告、会议记录、决议、政府函件等）。其出版物数量众多，内容主要涉及国际政治、国际经济、贸易及裁军、环境、人权、国际法、维和等。可通过联合国哈马舍尔德图书馆（Dag Hammarskjold Library—DHL, URL: http://www.un.org/Depts/dhl/）查询。

3．美国政府信息及出版物检索

目前，世界范围内的许多国家都设有专门机构负责政府出版物的发行工作，如美国政府

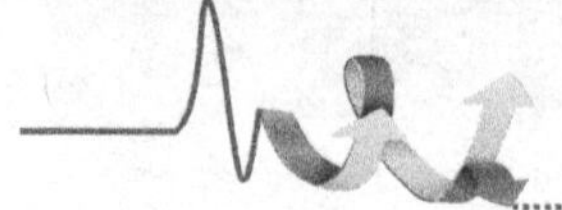

出版局，英国皇家出版局等。美国政府出版物（U. S. Government Publications）是世界上公开出版发行，数量最大，内容最丰富的政府出版物。它由联邦政府及其各委员会、局、署、院等编制发行，每年生产、出版的文献超过 10 万种。其内容十分庞杂，涵盖法律法规文件、法庭审判记录、听证记录、委员会报告、统计报告、调查报告、章程、专利、会议文献等，涉及法律、经济、贸易、军事、科学工程技术、农业、医药卫生等多个领域。此外，美国政府出版物采取多种载体形式，包括小册子、图书、期刊、图表、数据库、政府网站等。美国政府出版局文献管理处（GPO Superintendent of Documents）是美国政府出版物的发行机构。网上查询美国政府出版物信息主要通过 GPO Access（http://www.access.gpo.gov）。

6.7 科技档案

6.7.1 科技档案的概述

1959 年 12 月，我国在大连市召开了一次技术档案现场会议。这个会议是一个转折点，在会议以前，我国对科技档案的认识基本上处于感性认识阶段，没有形成科技档案的科学概念，而是笼统地称为“技术资料”。1980 年全国科技档案工作会议讨论和制定了《科学技术档案工作条例》，下了明确定义。所谓科技档案（Technical Records）是指保存备查的直接记录和反映科技、生产活动的科技文件，是科学技术档案的简称。科技档案具备知识储备和依据凭证、情报和促进生产力发展和提高经济效益等功能。

1．科技档案的种类

科技档案按内容可以分为工业生产技术档案、农业科技档案、基本建设档案、设备档案、自然科学研究档案、医药卫生档案、自然现象观测档案、地质档案、测绘档案和环境保护档案等。

2．科技档案的特点

1）专业性。专业性是科技档案最突出的特点之一。科技档案的专业性特点集中表现在形成领域和内容性质两个方面。

2）种类和类型的多样性。种类的多元性和类型的多样性，是科技档案的又一明显特点。在各个档案门类中，以科技档案的种类最为繁多、类型最为复杂，呈现出多样化的鲜明性特点。以种类而言，由于科技、生产活动的多专业性，导致了它的伴生物科技档案在种类上的多元化。以类型而言，科技档案是所有一切种类的档案中，类型最为丰富多样的一种。

3）成套性。这是指围绕某一个独立的科研项目的进行，规律性地形成的一系列相关的科技文件整体。成套性是科技档案相对于其他档案最鲜明的特点。

4）现实性。科技档案的现实性特点是指它具有较强的现实使用性。相对于其他档案，如政务档案，科技档案的现实使用性在归档后仍然很强。

3．科技档案的分类法

1）工程项目分类法。它适用于基建档案、工程设计档案和建筑施工档案，以工程项目为分类单元。其特点是同一个工程项目的全部科技档案集中在一起，不突破工程项目界限，反映一个工程项目的全貌，便于按工程项目查找和利用有关的科技档案。

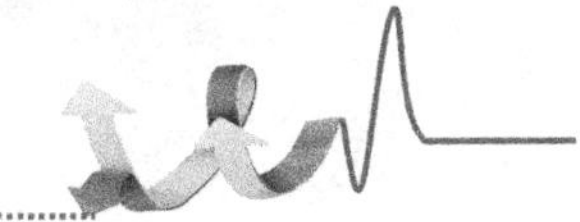

2）型号分类法。它适用于对产品档案和设备档案进行分类。以各个型号的产品或各个型号的设备为分类单元，划分科技档案的方法。其特点是同一个型号的产品或设备档案集中在一起，保持其完整成套，反映一个产品或一个设备的全貌及其内部组、部件之间的结构隶属关系，便于成套利用。

3）课题分类法。它适用于科研档案进行分类。它是在全部科研档案的范围内，以各个独立的研究课题为分类单元，划分科技档案的方法。其特点是便于实现一个研究课题档案材料的成套集中管理，能系统地反映出研究课题的自然进程，便于按课题查找利用。

4）专业分类法。它是按科技档案所反映的专业性质进行类别划分的方法。多适用于其对象和内容标准化、通用化或互换性较强的科技档案，适用于从专业角度利用科技档案的企、事业单位。特点是相关的科技档案材料专业性质集中，便于从专业角度查找、利用。例如，土建、结构、暖通等。

5）地域分类法。它是根据科技档案内容所反映的地域特征划分其类别，使其在内容和形成方面具有鲜明的地域特征。

6）时间分类法。它是按照科技档案形成时间或档案内容所反映的时间特征进行类别划分的方法。便于从历史联系的角度纵向分析研究相关时间内的气象、水文等规律。

4．科技档案的检索方式

检索方式是指档案信息检索系统操作和运行的方式，可分为文献单元方式和标志单元方式。文献单元方式又称顺检方式、顺排档，它是以一份档案文献为单元进行存储和检索，一份档案著录一个条目，并按检索标志的顺序排列。查到检索标志即可找到条目中所记载的有关档案信息。标志单元方式是以一个检索标志为单元，指明含有该标志的全部文献。检索时先在标志卡中查找与检索课题相关的标识，查到文献号后再到文献题录卡中查找具体的档案条目。手工检索系统大多采用文献单元方式，计算机检索系统采用的往往是标志单元方式。检索方式的不同决定了系统中档案信息的排列方式，要求有相应的检索设备与之相配合。

6.7.2 科技档案的检索工具

档案的检索工具有分类目录、主题目录、专题目录、责任者目录、全宗指南、专题介绍、档案存放地点索引等。其中分类目录、主题目录、专题目录、全宗指南（全宗为一个国家机构、社会组织或个人形成的具有有机联系的档案整体）等检索工具是最重要的。按其形式分为卡片式、簿册式等。

随着计算机技术的飞速发展，科技档案出现电子化。电子科技档案的出现是档案工作走上现代化的重要标志，目前档案信息网络检索工具有：

1．科技信息服务系统

中国科技信息研究所，各省、市科技信息研究所，隶属国务院各部委的专业信息所等国家科技信息服务部门在其门户网站上也提供了科技档案和科技文献的查询服务。例如：

中国科学技术信息研究所（国家工程技术数字图书馆）：http://www.istic.ac.cn/

浙江省科技信息研究院：http://www.istiz.org.cn/

浙江省建设信息港：http://www.zjjs.com.cn/

杭州科技信息门户：http://www.hznet.com.cn/

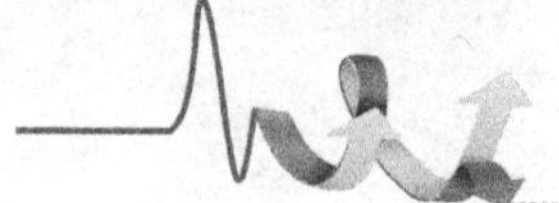

2．网络资源目录

许多著名网站的主页上，都提供有网络资源目录查询的方式，例如，中文雅虎主页目录上，就把网络资源分为14大类，大类下又细分为若干小类，要查找相关内容，可以通过层层单击得到所需要的信息。又如，如果需要查找“档案馆”方面的信息，我们可以在“新浪”的主页上找到“参考”，通过单击“参考”/“档案馆”/友情链接：北京市档案馆、上海市档案馆、南京大学档案馆、美国国家档案馆、加拿大国家档案馆等，单击你需要的档案馆，即可找到结果。例如：

中国国家档案局：http://www.saac.gov.cn/

中国档案网：http://www.chinaarchives.cn/

浙江档案网：http://www.zjda.gov.cn/

杭州档案：http://www.hzarchives.gov.cn/

杭州城建档案网：http://www.ccinet.com.cn/

3．虚拟档案馆

这是一种将互联网上的某一学科的各种资料进行汇总及分类的服务器。通过这种虚拟档案馆，检索者只需用鼠标在自己感兴趣的内容上轻轻一点，服务器就会自动与有关资料所在的网点进行链接，调出有关的资料。由于这些资料不是直接存储在该网站上，而是广泛分布在世界各地网站的服务器上，所以叫“虚拟档案馆”。这些档案馆内容相当广泛，专业化程度高，检索准确率高，但是许多资源往往要收费。

4．单元搜索引擎

单元搜索引擎的搜索范围仅仅是该网站的数据库，很多网站的搜索引擎都属于这种类型，如“新浪”、“搜狐”、“中文雅虎”、“首都在线”等。

5．多元搜索引擎

多元搜索引擎是将多个搜索引擎集成在一起，提供一个统一的检索界面，且将一个检索提问同时发送给多个搜索引擎，检索多个数据库，再经过聚合、去重之后，输出检索结果。其最大优点是省时、简便、检索全面。例如，“网址之家”的搜索引擎就属于多元搜索引擎，同时链接了“新浪”、“搜狐”、“雅虎”、“3721”等8个搜索引擎，只要在检索口一次输入检索词，就可以同时打开8个窗口，检索到8个网站的数据库。

6.8 产品资料

6.8.1 产品资料概述

1．产品资料定义

产品资料（Product Literature）是指国外各厂商为推销产品而印发的出版物，包括产品样本、产品目录、产品说明书、厂商介绍、厂刊或外贸刊物和技术座谈会资料等。它图文并茂，形象直观，出版发行迅速，多数由厂商免费赠送。产品资料反映的技术一般较成熟、可靠，是进行技术革新、试制新产品、设计工作、订货工作不可缺少的技术资料。

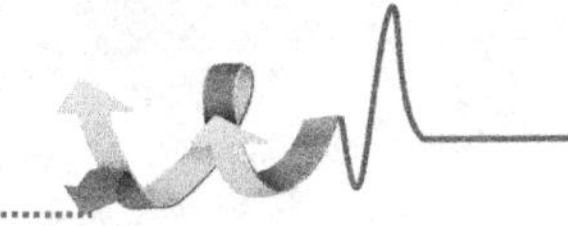

2．产品资料特点

产品资料是科技文献的一种类型，与其他类型文献资料相比有以下特点：

1）内容具体。作为一种推销产品，一般都属于业已成型的产品，能反映成熟技术，提供成熟的技术情报，介绍的内容比较具体，如既附有产品的外形图，又标有产品的技术特点和性能、应用范围和使用方法等说明。

2）及时性。产品一经投产或即将投产，其样本就立即发行，所提供的信息一般早于其他形式的出版物。

3）动态性。产品资料时效概念强、周期短、动态性突出。这有利于及时搜集新产品的资料，掌握新技术、新产品的信息动态。

4）全面性。从产品资料的总体上看，其内容包罗技术领域的各方面，能提供完整的信息，如厂商概况、生产背景、产品介绍、应用情况、作业特点、使用指导、购买方式、专家鉴定、用户评论和联络机构等。

6.8.2　产品数据库介绍

1．国内产品数据库

目前国内有《中国企业与产品数据库》《中国公司、企业及产品数据库》《全国化工产品数据库》《福建省机电产品数据库》《河北省机械工业产品数据库》等。

2．全球产品样本数据库（Global Product Database, GPD）

全球产品样本数据库（GPD）由科技部西南信息中心·重庆尚唯信息技术有限公司研制开发，是我国第一个上规模的、深度建设的产品样本数据库。GPD 收录了丰富的产品样本数据，包括：企业信息、企业产品目录、产品一般性说明书、产品标准图片、产品技术资料、产品 CAD 设计图、产品视频/音频资料等。

全球产品样本数据库（GPD）将收录全球 10 万余家企业的产品样本数据，已收录 1 万余家企业 50 余万件产品样本，其中欧美企业产品样本收录 35 万余件，世界工业 500 强企业产品样本收全率达到 80%以上。

案　例

【案例】如何检索中国有关“数字照相机”的专利产品。

（1）分析课题。分析课题内容后发现，本课题实际上检索的关键词就是“数码照相机”或“数码照相机”，其对应的英文为“digital camera”。

（2）检索中国专利。登录中国专利信息网 http://www.patent.com.cn/。

单击右上方的“专利检索”，进入专利检索界面。

选择第一个检索词“数字照相机”，检索字段“发明名称”。

选样第二个检索词“数码照相机”，检索字段“发明名称”。

选择逻辑算符“or”。

单击“检索”按钮，出现检索结果，单击“名称”链接，即可查阅该专利的详细信息。

（3）检索美国专利。在互联网上有三家机构的 Web 服务器提供免费的美国专利数据库：

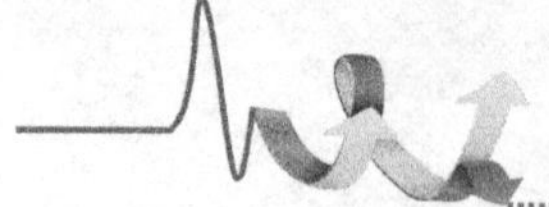

一是美国专利与商标局的服务器，网址为 http: //patents.uspto.gov; 二是法国 Questelorbit 联机公司的美国专利服务器，网址为 http: //www，qpat.com; 第三家是 IBM 公司的专利服务器，网址为 http://www.patents. ibm.com。这 3 个服务器提供的美国专利数据库各有特点。

这里登录 http://patents.uspto.gov 检索本实例。美国专利与商标局首页如图 6-37 所示。

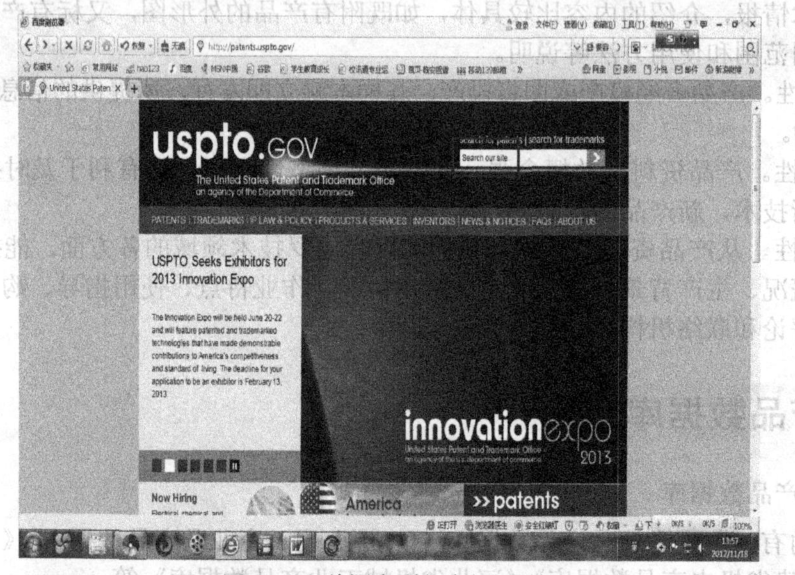

图 6-37　美国专利与商标局首页

单击右上方的“Search for Patents”进入检索界面，如图 6-38 所示。

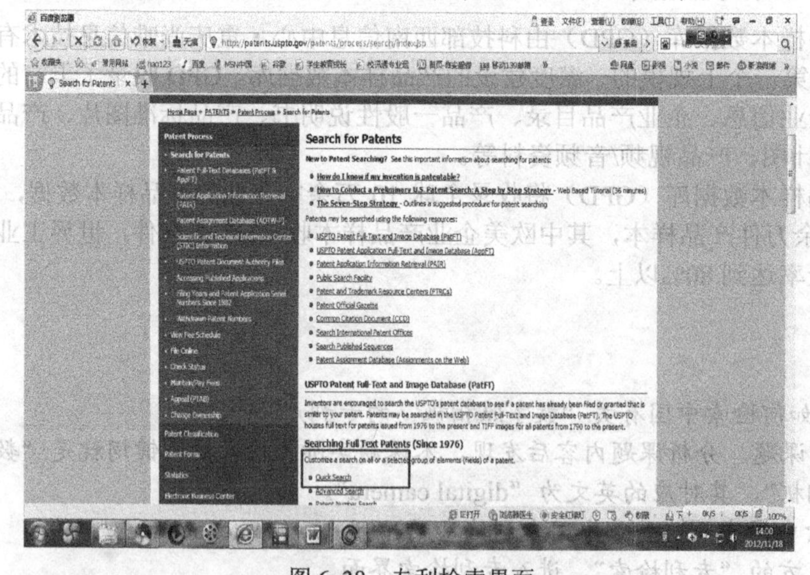

图 6-38　专利检索界面

单击“Quick Search”进入检索主界面，如图 6-39 所示。

选择检索字段为“Title”，输入检索词“digital camera”，单击“Search”，出现 734 条检索记录，单击任意一条记录，就可查看该专利信息。用同样的方法可查看其他国家的专利信息。查看专利信息页面如图 6-40 所示。

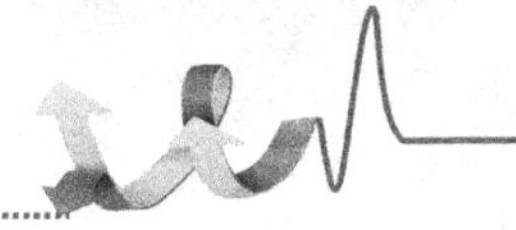

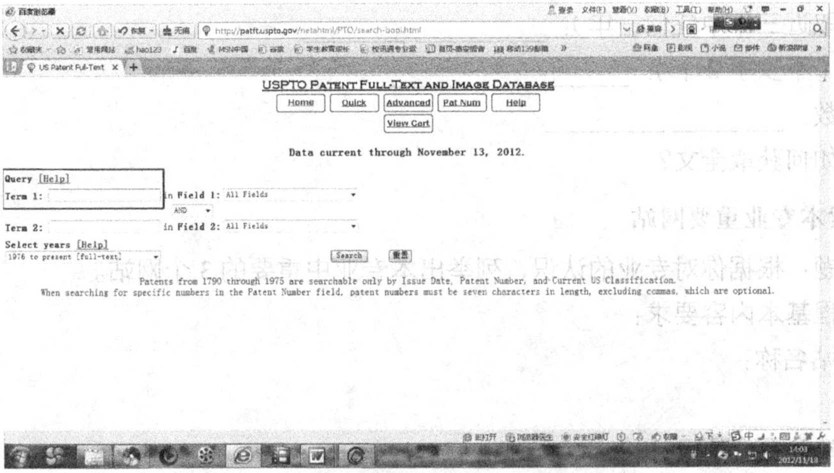

图 6-39　专利检索主界面

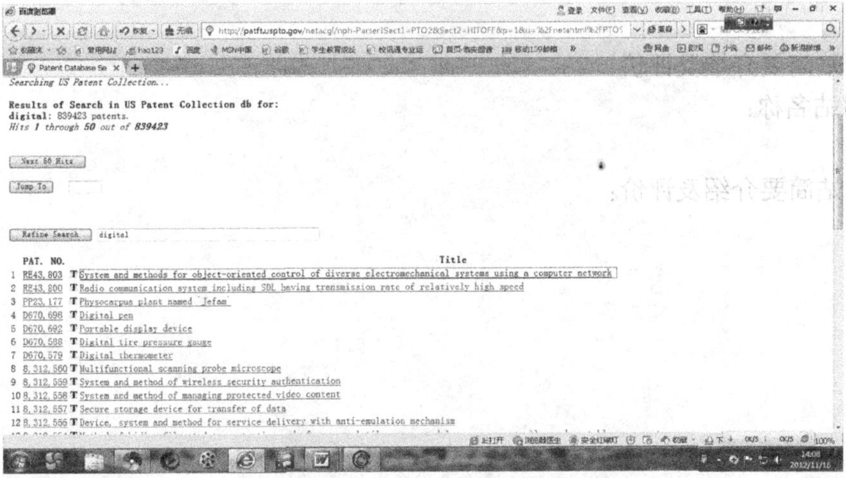

图 6-40　查看专利信息页面

本 章 小 结

通过对各种特种文献的基本知识以及检索方法的介绍，并着重对标准文献和专利文献进行了详细阐述。在常用的特种文献检索数据库介绍中，以实例对数据库检索的步骤进行说明，使文献检索的基本步骤更加清晰化。

练 习 题

1．中文全文检索

检索课题：自定义检索主题，利用各种数据库资源，从中选择一种数据库进行全文检索。

检索过程基本内容要求：

数据库：＿＿＿＿＿＿＿＿＿＿

年限（取近三年中任何一年）：________________

关键词（不少于 2 个）：________________

检出篇数：________________

叙述：如何获取全文?

2．检索本专业重要网站

检索课题：根据你对专业的认识，列举出本专业中重要的 3 个网站。

检索过程基本内容要求：

（1）网站名称：

网址：

对该网站简要介绍及评价：

（2）网站名称

网址：

对该网站简要介绍及评价：

（3）网站名称：

网址：

对该网站简要介绍及评价：

第7章 信息分析与毕业实习报告撰写

学习目的：信息分析是根据特定问题的需要，对大量相关信息进行深层次的思维加工和分析研究，形成有助于问题解决的新信息的信息劳动过程。在校大学生应具备良好的信息分析能力，为自己撰写毕业实习报告打下良好基础。通过本章学习，了解信息分析步骤，熟悉信息分析的主要方法，感知文献综述以及文献综述（论文）的撰写步骤，学会撰写毕业实习报告等实用性文稿。

7.1 信息分析

20 世纪 80 年代以来，由于第三次信息技术革命的推动和知识经济的勃兴，人类逐步发展到信息社会阶段。回顾 30 多年的发展历程，信息革命带来的是全方位的变革。当今时代事事、时时都处于快速变化之中。可以通过以下几个数字来感受一下以知识经济为显著特征的信息社会，已经成为社会发展的一种无法抗拒的趋势。据专家估计，20 世纪 40 年代以来，产生和累计的信息量已大大超过了在此之前人类有史以来的所有信息之和。19 世纪以来人类知识信息量每 50 年增长一倍，20 世纪中叶每 10 年增长一倍，70 年代以后每 5 年增长一倍。在面对呈几何级数增长的信息数量时，许多国家在以“国情咨文”、“白皮书”、“蓝皮书”等形式表述对 21 世纪高等教育发展趋势关注中，特别强调，在人才培养上，要更加注重素质和能力的培养，特别是创新能力、信息能力的培养。

7.1.1 信息分析概述

1. 分析定义

（1）本书“分析”的含义。在一般场合下，“分析”是指与“综合”相对应的哲学范畴，如分析化学中的“分析”，表明了一种和综合相反的科学追求，一种不断细分的趋势；分析哲学中的“分析”表明的是哲学上的一种追求，是哲学上的分解。

本课程中，“分析”一词与常识性的概念有所区别。这主要表现在，它在与“信息”或

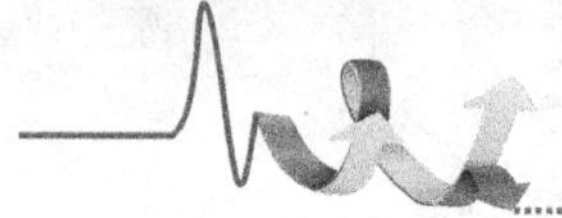

“情报”一词搭配使用时，其准确的、方法论的概念是“系统分析”（System Analysis，SA），它和传统的着眼分解和单个认识事物的“分析”不一样，其核心是通过揭示复杂对象各组成部分的内在联系，研究和认识作为完整系统的整体。因此，在方法和操作上的主要特征是，它着眼于对象的整体性、相关性和结构性的分析。

信息分析是从总体上进行系统分析，也就是从客观上把握对象，它与单纯从微观上操作是不同的，但不排除信息分析在某一阶段、某个局部范围内或工作中的某一环节上去从事辨析、辨识和分辨，甚至是信息分离的工作。

（2）什么是信息分析。首先，看一看有关的一些代表性说法。注意下面引文中所用“情报研究”一词的含义，相当于本书所用的“信息分析”这一术语，这一点后面还要说明。

武汉大学的正式教材中认为：“情报研究是针对用户需要或接受用户委托，制订研究课题，然后通过文献调查和实情调查，搜集与该课题有关的大量知识和信息，研究其间的相互关系和作用，经过归纳整理、去伪辨新、演绎推理、审议评价，使科技知识得以系统化、综合化、科学化、适用化，以揭示事物或过程的状态和发展（如背景、现状、动态、趋势、对策等）。”

南京大学的正式教材中认为：“情报研究就是针对某个课题，从大量文献资料和其他各种有关情报中，经过分析、综合、研究，系统地提出有情况、有对比、有分析、有观点、有预测的情报研究成果，以供用户参考使用。”

有的专家认为，“对于科技情报系统的情报研究工作，在现阶段仍然主要是立足于有针对性地对科技文献中的和通过其他途径获得的情报信息进行分析、对比、判断、浓缩、综合，在此基础上提出综述或述评形式的研究报告，为各个层次的决策工作服务。”

在联合国教科文组织出版的手册中，指出信息分析中心承担的任务是：“①搜集与某一明确规定的专门主题范围有关的所有信息。②分析并评价这些信息。③将信息浓缩、储存在资料档、数据表和述评中，并通过近期文献速报服务、出版物和对咨询的答复，将其传送给用户。”

这样可以从以下几个要素来理解：

① 从成因来看，信息分析的产生是由于存在社会需求。

② 从方法来看，信息分析广泛采用情报学和软科学研究方法。

③ 从过程来看，信息分析都需要经过一系列相对程序化的环节。

④ 从成果来看，信息分析是形成新的增值的信息产品。

⑤ 从目的来看，信息分析是为不同层次的科学决策服务的（信息分析基础、方法级应用）。

2．信息分析素质结构

（1）两类知识。从大的概念范畴来讲，知识分为能明确表达的知识和不能明角表达的知识。其区别从表 7-1 中可以大致看出。波兰学者 M·坡莱尼（Polanyi）集中研究过不能明确表达的知识，提出过“Tacit knowledge”（意会的知识）的概念。一些学者认为，知识的极高处充满智慧，这些绝大部分是难以用逻辑来了解的。为了表达或传递这种智慧，他们往往不用观念而用引喻，不用逻辑而用象征，不用思考而用体验，不用分析而用领悟，不用梳理而用直观。有人将这些称为象征式语言。

学习如何进行信息分析，既离不开能明确表达的知识，也涉及不能明确表达的知识，这是由信息分析包含有创造性劳动的成分所决定的。因此，尽管书中已明确写出的信息分析方法是必须的和重要的，但还并不是所需知识和方法的全部。

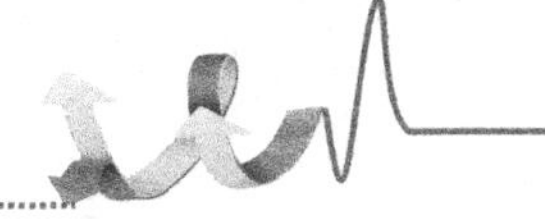

表 7-1 不能明确表达的知识和明确表达的知识[①]

<table>
<tr><th>不能明确表达的知识（通过生活体验到的）</th><th>明确表达的知识（通过学习得到的）</th></tr>
<tr><td>特点
未被系统化的
个人的
经验性的
没有阐明的
涉及完形心理过程的引导性的，可用以说明在一种科学或一门艺术中的熟练技巧的对人理解事物来讲是基本的，而又主要是靠世代相传而积累的作为一切知识的不可缺少的部分的能解决柏拉图提出的佯谬的[②]</td><td>特点
被清楚地表达出来的
公共的
客观的
可用言词、图表、公式、符号
表达的
逻辑性的
具有清晰文化背景的事实
如果背离了不言而喻的那些知识，就会成为谬误来源的</td></tr>
<tr><td colspan="2">“我们所知道的，多于所能讲出来的”
“我们知道并能表达出来的，就被认为是真的”
我们必须相信我们所理解的”
“不能明确表示的知识包括：①因事而定的常识。②科学家们凭借接近目标的感觉而追索前进的能力。③对最后得到的发现所具有的尚不能确定的含义，持有的某种有根据的期待。”</td></tr>
</table>

① 马歇尔-坡莱尼：《信仰和社会》（1946）；《人本知识》（1958）；《对人的研究》（1959）；以及《不能明确表示的方面》（1966）。

② 柏拉图宣称：如果所有的知识都是明确表述的，那么寻求问题答案的举动就是愚蠢的；原因是要么你自己知道寻求的是什么，而这样问题本身就不会存在；要么你不知道寻求什么，而那样你也就不能期待什么结论。柏拉图本人对这个佯谬的回答是所有的发现都源于对过去生活的反省。

（引自：R.M.克朗：《系统分析和政策科学》）

（2）两类思维。从大的概念上区分，存在两种基本的思维方法：发散性思维和收敛性思维。

1）发散性思维是指非习常性的、无规范的甚至是无规律可循的思维形态，如跳跃式的联想和想象、灵感、直觉等。解决无路可循的新问题或难题需要这种思维，化无路为有路，化无关为有关。有时也将这种思维称为求异思维、创造性思维。

英国科学家 w.I.B.贝弗里奇在《科学研究的艺术》（原版 1961 年，中文版 1979 年）这一名著中对科学史上许多重大事例进行分析，阐述了科学研究中发散性思维的重要性，指出科学发现必须依赖发散性思维，他因而在书名中特别用了“艺术”（Art）一词。

2）收敛性思维是指诸如逻辑推理、数学演算等，是按一定规则的归纳或演绎，是解决常规问题的基本思维方式。其特征是有可靠的程序，一步一步解决。

两种思维的区别以及其运用的本领导致了普通专家和出色专家之间的差异。前者往往只是解决常规问题的能手，依靠的是收敛性思维方式；后者则不仅需要解决常规问题，更重要的是他能解决不常见的甚至只是偶然出现的特殊问题或重大难题，在解决后一类问题时，他必须依靠发散性思维方式。目前的发展趋势是，可以把越来越多的收敛性问题交给计算机专家系统（ES）解决。

发散性思维和收敛性思维是相辅相成的。信息分析既需要发散性思维，也需要收敛性思维，两者缺一不可。在解决问题时，往往先靠发散性思维得出各种各样的可能性假设或设想，再依靠收敛性思维进行具体的信息加工分析，得出明确的结果。

（3）三类方法。按照方法的性质，信息分析的方法既有定性的，也有定量的。在定性方法和定量方法这两大类方法之间，还有可称之为拟定量（或半定量）的一类方法。

从社会科学发展过程看，开始主要依赖定性方法，后来对定量方法特别重视，这种转变明显发生在第二次世界大战之后，定量化趋势已成为第二次世界大战后社会科学最主要的特征之一。

美国科学家 D.贝尔在《第二次世界大战以来的社会科学》一书中列举的统计数字表明，第二次世界大战后社会科学重大成果有 62 项，其中约 2/3 属定量研究的成果。一方面，定量

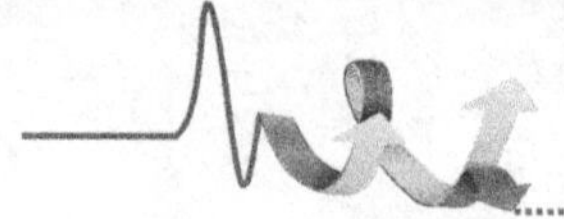

化方法使社会科学的许多领域，包括一些古老的学科（如历史学）面目一新，出现了不少新的学科分支和方向，取得了很大的进展，定量化趋势还在发展之中；但另一方面，在这种趋势面前，也出现了一种错误的倾向，即认为：只有定量才是科学的，过分迷信定量方法的作用，而看轻了科学中的人文主义。

20 世纪 60 年代以来，科学界和思想界对这种片面的倾向进行了普遍的反思，认为仅有定量是不可能解决全部问题的。例如，计量经济学家认识到光靠经济数学模型来解释经济问题是不够的。20 世纪著名经济学家熊彼特曾说过：不要拿着玩具式的步枪（指定量模型）跳进实战的战壕。在心理学领域中，最新发展起来的人文主义心理学认为：对于活生生的人，不能光靠计算机数据来分析和说明人的心理，必须回到人本主义的立场。

总之，科学方法的运用趋势从定性奔向定量，又在更高层次上出现了定量到定性的回归。这不是简单地对定量方法的否定，而是认识到把定量作为必需的、辅助的重要方法手段，其作用是有一定限度的。

下面以模型方法为例，说明定性方法和定量方法各有其价值。

模型（Model）是塑造实在的工具。建立模拟实在对象的模型，从模型研究入手，可以更方便、更深入地展开分析，得出规律或结论，因此，模型方法是一种重要的研究手段。模型的类别很多，主要有以下三类：

1）逻辑模型。该模型用于模拟和表达对象之间的逻辑关系。例如，电路的逻辑图说明电路如何工作；计算机程序的逻辑框图表达如何执行软件程序，计算机如何实现某种功能等。电路设计和编制软件都依赖这种逻辑模型。

2）类比模型。该模型用于模拟和说明对象的结构关系、功能关系等。例如，原子物理学中的原子模型是用太阳系模拟原子的内部结构；目标关联树模型是用树状图来说明目标分解的关系。

3）数学模型。该模型用数学公式或函数关系等表达对象之间的量化关系。例如，本书时间序列模型和回归模型都是建立某种数学模型。

显然，数学模型是定量的，逻辑模型和类比模型是定性的，它们各有各的用途。而任何模型的建立，都离不开理论思维和分析。

7.1.2 信息分析步骤

信息分析是一项流程化的工作，每一个环节都是在前一环节完成的基础上进行的。

1. 确定选题

选题是信息分析活动的重要环节，它主要任务是确定信息分析的目标与研究对象。一般从以下几方面入手。

（1）界定研究范围。研究范围原则上是从大范围着手，再逐渐缩小到特定的主题。研究主题多从阅读相关文献中得到启发。研究的范围应大小适中，切忌广大。范围越大，材料越多，越难以组织。

（2）明确研究对象。研究对象的确定主要从“人”、“事”、“物”、“时”、“地”这几个方面考虑。

（3）确定研究课题。在确定研究主题时，为避免研究的疏漏，研究者可以从“who”、“what”、“how”、“where”、“when”等 5 项指标去加以明确，使锁定的主题能严谨可行。

（4）立题新颖、实用。

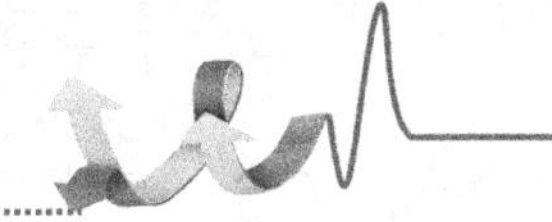

（5）兼顾经济效益和社会效益。

2．收集信息

任何研究的问题，都要进行信息收集和分析。信息收集包括文献信息和非文献信息的收集，可采取观察法、调查法、体验法、阅读法、视听法以及检索工具法等。根据具体的目标需求，可以确定某种适用的方法，但要尽可能综合几种方法，来弥补某一种方法的局限。文献信息主要从文献数据库和馆藏信息系统中获取，非文献信息包括口头信息、实物信息和智力信息，这类信息主要通过实际调查获取。

实际调查又称社会调查，主要包括参观考察、访问调查、参观、访问、样品搜集等活动，既包括对人的访问，也包括对实物、现场的实地考察。实际调查是信息分析搜集掌握素材的重要途径，也是提高信息分析效果的有力措施。

3．甄别信息

（1）素材整理。素材整理包括形式整理和内容整理两个层次。

（2）素材鉴定。素材鉴定包括判断素材的可靠性、先进性和实用性。

1）可靠性。素材的可靠性一般包括真实性、完整性、科学性、典型性等方面的含义。素材有文献信息、实物信息和口头信息等，要分别进行判断。

2）先进性。衡量信息的先进性，应注意时间和空间这两项指标。时间上主要是指信息内容的新颖性，即在此之前从来没有披露和报道过这一内容的信息。在空间上则分为多种级别，如世界水平、国家水平、地区水平等，素材的先进性主要表现在：在同类领域中提出新理论、新原理和新概念，或者在原有的基础上有新发现；在同一原理的基础上创造新方法、新工艺和新技术；在原有的实践基础上发现新事实、新现象，并提供新的数据和实验结果；对原有技术和方法在不同领域、地区有新的应用，取得良好的经济效果和社会效果。

3）适用性。素材适用性是指信息对于接受者可利用的程度。信息的可靠性和先进性是适用性的前提。判断素材的适用性，是要将信息提供方和使用方的政治、经济、科技、文化、自然资源等各方面的情况加以比较，找出异同，最终形成自身观点。

4．实施信息分析

实施信息分析是信息分析的核心步骤。通过对收集的信息进行鉴别、归纳综合和提炼加工，通过定性和定量的方法，提出观点，得出结论，形成新的增值信息。

5．撰写分析报告

信息分析得出的总结、汇编、结论、意见和建议等必须形成相应的文字、作品及产品，同时须听取有关专家和用户意见，以提高使用价值。

7.1.3 信息分析主要方法

前面已经提到信息分析的主要方法是定性分析和定量分析。

1．常用的定性分析方法

定性分析法主要是分析、综合、相关与对比、归纳与演绎等各种逻辑学方法。研究方法是根据社会现象或事物所具有的属性和在运动中的矛盾变化，从事物的内在规定性来研究事物的一种方法或角度。它以普遍承认的公理、一套演绎逻辑和大量的历史事实为分析基础，

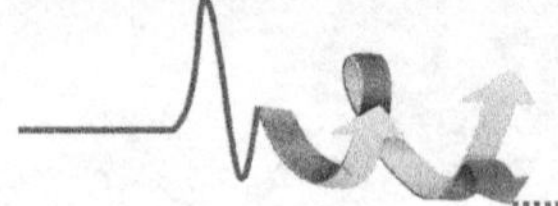

从事物的矛盾性出发，描述、阐释所研究的事物。进行定性研究，要依据一定的理论与经验，直接抓住事物特征的主要方面，将同质性在数量上的差异暂时略去。

定性研究有两个不同的层次，一是没有或缺乏数量分析的纯定性研究，结论往往具有概括性和较浓的思辨色彩；二是建立在定量分析的基础上的、更高层次的定性研究。在实际研究中，定性研究与定量研究常配合使用。在进行定量研究之前，研究者须借助定性研究确定所要研究的现象的性质；在进行定量研究过程中，研究者又须借助定性研究确定现象发生质变的数量界限和引起质变的原因。常用的定性分析方法有：

（1）判断。建立在最高管理者提出的意见和建议基础上，这种方法依赖于这支团队的经验、才能和直觉。如果管理层面正确决策的业绩记录保持良好，这种方法是很有价值的。但有时它也反映出了一种“象牙塔”里的观点，这些人将他们自己隔离起来，根本不知道在广大的员工和顾客中间，到底发生了什么。一般来说，管理人员在经理办公室里待的时间越少，与员工和顾客保持越密切的联系和交往，这种方法所造成的危险就越小。

（2）专家意见。这种方法建立在企业外部顾问的专业知识基础上，能为管理当局带来高度专业化和有价值的帮助。对于那些已经采取的、有可能出现问题的行动，管理当局可以聘请这样的顾问在公司里进行日常业务的咨询。

（3）市场调研

1）估计。这主要用于销售人员调查市场信息，这种信息来源能够带来很大的价值，因为销售人员一般说来是最接近顾客的。这种方法对于那些产品生命周期短、技术更新快的行业尤为重要。

2）顾客调查和市场测试。直接从顾客那里收集信息，了解消费者的偏好。市场测试意味着成功的经验不可信，权威的理论不可行。

（4）小组讨论。这是由小组作出决定。小组的所有成员，都必须就单一的决定达成共识（即提出一个人人都可接纳的方案）。当这种方法发挥作用时，它常常显示出团队的内聚力，该方法建立在小组成员平等、和谐的氛围中。

（5）集合意见法。将每个人的估计值相加，然后得出一个平均值。这种方法的关键是：每个人的估计值都有相同的权重。因此，这种方法被看做是“民主”的方法。如果每个人的意见按其重要性给予不同的权重，就可能得到更准确的估计值，这也是集合意见法的一种。

（6）德尔菲法。这是集合意见法的一种变异形式。每个参与者递交他们的个人估计值，然后审查其他参与者的估计值。这样，他们就会照顾到不同意见而重新考虑和修改他们的原始数值。参加者应该背对背，不能相互碰面。一般的，他们把预测值邮寄或送到组织者手中，由组织者汇总各人的看法后再返还给他们。他们可以在不受别人干涉的情况下，客观地分析手中的数据。这样反复几次，答案就会趋于一致。从这种意义上来讲，它可以被看做小组讨论和集合意见法的混合体，综合了上面两种方法的长处。

2．常用的定量分析方法

定量分析是借助于经济学、数学、计算机科学、统计学和概率论以及帮助决策的决策理论来进行逻辑分析和推论。

信息分析的定量研究方法强调对数据的分析，通过建立数学模型等可重复检验的手段表达数据的内涵，从而保证信息分析活动成为建立在可靠基础上的科学研究活动，它是一种高度抽象的方法。其过程可以分三步：精确的数量值代替模糊的现象；依据数学公式导出精确的数量结论；将结论的数量形成解释直观性质。常用的定量分析方法有：

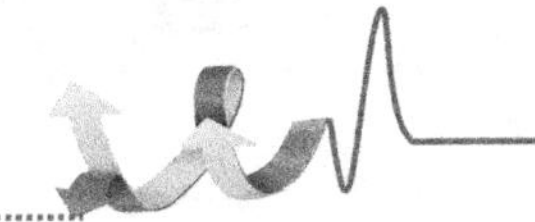

（1）社会调查法。社会调查方法是收集、处理和研究社会信息的基本方法。通过这个方法人们可以认识到社会现象和社会问题。其具体方法有普遍调查、典型调查、重点调查、抽样调查和个案调查。

（2）统计分析法。统计分析方法是指主要运用于抽样调查方法中，包括两方面的内容：统计描述和统计推论。统计描述可分为单变量统计描述和多变量统计描述；统计推论方法是概率分析法。

（3）预测分析法。预测分析方法可分为定量分析法和定性分析法。定量分析法中又可分为时间序列法和因果关系分析法。

1）定性预测方法。定性预测方法，也称经验判断法。它是由预测者根据已有的历史资料和现实资料，依靠个人经验和综合分析能力，对预测对象未来的发展变化趋势作出判断，并以此为依据作出预测。这类预测法适用于缺乏历史资料，或影响因素比较复杂，或对主要影响因素难以定量分析的情况。这类方法的特点是直观、简单，费用较低，但需要预测者具有丰富的经验。

其具体方法主要有：专家意见法（在预测中充分利用优秀人才的综合预见能力是正确把握未来的一条主要途径）；集合意见法（是将与预测内容有关的人员集中起来进行讨论，每个人提出自己的预测意见，由决策者集中起来，并根据每个人的身份、工作性质、发表意见的权威性等因素，对各种意见进行分析整理，最后汇总为一个集体的预测意见作为结论）；头脑风暴法（“开动脑筋、互相启发、集思广益”）。

2）定量预测方法。定量预测法，又称分析计算法或统计预测法。它是在占有比较完整的历史资料的基础上，通过数据的整理分析，运用一定的模型或公式对预测对象的未来发展趋势做出定量测算的一种方法。定量预测有很多种，按照处理资料的不同，可分为时间序列法和因果分析法。

预测的局限。尽管科学预测是一种认识和发现未来的重要工具，但是也应该正确评价科学预测的功能，防止预测认识中的幼稚病。

（4）投入产出分析法。投入产出分析法是对经济系统的生产与消耗的依存关系进行综合考察和数量分析。

7.2 文献综述

7.2.1 文献综述概述

1. 什么是文献综述

文献综述，是指就某一时间内，作者针对某一专题，对大量原始研究论文中的数据、资料和主要观点进行归纳整理、分析提炼而写成的论文。综述属三次文献，专题性强，涉及范围较小，具有一定的深度和时间性，能反映出这一专题的历史背景、研究现状和发展趋势，具有较高的情报学价值。

文献综述是在确定选题后，在对选题所涉及的研究领域的文献进行广泛阅读和理解的基础上，对该研究领域的研究现状（包括主要学术观点、前人研究成果和研究水平、争论焦点、存在的问题及可能的原因等）、新水平、新动态、新技术和新发现、发展前景等内容进行综合分析、归纳整理和评论，并提出自己的见解和研究思路而写成的一种不同于毕业论文的文

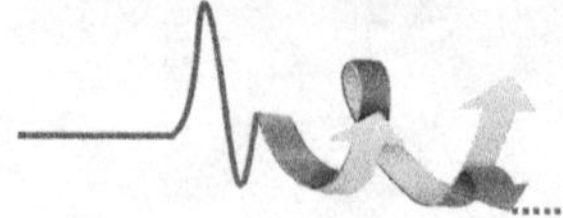

体。它要求作者既要对所查阅资料的主要观点进行综合整理、陈述，还要根据自己的理解和认识，对综合整理后的文献进行比较专门的、全面的、深入的、系统的论述和相应的评价，而不仅仅是相关领域学术研究的“堆砌”。

2．文献综述的分类

（1）叙述性综述。叙述性综述是围绕某一问题或专题，广泛搜集相关的文献资料，对其内容进行分析、整理和综合，并以精炼、概括的语言对有关的理论、观点、数据、方法、发展概况等作综合、客观的描述信息分析产品。

（2）评论性综述。评论性综述是在对某一问题或专题进行综合描述的基础上，从纵向或横向上作对比、分析和评论，提出作者自己的观点和见解，明确取舍的一种信息分析报告。评论性综述的主要特点是分析和评价，因此有人也将其称为分析性综述。

（3）专题研究报告。专题研究报告是就某一专题，一般是涉及国家经济、科研发展方向的重大课题，进行反映与评价，并提出发展对策、趋势预测。“专题研究报告是一种现实性、政策性和针对性很强的情报分析研究成果。”其最显著的特点是预测性。

3．文献综述的特点

（1）综合性。综述要“纵横交错”，既要以某一专题的发展为纵线，反映当前课题的进展；又要从本单位、省内、国内到国外，进行横向的比较。只有如此，文章才会占有大量素材，经过综合分析、归纳整理、消化鉴别，使材料更精练、更明确、更有层次和更有逻辑，进而把握本专题发展规律和预测发展趋势。

（2）评述性。评述性是指比较专门地、全面地、深入地、系统地论述某一方面的问题，对所综述的内容进行综合、分析、评价，反映作者的观点和见解，并与综述的内容构成整体。一般来说，综述应有作者的观点，否则就不成为综述，而是手册或讲座了。

（3）先进性。综述不是写学科发展的历史，而是要搜集最新资料，获取最新内容，将最新的信息和科研动向及时传递给读者。

7.2.2 课题分析

1．课题内容特征分析

实施检索前对检索课题进行全面分析是做好检索工作的重要基础。分析清楚检索课题的主要概念、概念之间的关系，选择合适的信息源，制订逻辑关系正确的检索策略是检索前的必备功课。

（1）课题目的分析。

1）若要了解科技的最新动态、学科的进展，了解前沿、探索未知，则强调一个“新”字。

2）若要解决研究中的具体问题，则要强调一个“准”字。

3）若要了解一个全过程，撰写综述、作鉴定、报成果，就要回溯大量文献，要求检索的全面、详尽、系统，则要强调一个“全”字。

（2）主题（概念）分析的一般技巧。

1）明确检索课题（信息需求）。进行简单的主题概念分析后，得到几个关键词。

2）从自己的信息环境中选择任何形式的信息源（课本、笔记、图书馆、数据库、参考工具书、网络、人）。去查阅资料，了解检索课题相关的一些知识与信息，找到准确、全面的

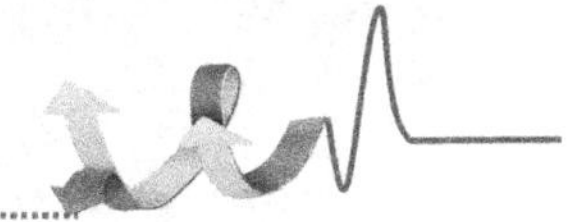

主题概念（同义词、近义词、上位词、下位词、相关词等），分析检索词间的逻辑关系，选择合适的数据库。

3）边检索边学习。不但明确自己的信息需求，对检索结果进行评价，适时调整检索策略。

4）分析检索的内容实质。例如，“从镀锌残渣中回收锌”分析其工艺流程，实际是从高品位镀锌残渣中分离铁，所以检索的实质内容是“从锌块中分离铁”。隐性主题的处理：主题概念具体化。例如，“高温下使用的不锈钢”，其中“高温下使用的”即耐热钢。

5）找出核心概念，简化逻辑关系。并不是概念越多越好，抓住主题的核心，即最能表达检索课题内容，而且具有实际检索意义的关键词。例如，“利用稻米皮糠提取天然食品色素”，可以分析出“稻米”、“皮糠”、“提取”、“天然”、“食品色素”，但实际上其核心主题概念就是：“稻米”、“食品色素”。

6）排除检索意义不大的词。例如，展望、发展趋势、现状、近况、生产工艺、应用、利用、作用、方法、影响、制备、结果。

（3）一般可以选择的关键词。

1）表示具体事物名称的名词术语，如汽车、变压器、反应堆、水稻、坐标仪等。

2）表示事物的状态或现象的名词术语，如强度、失真、土壤熟化、日冕、船舶过载等。

3）表示科学分类的名词术语，如数学、物理学、中医学、电子学、建筑工程、水利工程等。

4）表示研究方法、技术方法的名词术语，如分析（化学）、针刺手法、有限元法、结构功能法、力学性能试验等。

5）表示工艺方法、加工技术的名词术语，如铸造、锻造、热处理、焊接、酿造、取心钻进、爆破成型、激光切割等。

6）表示化学元素、化合物、金属材料与合金的名词术语，如钠、氧原子、ⅣA 族元素、钠化合物、硅化物、硫酸、钛络合物、钉胺、呋喃、吡啶、醇聚四氟乙烯、丁二酸（P）以及金属板耐蚀钢、耐蚀合金等。

7）表示国家名称、地名、组织机构名称及人名的专有名词以及文献类型、文献载体的名词术语。

2．信息源调研与选择

（1）信息源调研。在确定了检索目的和欲查找的内容之后，需要选择合适的参考信息源作为检索根据。信息源选择的准确与否关系到检索工作能否顺利完成，还关系到检索的效率，选择准确就能很快获得丰富而有价值的资料。要准确地选择信息源就要充分了解数据库的学科专业范围及各种性能参数，主要包括：

1）数据库的学科范围是否与检索课题的学科专业吻合。

2）数据库的类型（全文型或文摘型）是否能满足检索需要。

3）数据库收录的信息类型、信息收录的时间范围、更新周期是否符合检索要求。

4）数据库的基本索引及辅助索引提供的检索途经及检索标志的特点。

（2）数据库选择。

1）中文。信息检索选择维普资讯中文科技期刊全文数据库、清华同方中国知识资源总库（包括中国学术期刊全文数据库、中国博士学位论文全文数据库、中国优秀硕士学位论文全文数据库、中国重要会议论文全文数据库等）、万方数据资源系统（包括期刊、学位论文、会议论文等）和国家知识产权局中国专利数据库。从专业角度讲，上述数据库均为综合性数据库。

2）外文。综合性数据库分为文摘型与全文型两种。文摘型数据库选择 EICompendex、

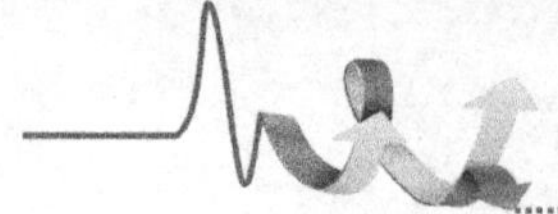

WebofScience、INSPEC 和 CSA；全文型数据库选择 ElsevierSDOL、SpringerLink、EBSCO 和 Wiley。这里需要强调指出的是，有很多读者经常只检索全文数据库，这是一种错误的做法。若要获得全面的信息资料，必须检索文摘型数据库，因为全文数据库中的数据往往局限于特定出版社的出版物，而文摘型数据库（如 EICompendex、WebofScience）的数据来源于全球众多出版社，文献覆盖范围全。同样，全文数据库也不只限于查找原文，其数据并非全部收录在文摘库中。

外文专业数据库选择 CA、ACS、Medline 和 RSCjoumals。综合性数据库中虽然包含了各专业的内容，但并非完全覆盖，而且有的专业数据库是必须要选择的检索源。例如，对于化学化工、材料及相关专业的课题，CA 是必须要检索的专业数据库。

要将与课题相关的信息查全，应当注意特种文献的检索。外文专利数据库选择 DerwentInnovationIndex（DII，德温特创新索引）、EuropeanPatentDatabase（欧洲专利局专利检索）和 UnitedState's PatentDatabase（美国专利检索）。外文会议数据库选择 ISIProceeding（ISIP），政府报告选择 NTIS，学位论文选择 PQDD 及 UMI。

互联网信息是数据库的有效补充，选择学术性搜索引擎 Scrius 检索相关信息。

3．课题分析实例

例如，“海绵的制造工艺”假如不加分析，只是简单地将“海绵”与“制造”作为检索词并把两词相乘来编制检索式，其结果只能是等于零。实际上，该课题中的“海绵”只是表示像海绵似的物质或海绵状的物质，而不是海绵本身。由于海绵是海洋中的一种多孔类动物，不是可以制造出来的，上式的检索结果等于零那是必然的了。

那么既然这种“海绵”是可以制造的，那么，是采用何种材料来制造的？用户回答：用“聚氨酯”。这时，检索员根据自身的专业知识确定用户实质是要求了解有关“聚氨酯泡沫塑料的制造工艺”。在这基础上制定了检索策略和需随机修整的检索方案，检索结果用户深感满意。

7.2.3 文献综述（论文）的撰写步骤

1．资料的搜集、跟踪与积累

（1）明确查找范围。明确本综述课题所涉及的内容主题有哪些方面，从而明确所需资料的大致范围，进而确定哪些是与综述主题密切相关的核心资料源，哪些是撰写综述所需的背景资料源。

（2）系统检索。通过检索工具全面、系统获得文献信息的一种方法。可以用关键词、作者、机构名等检索途径，并要进行模糊检索、逻辑组配检索。在检索过程中，要将检索到的资料的有关信息记录下来，以备获取原始文献。

（3）广泛浏览。一般的检索工具的出版在时间上都有一定的滞后期，大约一年到几个月。因此，还需广泛地阅读浏览近半年的各类文献资料，获取最新信息。

（4）搜集资料的原则。

1）广泛性原则。一是指学科范围广泛，不仅要搜集本专题的相关文献，还要搜集一定的相关的交叉学科、基础学科的文献资料；二是指文献类型广泛，包括图书、期刊、学位论文等各种形式的文献资料；三是搜集的时空范围广。

2）代表性原则。要注意搜集有代表性的文献资料。例如，刊登在本学科核心期刊上的文献，由学科带头人或知名科学家撰写的文章，国家有关部门领导人的讲话等，可以代表当前的发展水平和认识程度。

3）时间性原则。确定合理的查找时间，可以避免获取一些无用信息，减少资料筛选阶

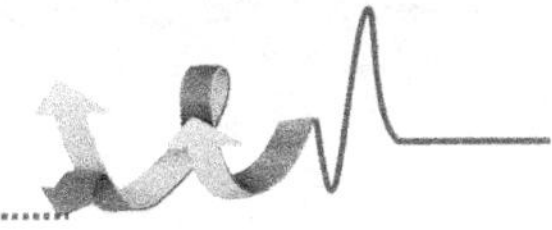

段的工作。

2．整理资料

（1）简单的大致归类，将其分为背景材料（政策、发展概况）、主题材料、提供数据的材料等。

（2）解决信息的微分化与系统化的问题，微分化是使所获得的信息依据分析研究的需要形成分类体系，系统化则是使所获得的资料依据分析研究的需要形成一种多向的、动态的信息集合。

（3）将经过筛选的资料，按照某种标准详细分类，如按应用领域、观点、方法、技术、产品等分类，在大类下还可将资料按照地区、年代等进一步分类归纳。

3．撰写综述

（1）格式。综述一般都包括题名、著者、摘要、关键词、正文、参考文献几部分。其中正文部分又由前言、主体和总结组成。

前言。用 200～300 字的篇幅，提出问题，包括写作目的、意义和作用，综述问题的历史、资料来源、现状和发展动态，有关概念和定义，选择这一专题的目的和动机、应用价值和实践意义，如果属于争论性课题，要指明争论的焦点所在。

主体。主体主要包括论据和论证。通过提出问题、分析问题和解决问题，比较各种观点的异同点及其理论根据，从而反映作者的见解。为把问题说得明白透彻，可分为若干个小标题分述。这部分应包括：

1）历史发展。要按时间顺序，简要说明这一课题的提出及各历史阶段的发展状况，体现各阶段的研究水平。

2）现状分析。介绍国内外对本课题的研究现状及各派观点，包括作者本人的观点。将归纳、整理的科学事实和资料进行排列和必要的分析。对有创造性和发展前途的理论或假说要详细介绍，并引出论据；对有争论的问题要介绍各家观点或学说，进行比较，指出问题的焦点和可能的发展趋势，并提出自己的看法；对陈旧的、过时的或已被否定的观点可从简；对一般读者熟知的问题只要提及即可。

3）趋向预测。在纵横对比中肯定所综述课题的研究水平、存在问题和不同观点，提出展望性意见。这部分内容要写得客观、准确，不但要指明方向，而且要提示捷径，为有志于攀登新高峰者指明方向，搭梯铺路。主体部分没有固定的格式，有的按问题发展历史依年代顺序介绍，也有按问题的现状加以阐述的。不论采用哪种方式，都应比较各家学说及论据，阐明有关问题的历史背景、现状和发展方向。

总结。主要是对主题部分所阐述的主要内容进行概括，重点评议，提出结论，最好是提出自己的见解，并提出赞成什么，反对什么。

参考文献。写综述应有足够的参考文献，这是撰写综述的基础。它除了表示尊重被引证者的劳动及表明文章引用资料的根据外，更重要的是使读者在深入探讨某些问题时，提供查找有关文献的线索。

1）参考文献的类型标志如下：

① 参考文献类型。专著[M]、论文集[C]、报纸文章[N]、期刊文章[J]、学位论文[D]、报告[R]、标准[S]、专利[P]、论文集中的析出文献[A]。

② 电子文献类型。数据库[DB]、计算机[CP]、电子公告[EB]。

③ 电子文献的载体类型。互联网[OL]、光盘[CD]、磁带[MT]、磁盘[DK]。

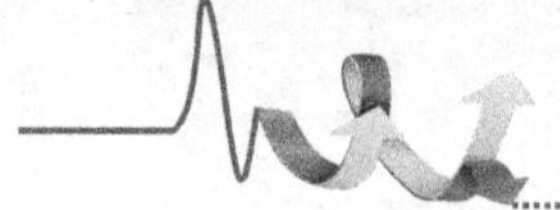

2）参考文献的标准格式如下：

① 专著、论文集、学位论文、报告。

[序号]主要责任者．文献题名[文献类型标识]．出版地：出版者，出版年．起止页码（可选）。

例如，[1]刘国钧，陈绍业．图书馆目录[M]．北京：高等教育出版社，1957．15-18．

② 期刊文章。

[序号]主要责任者．文献题名[J]．刊名，年，卷（期）：起止页码．

例如，[1]何龄修．读南明史[J]．中国史研究，1998，(3)：167-173．

[2]OU J P，SOONG T T，et al.Recent advance in research on applications of passive energy dissipation systems[J]．Earthquack Eng，1997，38（3）：358-361．

③ 论文集中的析出文献。

[序号]析出文献主要责任者．析出文献题名[A]．原文献主要责任者（可选）．原文献题名[C]．出版地：出版者，出版年．起止页码．

例如，[7]钟文发．非线性规划在可燃毒物配置中的应用[A]．赵炜．运筹学的理论与应用——中国运筹学会第五届大会论文集[C]．西安：西安电子科技大学出版社，1996．468．

④ 报纸文章。

[序号]主要责任者．文献题名[N]．报纸名，出版日期（版次）．

例如，[8]谢希德．创造学习的新思路[N]．人民日报，1998-12-25（10）．

⑤ 电子文献。

[文献类型/载体类型标识]：[J/OL]网上期刊、[EB/OL]网上电子公告、[M/CD]光盘图书、[DB/OL]网上数据库、[DB/MT]磁带数据库．

[序号]主要责任者．电子文献题名[电子文献及载体类型标识]．电子文献的出版或获得地址，发表更新日期/引用日期．

例如，[12]王明亮．关于中国学术期刊标准化数据库系统工程的进展[EB/OL]．http://www.cajcd.edu.cn/pub/wml.html，1998-08-16/1998-10-01．

[8]万锦．中国大学学报文摘（1983-1993）．英文版[DB/CD]．北京：中国大百科全书出版社，1996．

（2）主体部分的写法。

1）纵式写法。“纵”是“历史发展纵观”。它主要围绕某一专题，按时间先后顺序或专题本身发展层次，对其历史演变、目前状况、趋向预测作纵向描述，从而钩划出某一专题的来龙去脉和发展轨迹。纵式写法要把握脉络分明，即对某一专题在各个阶段的发展动态作扼要描述，已经解决了哪些问题，取得了什么成果，还存在哪些问题，今后发展趋向如何，对这些内容要把发展层次交代清楚，文字描述要紧密衔接。撰写综述不要孤立地按时间顺序罗列事实，把它写成了“大事记”或“编年体”。有些专题时间跨度大，科研成果多，在描述时就要抓住具有创造性、突破性的成果作详细介绍，而对一般性、重复性的资料就从简从略。这样既突出了重点，又做到了详略得当。纵式写法适合于动态性综述。这种综述描述专题的发展动向明显，层次清楚。

2）横式写法。“横”是“国际国内横览”。它就是对某一专题在国际和国内的各个方面，如各派观点、各家之言、各种方法、各自成就等加以描述和比较。通过横向对比，既可以分辨出各种观点、见解、方法、成果的优劣利弊，又可以看出国际水平、国内水平和本单位水平，从而找到了差距。横式写法适用于成就性综述。这种综述专门介绍某个方面或某个项目的新成就，如新理论、新观点、新发明、新方法、新技术、新进展等。因为是“新”，所以时

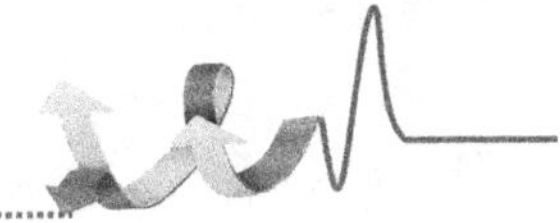

间跨度短，但却引起国际、国内同行关注，纷纷从事这方面研究，发表了许多论文，如能及时加以整理，写成综述向同行报道，就能起到借鉴、启示和指导的作用。

3）纵横结合式写法。在同一篇综述中，同时采用纵式与横式写法。例如，写历史背景采用纵式写法，写目前状况采用横式写法。通过“纵”、“横”描述，才能广泛地综合文献资料，全面系统地认识某一专题及其发展方向，作出比较可靠的趋向预测，为新的研究工作选择突破口或提供参考依据。

无论是纵式、横式或是纵横结合式写法，都要求做到：一要全面、系统地搜集资料，客观公正地如实反映；二要分析透彻，综合恰当；三要层次分明，条理清楚；四要语言简练，详略得当。

（3）写作步骤。

1）选定题目。选定题目对综述的写作有着举足轻重的作用。

① 选题首先要求内容新颖，只有新颖的内容才能提炼出有磁石般吸引力的题目。选题还应选择近年来确有进展，适合我国国情，又为本专业科技人员所关注的课题，如对国外某一新技术的综合评价，以探讨在我国的实用性；又如综述某一方法的形成和应用，以供普及和推广。选题通常有几种：一种是与作者所从事的专业密切相关的选题，对此作者有实际工作经验，有比较充分的发言权；一种是选题与作者专业关系不大，而作者掌握了一定的素材，又乐于探索的课题。

② 题目不要过大，过大的题目一定要有诸多的内容来充实，过多的内容必然要查找大量的文献，这不但增加阅读、整理过程的困难，或者无从下手，或顾此失彼；而且面面俱到的文稿也难以深入，往往流于空泛及一般化。实践证明，题目较小的综述穿透力强，易深入，特别对初学写综述者来说更以写较小题目为宜，从小范围写起，积累经验后再逐渐写较大范围的专题。此外，题目还必须与内容相称、贴切，不能小题大做或大题小做，更不能文不对题。好的题目可一目了然，看题目可知内容梗概。

③ 查阅文献题目确定后，需要查阅和积累有关文献资料。对初学者来说，查找文献往往不知从哪里下手，一般可首先搜集有权威性的参考书，如专著、教科书、学术论文集等，教科书叙述比较全面，提出的观点为多数人所公认；专著集中讨论某一专题的发展现状、有关问题及展望；学术论文集能反映一定时期的进展和成就，帮助作者把握住当代该领域的研究动向。其次是查找期刊及文献资料，期刊文献浩如烟海，且又分散，但里面常有重要的近期进展性资料，吸收过来，可使综述更有先进性，更具有指导意义。查找文献资料的方法有两种。一种是根据自己所选定的题目，查找内容较完善的近期（或由近到远）期刊，再按照文献后面的参考文献，去收集原始资料。这样“滚雪球”式的查找文献法就可收集到自己所需要的大量文献。这是比较简便、易行的查阅文献法，许多初学写综述的作者都是这样开始的。另一种较为省时省力的科学方法，是通过检索工具书查阅文献。常用的检索工具书有文摘和索引类期刊，它是查阅国内外文献的金钥匙，掌握这把金钥匙，就能较快地找到需要的文献。此外，在平时工作学习中，随时积累，做好读书文摘或笔记，以备用时查找，可起到拾遗补缺作用。

④ 查找到的文献首先要浏览一下，然后再分类阅读。有时也可边搜集、边阅读，根据阅读中发现的线索再跟踪搜集、阅读。资料应通读、细读、精读，这是撰写综述的重要步骤，也是咀嚼和消化、吸收的过程。阅读中要分析文章的主要依据，领会文章的主要论点，用卡片分类摘记每篇文章的主要内容，包括技术方法、重要数据、主要结果和讨论要点，以便为写作做好准备。

2）加工处理。对阅读过的资料必须进行加工处理，这是写综述的必要准备过程。按照综述

的主题要求，把写下的文摘卡片或笔记进行整理，分类编排，使之系列化、条理化，力争做到论点鲜明而又有确切依据，阐述层次清晰而合乎逻辑。按分类整理好的资料轮廓，再进行科学的分析。最后结合自己的实践经验，写出自己的观点与体会，这样客观资料中就融进了主观资料。

3）撰写成文。

① 撰写成文前应先拟提纲，决定先写什么，后写什么，哪些应重点阐明，哪些地方融进自己的观点，哪些地方可以省略或几笔带过。重点阐述处应适当分几个小标题。拟写题纲时开始可详细一点，然后边推敲边修改。多一遍思考，就会多一分收获。

② 提纲拟好后，就可动笔成文。按初步形成的文章框架，逐个问题展开阐述，写作中要注意说理透彻，既有论点又有论据，下笔一定要掌握重点，并注意反映作者的观点和倾向性，但对相反观点也应简要列出。对于某些推理或假说，可提出自己的看法，或作为问题提出来讨论，然后阐述存在问题和展望。初稿形成后，按常规修稿方法，反复修改加工。

③ 撰写综述要深刻理解参考文献的内涵，做到论必有据，忠于原著，让事实说话，同时要具有自己的见解。文献资料是综述的基础，查阅文献是撰写综述的关键一步，搜集文献应注意时间性，必须是近一二年的新内容，四五年前的资料一般不应过多列入。综述内容切忌面面俱到，成为浏览式的综述。综述的内容越集中、越明确、越具体越好。参考文献必须是直接阅读过的原文，不能根据某些文章摘要而引用，更不能间接引用（指阅读一篇文章中所引用的文献，并未查到原文就照搬照抄），以免对文献理解不透或曲解，造成观点、方法上的失误。

7.3 高职生毕业综合实践成果指导

高职生毕业综合实践成果主要是指毕业顶岗实习报告和毕业设计（论文）等，它是衡量高职生是否获得毕业证书的重要指标。毕业综合实践成果是以就业为导向、以岗位实习为途径、以毕业设计（论文）为基本成果。毕业顶岗实习报告和毕业设计（论文）也是高职教学过程中最后一个重要的综合性实践报告。尤其是工程类的高职生通过毕业实践中的专题研究，综合运用及深化所学基础理论、专业知识和基本技能，具备独立分析和解决工程实际问题的能力以及勇于创新精神。毕业实践是学生从学校阶段走向实际工作前的最好锻炼机会，为完成好这一阶段的成果，应明确毕业顶岗实习报告、毕业设计（论文）的有关性质、资料收集和整理要点及撰写步骤、方法等。

7.3.1 毕业顶岗实习报告和毕业设计（论文）性质

1. 撰写毕业顶岗实习报告和毕业设计（论文）的意义

（1）高效利用图书馆。高职生在校期间，通过教学计划的相应课程学习以及经过考试和考查，使得所学知识获得记忆和理解。而毕业顶岗实习报告和毕业设计（论文）的撰写则是对学生所学知识就某一问题进行探讨和研究能力的综合考核，因此在完成毕业设计（论文）过程中要求学生掌握如何收集、整理和利用资料，如何观察、调查和信息分析，如何利用图书馆并熟练检索各类型文献资料等。这一过程本身就是继续学习和知识实践的极好机会，将学到在课堂和书本以外的新知识，进一步扩大学生自身的知识面。

（2）提高知识运用能力。在完成毕业顶岗实习报告和毕业设计（论文）过程中，需要学生系统掌握和运用专业知识，训练自身的逻辑思维能力和写作能力。通过应用知识去发现、

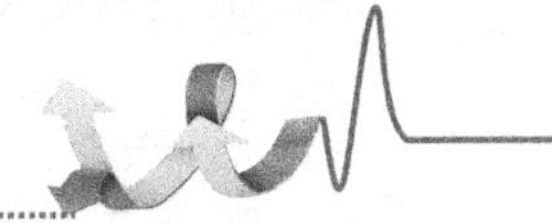

得出各种结论，通过自己归纳和应用，使所学知识与新问题间建立起实质性的联系，包括对新情境的感知和处理能力、旧知识与新情境的链接能力、对新问题的认知和解决能力等。形成知识的迁移能力可以避免对知识的死记硬背，实现知识点之间的贯通理解和转换，有利于认识事件的本质和规律，构建知识结构网络，提高解决问题的灵活性和有效性。

（3）为未来就业以及研究做好准备。撰写毕业顶岗实习报告和毕业设计（论文）的过程不仅对前面的学习起到自我检查作用，而且还对未来的成长和就业起到承前启后作用。毕业顶岗实习报告和毕业设计（论文）所反映的成果水平，一方面实现了学生理论学习和实践技能的成功切换；另一方面对老师的教学进行了反馈，为今后的教学调整提供依据。学生通过信息检索课程学会信息的收集、整理，提升提出问题、分析问题和解决问题的能力，无论今后是从事生产一线工作还是管理工作都将树立良好的科学研究习惯和创造精神；并且通过毕业顶岗实习报告和毕业设计（论文）的撰写磨练，对职业岗位如何操作现代化工具、仪器，如何记录和标记，如何起草报告和传递以及社会调研等能力都将得到充分展现。

2．毕业顶岗实习报告和毕业设计（论文）特点

（1）理论性。毕业顶岗实习报告和毕业设计（论文）在形式上应是概念、判断和推理组成的一个体系，前面提到的文献综述，就是针对毕业顶岗实习报告和毕业设计（论文）涉及的主题，通过对大量研究论文中的数据、资料和主要观点进行归纳整理、分析，来反映该主题的历史背景、研究现状和发展趋势等。它要求既要对所查阅资料的主要观点进行综合整理、陈述，还要根据自己的理解和认识，对综合整理后的文献进行比较全面、深入、系统的论述，而不仅仅停留在说明和描述上。

（2）创造性。毕业顶岗实习报告和毕业设计（论文）不只是简单重复以前的观点，必须在指导老师的提示下碰撞自己的独到见解，通过这个过程提出自己的观点，例如，毕业设计（论文）中的事实本质，提出的论点引起了人们的关注，在验证的结果能得到大家赞同以及被采用。

（3）实践性。高职毕业顶岗实习报告和毕业设计（论文）大部分都是在顶岗实习的环境中进行的，一方面要紧密结合社会实践，以突出培养高技能应用人才的定位；另一方面高职毕业设计（论文）的选题要求来自于生产一线，与生产实践紧密结合。

3．毕业顶岗实习报告和毕业设计（论文）准备工作

（1）计划的制订。计划的制订一般应包括：确定课题、收集资料、实践探索、整理资料、决定主题、拟定提纲、撰写论文、推敲修改、打印装订、答辩等。

（2）资料搜集。搜集资料是研究具体问题的开始，没有资料就无从分析问题，因此搜集资料是写好毕业顶岗实习报告和毕业设计（论文）的基础。一方面通过直接调查获得第一手资料，反映现实情况（如数据、实例、问题等），包括直接观察、个别访谈、抽样问卷等；另一方面利用图书馆、档案馆、互联网等查阅、搜集文献资料，以获得各方面的有用信息。

（3）实践探索。这是毕业顶岗实习报告和毕业设计（论文）前期工作的重要环节，看工科学生的毕业顶岗实习报告和毕业设计（论文）就看他们在实践探索中是否善于设计实验并对有关设备和仪器科学、规范地进行操作，并善于观察、勤于记录以及通过分析来求得明确的结论。

（4）资料整理。对搜集的资料作出必要处理。资料整理包括：资料分类、分析资料到结论、给每类资料拟写标题，并能根据资料的情况和它们之间的逻辑关系，写出总体结论。

（5）拟订提纲。提纲是毕业顶岗实习报告和毕业设计（论文）的总体设计蓝图，是体现作者有条理、有思路的概括记录。构思时要明确层次重点和整个骨架，同时也要与指导老师沟通。

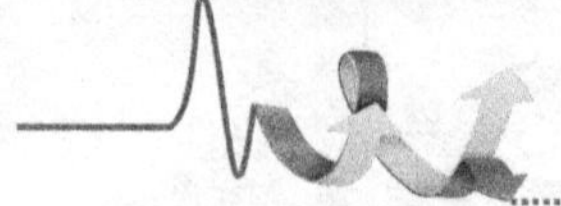

7.3.2 毕业顶岗实习报告撰写要求

毕业顶岗实习报告撰写应在顶岗实习期间所做的实习工作日记、文献资料摘要、参观调研报告以及学习收获体会等基础上按照实习任务书和指导书要求进行系统全面的编写。

1．原则

（1）体现专业实践特色。

（2）实习过程撰写完整。

（3）体现理论与实践相结合。

2．具体要求

（1）实习岗位介绍。岗位职责、岗位权限、岗位任职要求、岗位待遇（工资、福利、奖金）等。明确所要做的工作的责任和权利。

（2）毕业综合实践过程。

1）实习目标。

2）实习单位简介。

3）每日工作简介（写一写每天的工作流程）。

4）重大事件的记录（如果在实习期间发生了重大事件，如受到了奖励，写明奖励原因。或者实习单位发生了重大事件给你造成了影响和触动的，如有负责人的离职给你造成了触动、工程当中发生意想不到的变更等进行评论）。

5）实习过程总结。

6）上级、同事等对你的评价。

7）毕业综合实践收获和体会（理论知识在实践中的运用）。

（3）写作方法。

1）写作前，对实习指导书和任务书再次阅读和思考，明确目的要求，确定主要内容和提纲。

2）有计划搜集实习中的有关资料，并进行分类汇集。对所表达的内容来说，笔记、数据、图表、观察、记录、照片等均要有底稿。

3）认真推敲底稿，决定叙述的顺序和层次，考虑报告的结构和论点，从直观性和可读性考虑。对整个报告要有明确的轮廓和清晰的思路，列出大纲和目录。

4）起草报告应注意事项：题目恰当，论述集中；广泛参与和运用文献资料，很好的细化和吸收；材料要为内容服务，论点和论据要统一；组织结构清楚，层次分明，逻辑性强；语气统一，表达明确、平易；标题引用要醒目和简洁；利用图表要简明易懂，有效果。

5）认真修改。反复阅读稿件，认真推敲，多朗读几遍，删去多余字句和段落，修改不顺畅语句；调整标题和内容，使之协调一致；论述形式要统一，名词术语要统一，图表公式要统一。

6）报告撰写格式

前言

目录

概述

自己独立承担的工作

参与有关工作和处理有关问题

参观调查

工作成果、收获体会、评价总结

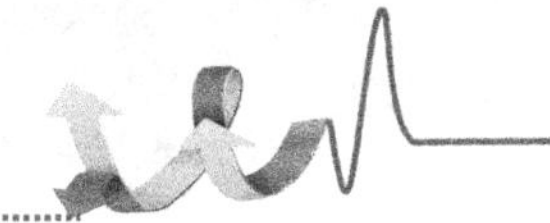

实习日记
附录
鉴定意见
参考文献

7.3.3 毕业设计（论文）撰写要求

1．毕业设计

毕业设计的过程是对学生综合素质的训练过程。通过毕业设计实践环节的教学，可以增强学生的动手能力和综合分析与解决问题的能力。切实做好该教学环节对于学生毕业后从事施工、监理或设计、造价等方面的工作都具有很重要的现实意义。

（1）毕业设计性质。根据《现代汉语词典》解释“设计”是指在正式做某项工作之前，根据一定的目的和要求。预先制订方案、图样等。高职高专的毕业设计是指毕业生在教师的指导下，结合运用所学专业的知识和技能，针对职业岗位中现实的课题（或问题）进行分析研究，制订解决方案，在此基础上写成的具有应用价值的文本。高职高专的毕业设计属于技术应用设计，是以解决问题为目的，十分强调实用性。

（2）毕业设计特点。毕业设计除了前面所述的应用性、指导性、创新性特点外，还具有以下特点：

1）目的性。接受设计任务时，首先要考虑此项任务对于经济建设、人们生活将起什么作用，设计成果要达到怎样的目标，这就是设计目的。为此，做设计时，一定要考虑该设计对解决实际工作有什么作用，带来怎样的好处。

2）制约性。在具体设计过程中会遇到各种现实条件的制约。

自然科学规律制约（自然科学理论对于违背自然科学规律的设计起着制约的作用）；经济规律的制约（对于那些经济效益小于自身成本投入的产品设计、工程设计，经济规律也要将它无情地淘汰；生产制造能力的制约（某项设计构想虽然很好，但是设备材料、技术能力均不具备，这种设计也不能成为现实）。

3）最优性。对于某种产品和某项工程，一般可以有多种方法或多种方案，这就需要在众多的方案中尽量选择最优，最优方案应体现技术较先进，在经济上较节约，是好中选优的结果。

（3）毕业设计分类。根据毕业设计的性质和功用划分，大致有两大类，毕业设计分类如图 7-1 所示。

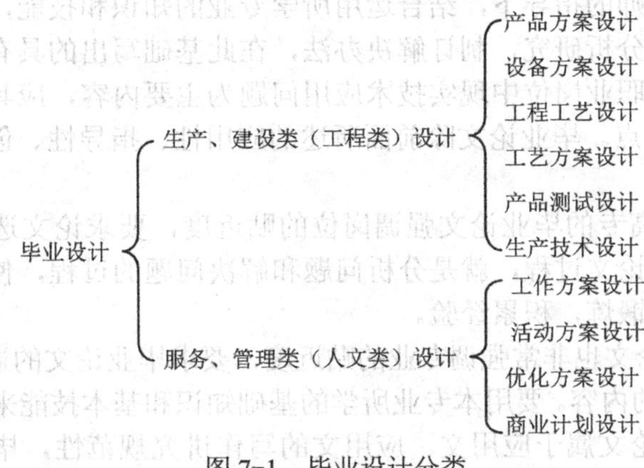

图 7-1 毕业设计分类

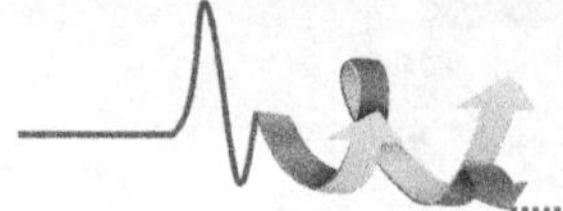

（4）毕业设计的格式。毕业设计的一般格式是：标题+署名+摘要+关键词+正文+致谢+参考文献+附录。

1）标题。标题应简短、明确，有概括性。通过标题，让读者就了解毕业设计的内容。

2）署名。署名是在设计标题的下面署上作者的姓名。毕业设计有统一封面，作者的姓名按照规定写在封面的指定位置上。

3）摘要。摘要是对设计内容的概述，一般不超过 300 字。撰写格式大体与毕业论文摘要相同。

4）关键词。关键词是反映设计主要内容的单词或术语，一般为 3～8 个，每个词之后用分号分隔。

5）正文。正文一般由引言+设计任务分析+方案初步选定+方案详细设计+总结评价五部分构成，即

引言：即前言，是设计的开头部分，主要写设计的来源与目的意义。高职高专毕业生的设计课题一般要求来自实习岗位需要解决的现实问题，课题的设计应该有利于提高毕业生的职业能力。

设计任务分析：阐明设计要解决的主要问题，并认定关键问题或难点问题，如分析优势、特点等。

方案初步选定：一般有三种写法（一是提出方案设计的大体思路与基本框架；二是进行调查分析；三是进行多种方案的比较并选定相对较佳方案）。

方案详细设计：该部分是设计重点，应按设计内容和过程顺序规范地撰写，如结构图、系统分布、性能等。就是要让人了解到设计的详细内容。

总结评价：根据设计任务要求，结合本设计成果从科学性、创新性、可靠性、实用性、经济性等角度进行优缺点如实总结评价。

6）致谢。致谢是对指导教师和指导师傅等人公开表示谢意，以示对别人劳动的尊重。

7）参考文献。一般应列 8 篇以上的参考文献。

8）附录。附录主要收录篇幅较长、格式特殊而又具有相对独立不方便在设计说明书正文中表述，如图中、试验或观测的详细数据汇总等。尤其是生产、建设类设计可以把制作成的实物拍成照片放在这里。

2．毕业论文

（1）毕业论文的性质。根据《现代汉语词典》解释，“论文”是指讨论某个问题或研究某种问题的文章。论文的类型多种多样，不同类型论文的写作均有不同目的。高职高专的毕业论文是指毕业生在老师的指导下，结合运用所学专业的知识和技能，针对职能岗位中现实的课题（或问题）进行分析研究，制订解决办法，在此基础写出的具有应用价值的文章。高职高专毕业论文以解决职业岗位中现实技术应用问题为主要内容，应具有较强的实用性。

（2）毕业论文的特点。毕业论文除前面所述的应用性、指导性、创新性三个特点外，还具有以下特点：

1）岗位性。高职高专的毕业论文强调岗位的贴近度，要求论文选题来自岗位一线，提倡真题真做。完成毕业论文过程，就是分析问题和解决问题的过程，使学生在完成来自一线的毕业论文过程中接受锻炼，积累经验。

2）专业性。毕业论文也非常强调专业的贴近度，要求毕业论文的选题一般限于本专业之内，不可撰写非本专业的内容。要用本专业所学的基础知识和基本技能来分析、解决实际问题。

3）规范性。毕业论文属于应用文，应用文的写作讲究规范性，毕业论文从内容到形式

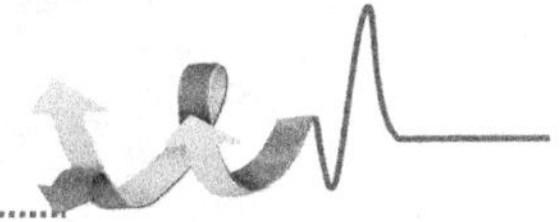

都要讲规范，应将封面、目录、摘要、关键词、正文、参考文献、附录等按一定顺序排列装订，字体和字号也应按照有关规定。

（3）毕业论文分类。高职高专毕业论文，从性质和功能上划分，主要有两大类型，毕业论文分类如图 7-2 所示。

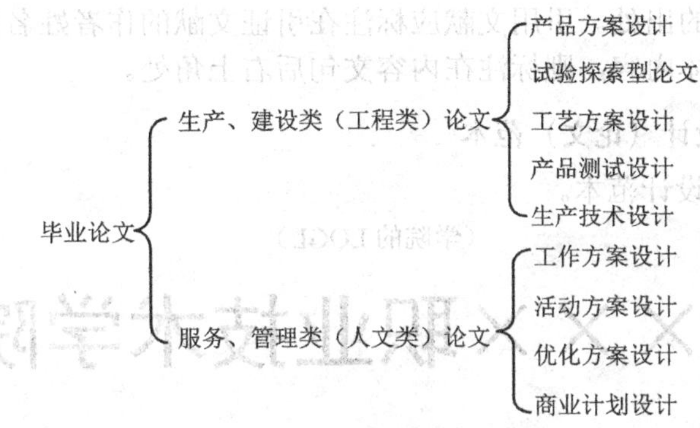

图 7-2　毕业论文分类

（4）毕业论文格式。

1）封面。题目是封面的主要项目，毕业论文的题目要简练、醒目、准确，使读者一看题目就知道论文的中心内容。拟题要正面、直接地提出问题，尽量不要用华丽的修饰语。题目不宜过长，如果不能概括其内容，可用副标题来补充。封面除题目外，在题目下面应有作者姓名和指导教师姓名。

2）目录。目录的列出，可从中看出论文内容的梗概，论点的安排，整体的布局，各章节的联系，给人以清晰的轮廓。目录应列出通篇论文各组成部分的大小标题，分出层次，逐项标注页码，并包括参考文献、附录、图索引等附属页次，以便于读者查找。

3）摘要。摘要是毕业论文内容基本思想的缩影，是对主要观点的集中概括，力求简明、准确和畅达。摘要是论文的重要组成部分，其内容应包括论文的主要内容，主要说明为什么从事此项课题，回答该项研究的主旨、目的、范围和效用，取得什么新成果和经验，还应说明得到的结论及价值和意义。一般摘要不少于 250 字，最多不超过 500 字。

4）关键词。关键词是将论文中起关键作用的、最能说明问题的、代表论文内容特征或最有意义的词选出来，列在摘要部分之后，便于情报信息检索系统存入存储器，以供计算机检索的需要，关键词一般来源论文题目，也可从论文内容中抓取。选出来的关键词一篇论文是 3～5 个，每一个关键词可以作为检索论文的信息。

5）正文。正文是论文的主体部分，占论文的较大篇幅。正文也称本论，是全篇的核心，对所研究的问题进行分析、论证、阐明观点。这部分内容较长，应注意条理性和逻辑性，结构要严谨。达到有关数据可靠、论点明确、实事求是、文字简练。

6）结束语。结束语是论文总体思想的概括，分结论和谢辞两部分，结论部分写自己对毕业论文题目整个做下来的一个概括，再简写一点感想。谢辞就是写在毕业设计这个过程中对需要感谢的人说的一些感谢的话！

结论是论文的最后部分，是正文阐述的必然结果，它对全篇论文起着画龙点睛的作用。结论的内容不只是对前面实践过程结果的简单重复，而是全面的概括与归纳。结论既可以是完整、准确、鲜明、简明扼要；也可以有下一步研究的设想以及对有关工作的改进建议等，如果结论难以明确表达，则可引出一番讨论。

谢辞是为了尊重提供帮助的人，感谢他们的帮助和支持，一般在论文最后面的书面文字

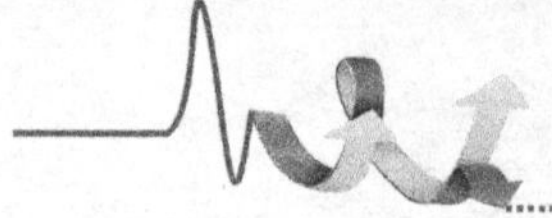

致谢。致谢首先要感谢直接贡献的人，如指导或提出过建议的人以及提供论文辅助工作的人，包括提供物质和资料的协作单位等。其次要有良好的学风，避免假借名人之名掩饰论文中的缺点和错误，或抬高论文的身价。

7）参考文献。论文中凡引用前人的文章、数据、材料等，应按出现的先后顺序标明数码，依次列出参考文献的出处。引用文献应标注在引证文献的作者姓名后右上角，如果未写明文献作者，只引用具体内容，则标注在内容文句后右上角处。

3．高职高专毕业设计（论文）范本

（1）高职高专毕业设计范本。

（学院的 LOGL）

××××职业技术学院

（空 1 行）

毕业设计（一号宋体，粗体）

（空 1 行）

×××葡萄酒包装设计创意说明

（二号黑体，居中，间距为段后 3 行）

（以下文字均为三号黑体）

院　　系：计算机科学与技术系

专　　业：广告设计与制作

班　　级：广告设计与制作 1 班

学　　号：06303030×××

姓　　名：张××

指导教师：×××

××××年××月

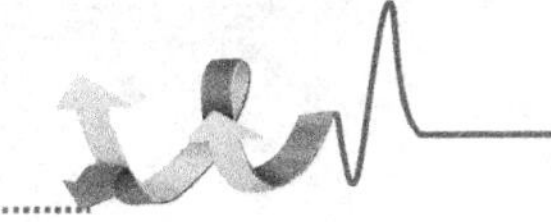

××××职业学院毕业论文（设计）开题报告

题　　目			
年级/系/专业/班级			
学　　号		姓　　名	
指导教师		填报日期	
1．选题目的和意义			
2．研究内容			
3．研究技术路线、研究方法和要解决的关键问题			
4．毕业论文（设计）阶段进度及时间安排			
5．主要参考文献			
6．指导教师意见 指导教师（签名）： 二〇一二年十二月十八日			
7．系意见 系（盖章）： 二〇一二年十二月十八日			

××××职业学院毕业论文（设计）原创性及知识产权声明

本人郑重声明：所呈交的毕业论文（设计）是本人在指导教师的指导下取得的成果。对本论文（设计）的研究做出重要贡献的个人和集体，均已在文中以明确的方式标明。因本论文（设计）引起的法律结果完全由本人承担。

特此声明

毕业论文（设计）作者签名：

作者专业：

作者学号：

二〇一二年十二月十八日

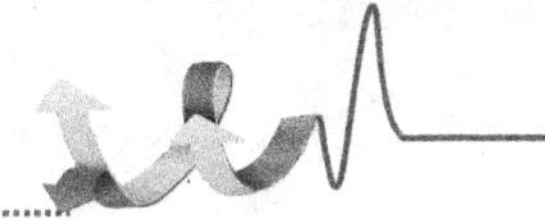

×××葡萄酒包装设计创意说明（三号黑体，居中）

（空 1 行）

摘要（三号黑体，居中）

（空 1 行）

本文首先分析了××行业的基本情况，包括××的分类、××市场发展等。（四号宋体，首行缩进 2 字符，1.5 倍行距）

（空一行）

关键词：（三号黑体）葡萄酒，包装，设计，创意（四号宋体）

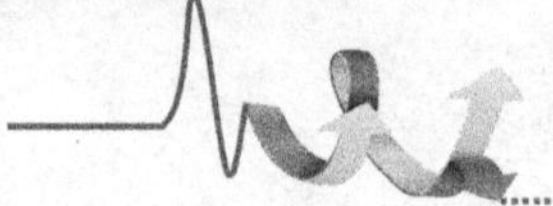

目录（三号黑体，居中）

（空2行）

（以下文字均为四号宋体，目录包含1～3级标题）

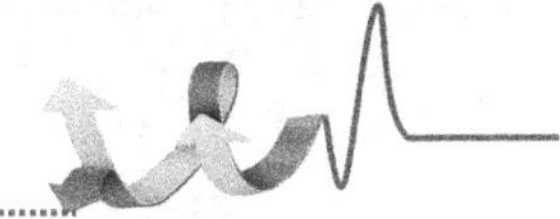

一、×××葡萄酒行业的设计规范原则及分析（三号黑体，左对齐）

（一）×××葡萄酒行业包装设计基本规范（四号黑体，左对齐）

1．酒瓶包装设计的分类（小四号黑体，左侧缩进 2 字符）

（以下正文采用小四号宋体，首行缩进 2 字符）

××

2．酒瓶包装市场的发展

（1）（小四号宋体，左侧缩进 2 字符）××××××××××××××××××××

A、（小四号宋体，左侧缩进 4 字符）××××××××××××××××××××××××

二、包装与品牌效应

（一）包装对品牌的增值效应

1．品牌的依赖性

三、×××葡萄酒包装设计创意说明

（一）初稿思路

1．初稿设计说明

为了突出×××葡萄酒的企业经营理念，突出×××葡萄酒的悠久历史，本设计选用了以酒庄为背景的素描来作为设计主题，整个设计选用×××作为底纹处理……

（图片格式：上下型，居中）

文献来源：××××××（小五号宋体，右对齐）

图×-×　×××（五号楷体，居中）

2. 配色方案设计说明

本次设计主要选用×××色系来表现×××，具有传统、稳重、古典的视觉效果。

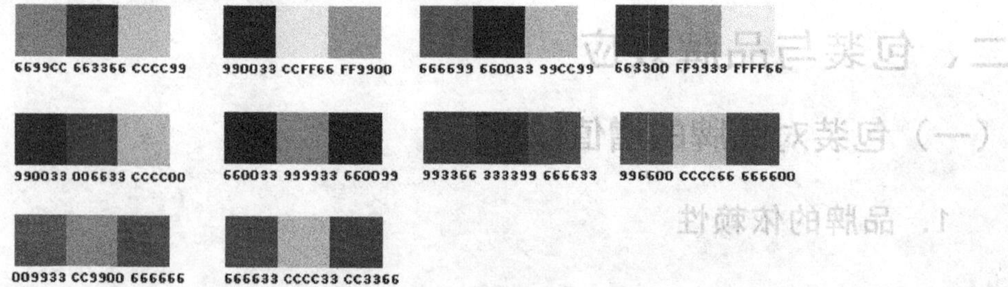

图×-×　×××

（二）酒标设计说明

图×-×　×××

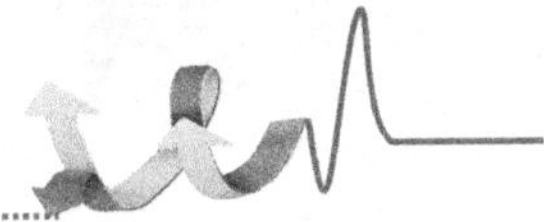

（三）外包装盒设计说明

图×-× ×××

参考文献

（三号黑体，居中，空2行）

（以下正文采用小四号宋体）

[1] 何修猛．现代广告学[M]．上海：复旦大学出版社，2009．

[2] ×××，××××××，×××××，×××××××××

[3] ×××，××××××，×××××，×××××××××

[4] ×××，××××××，×××××，×××××××××

[5] ×××，××××××，×××××，×××××××××

……

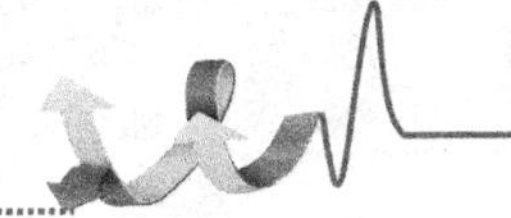

致谢（三号黑体，居中）

（空 2 行）

（以下正文采用小四号宋体）

本文在写作过程中，得到了很多老师、朋友和同学的支持和帮助。……

××××职业学院毕业论文（设计）指导教师评阅表

毕业论文（设计）题目			
年级/系/专业/班级			
学　　号		姓　　名	
指导教师		评阅时间	
论文（设计）评语			
论文（设计）评定等级			
评阅人签名			
教研室主任签名			
系签（章）			

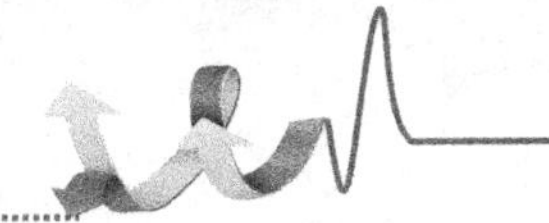

××××职业学院毕业论文（设计）答辩记录表

毕业论文（设计）题目			
年级/系/专业/班级			
学　　号		姓　　名	
指导教师评阅成绩		答辩时间	
答辩记录			
评审意见			
论文（设计）评定等级			
评阅人签名			
答辩小组长签名			

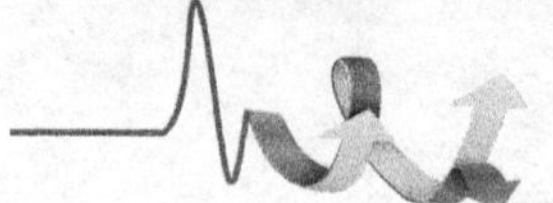

（2）高职高专毕业论文范本。

浙江××职业技术学院

毕业设计（论文）

课题名称 高等职业院校发展战略的思考

专　　业 ×××

班　　级 ×××

姓　　名 ×××

学　　号 ×××

指导教师 ×××

完成时间××××年××月××日

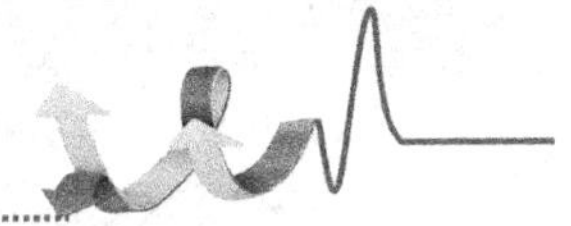

目录（居中，小二黑体加粗，两字间空两字）

（目录内容两端对齐，四号宋体）

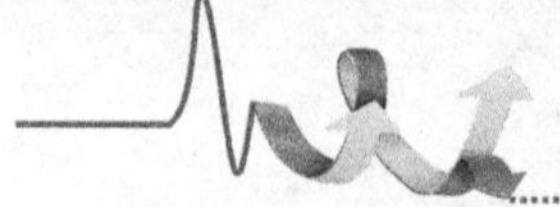

高等职业院校发展战略的思考（居中、黑体、三号）

（空1行）

×××（宋体、居中、小四号）

浙江××职业技术学院××系，班级：××（宋体、居中、五号）

（空1行）

摘要：随着高等教育体制改革的不断深入……（仿宋、五号）

关键词：高等职业院校；发展战略；思考（3～5个词，仿宋，五号）

（空1行）

随着我国加入WTO，教育走向国际化，国家发展高等职业教育的政策发生了重大转变，高等职业教育得到了迅速发展，也迎来了绝好的发展机会。

一、正确定位、安于本位（空2格，4号黑体，加粗）

高等学校的定位，是指高等学校根据自身条件、职能、国家和社会需要以及学生需求，按照扬长避短的原则，参照高等学校类型和层次的划分标准……

二、增强学校可持续发展的后劲

（一）高等院校管理者的综合素质及其人格（空2格，小4号黑体）

高校管理者，尤其是领导人的综合素质及其人格是高等教育核心竞争力的关键因素之一。

1．管理者的综合素质（空2格，小4号宋体加粗）

（正文，论文不少于5000字，设计说明书不少于3000字，中文一律采用宋体小四号字，行间距1.5倍）

×××。高校领导者应具备的综合素质见表×-×。

表×-×　领导者应具备的综合素质表（居中、宋体、五号）

	政策水平	组织能力	协调能力	业务能力	其他
作用和地位					

表中使用五号宋体字、居中。

（空2行）或另起页

参考文献（顶格，小四号宋体加粗，论文不少于10篇，设计不少于5篇）

[1] 刘广珠．高中生考试焦虑成因分析[J]．陕西师范大学学报（哲学社会科学版），1995，24（1）：161-164．

[2] 郑霖，柴宗新，郑远昌，等．四川省地理[M]．四川科学技术出版社，1994．108-111．

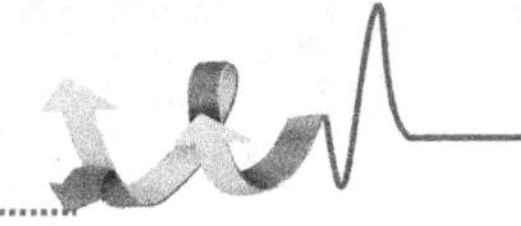

（文献顶格，连续编号，宋体，五号，单倍行距。引用格式按照 GB 7714—2005 要求）

（空 2 行）或另起页

附录（可选，顶格，小四号宋体加粗）

（空 2 行）或另起页

致谢（可选，顶格，小四号宋体加粗）

案例

【案例 7-1】建筑工程技术专业毕业综合实践报告—— 技术员岗位实习

作　　者　×××

指导教师　×××

摘要　通过在天津万通新城国际一期工程的外墙外保温项目进行为期两个月综合实践，熟悉了外墙外保温的施工工艺，学会了技术资料的编写，并参与编制该项目的施工组织设计。在工作中强化了理论知识，学到了更多的实际工作技能，磨练了自己的意志品质。

关键词：外墙外保温体系；施工工序；质量通病。

目　　录

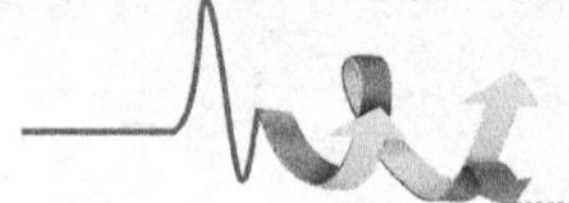

引言

根据学校的安排，我从 2007 年 4 月 5 日—6 月 5 日在天津万通新城国际一期工程的外墙外保温项目进行为期两个月综合实践。该项目是由 6 栋剪力墙框架结构组成的高层住宅群，建筑面积为 15.4 万 m^2，外保温面积为 67420m^2，本工程外墙外保温按“三步节能”要求进行设计，并组织施工，采用的是德国 Sto 无水泥基膨胀聚苯板薄抹灰外墙外保温体系。我在实习期间主要参加了现场技术管理、技术资料编写、现场施工进度计划和现场材料定货计划的编制以及保温面积计算等工作。

1．现场技术管理

1.1　施工的要求

严格按照基本要求进行施工，主要包括施工环境、基层及使用的材料的温度不应低于 5℃。不应在大风环境中或夏天阳光直射的墙面上施工，以避免材料在施工过程中失水过快而出现毛细裂缝。应避免尚未硬化的材料受到相对恶劣的气候条件的直接作用，特别是避免雨水的冲刷。必要时应对新施工的墙面加以保护。

1.2　施工工序

利用吊篮施工，针对本工程特点及以往工程施工经验，保温层采取由下开始往上粘贴，做好各工作面和各工序的流水施工。

基面验收检查→吊线→基层处理→粘贴 EPS 板（由下往上）→PU 发泡胶填充板缝→打磨 EPS 板→固定盘型锚钉→制作防护面层（在纤维增强抹灰胶内埋置玻纤维网格布）（由上往下）→验收。

1.3　保温板的固定

1.3.1　保温板的粘贴方式

保温板的粘贴分为整面粘贴和点边粘贴两种，整面粘贴一板用于小面积的 EPS 聚苯板的保温，大面积的保温通常选用点边粘贴方法。

1.3.2　整面粘贴

如果墙面平整度在 0.5～2.0m 范围内，一般采用整面粘贴（但实际大的墙面很少用整面粘贴）。施工时首先用平边抹灰刀将粘胶均匀地涂到保温板表面上，然后用方齿边抹灰刀拖刮一次。

1.3.3　点边粘贴

适用于平整度在 1.0～2.0m 范围内的墙体表面。施工时首先用抹灰刀沿保温板周边将粘胶均匀地涂到保温板边缘上，然后在板面上再均匀地分布 6 个粘胶点。粘胶的涂抹厚度视墙面的平整度确定。墙体表面平整度越差，涂抹越厚。

1.3.4　粘板注意事项

★　涂抹粘胶时保温板周围挤出的粘胶必须立即刮掉，保证保温板 4 个侧端面上没有粘胶。

★　整面粘胶时，要注意方齿边抹灰刀拖刮的角度不得过平，以避免粘胶的涂抹厚度过薄。

★　点边粘贴时需要保证粘贴面积应大于整个板面面积的 40%。同时也要注意周边粘胶的涂抹厚度，以保证整个周边粘牢。

★　如保温板的某一面有缺陷，则应将这一面作为抹胶面。

★　切割保温板时必须保证边角整齐。

★　门窗四角与墙面平行方向粘贴保温板时，需注意在开角处不得有板缝，应以整块保温板粘贴，粘贴前先在保温板上裁切出门窗开角。

★　粘板结束后一定要打磨保温板，控制好平整度小于 4.0mm/2m。

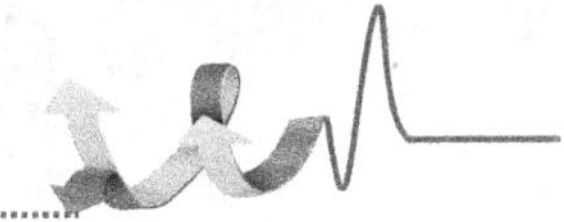

1.4 防护面层的施工

在防护面层的施工开始之前，应再次检验保温板的粘贴质量，特别是平整度，对于不满足前述质量要求的部位应予以修补。

施工时应由下至上将防护砂浆均匀地涂抹在保温板上，涂抹厚度为 2～3mm，在防护砂浆初凝前将网格布压入砂浆中，并把网格布中挤出的防护砂浆磨平。网格布之间应搭接，绝对不能对接，搭接长度为 5～10cm（一般为 10cm），并在搭接部位刮掉一些防护砂浆，以使此处不至于过厚。网格布应尽量靠近防护砂浆的表面，且完全为防护砂浆所覆盖，以能看到网格布的格子而看不到网格布的颜色为准。在容易受到撞击的部位，可通过埋置双层网格布，或附加一层加强网格布来提高体系的抗冲击荷载能力。附加的网格布必须在正常的网格布之下，且只能对接，绝对不得搭接。从有附加网格布的部位到正常部位的过渡应尽量平缓。

墙角、门窗等开口处必须加强处理，一般在建筑物 4 个大阳角处使用刚包角，在小阳角采用双包角的形式处理，即采用双层网格布在两个墙面上均匀包过墙角 10～20cm，且加强网格布（包括刚包角）必须铺置在标准网格布之下，刚包角与墙面标准网格布之间搭接宽度大于 5cm。

注意事项：

★ 网格布应由高向低铺设，下面的搭接在上面的网格布上，搭接长度不少于 10cm。

★ 铺设网格布时应密切关注天气变化，尤其避免雨水冲刷。

★ 铺设网格布之前应先将防护砂浆均匀涂抹在保温板上。

★ 铺设完网格布后不能露出网格布的颜色。

1.5 施工通病

（1）保温板脱落。这是由于保温板虚粘或粘接面积不够所引起。

（2）保温板虚粘。这是由于工人涂抹底胶过少、拍打不密实或没有从侧面推压上墙所造成的。

（3）网格布干铺。铺设网格布之前忘涂抹防护砂浆在保温板上，直接上网称为干铺。

（4）门窗开口处漏水。这是由于施工时膨胀密封条没有压密实或膨胀密封条断裂。

（5）外保温表面不平整。一般由于粘板没有打磨平整、保温板缺陷没用修补或抹防护层时没有压实。

（6）外保温装饰面透水。由于施工完毕后成品保护不够，保温板防护层被破坏；保温板之间缝隙没有填密实或墙面各门窗洞口施工处理不到位，粘板不密实或膨胀密封条断裂。

1.6 技术管理体会

在指导施工和检查质量前一定要做到心中有数，对技术标准中的各个量化指标要熟记在脑中。要多看、多思考，逐步积累施工经验。工作中要不怕苦、不怕累，态度认真谦虚，这样，班组长容易接受指正，自己也能从中学习更多的知识。

2．技术资料的编写

在有关技术人员的帮助下我主要参与编写了以下几方面的资料：

（1）主材进场。这包括材料汇总表、材料进场验收记录、材料合格证明及质保书（材料第一次进场还需厂家材料检测报告）。

（2）主材复试。这包括材料汇总表、材料检测报告。

（3）样板施工。这包括样板施工照片及各方（甲方、监理、设计、总包、施工方）签字表。

（4）基层清理。这包括隐蔽工程检查验收记录、黏结剂与基底黏结现场试验检验报告（混凝土基底、抹面砂浆基底）。

（5）粘贴保温板施工。这包括节能外墙检验批质量验收记录表、隐蔽工程检查验收记录。

（6）防护层施工。这包括节能外墙检验批次质量验收记录表。

（7）外墙外保温体系拉拔报验。外墙外保温面层黏结强度现场试验检验报告。

（8）外墙外保温体系抗冲击性报验。这包括外墙外保温体系抗冲击性现场试验检验报告。

做资料是个既简单又烦琐的事情，开始做资料总是会因日期、格式、签字等原因不断地被打回重做，面对一次次的失败、拒绝、责怪曾经有过消极的想法，通过朋友的开导最终走过了艰难的日子，现在做起资料得心应手，现在回想那些日子使我更明白了："态度决定一切，细节决定成败"这句名言。

3．施工组织设计的编制

3.1　编制内容

（1）工程概况。工程概况含工程特点，建设地点特征和施工条件等内容。

（2）施工方案。施工方案主要包括施工程序及施工流程，施工顺序的确定，施工机械与施工方法的选择，技术组织措施的制订等内容。

（3）施工进度计划。计算各部（分项）工程的工程量、劳动量或机械台班量，安排施工班组人数、每天工作班数，计划工作持续时间以及排施工进度等。

（4）施工准备工作及各项资源需要量计划。这主要包括施工准备工作计划及劳动力，施工机具，主要材料，构件和半成品需要量计划。

（5）施工平面图。确定起重运输机械位置，搅拌机站，加工棚，仓库及材料堆放场地的布置，运输道路的布置，临时设施及供水，供电管线的布置等。

（6）工期、质量保证措施。

（7）安全保证措施。

（8）主要技术经济指标。主要技术经济指标主要包括工期指标，质量和文明安全指标，实物量消耗指标，成本指标和投资指标等。

3.2　编制体会

在做施工组织设计时，施工之前的准备工作很重要，正所谓不打无把握的仗。熟悉图样很重要，同时选择施工方案也一样，这决定了在以后的工作难度问题，所以一定要和各部门密切配合，把重点放在施工方案和施工进度计划上，这里要花很长的时间和精力去做，凭一个人的力量是不够的，因为这项工作量比较大，要有几个人配合，人多力量大就是这缘故了，所以我们要团结一致，把问题弄明白了，搞清楚了再做，施工平面图设计同样也有难度，在保证施工顺利进行的前提下，现场布置紧凑，占地要省，不占或少占田地，临时设施要在满足需要的前提下，减少数量，降低费用，精心设计，减少二次搬运。

结论

这次带有工作性质的实习和以往不同，通过两个月时间，我在专业技术上得到了提高，同时更加体会到工作中与人交往的重要性。

在专业技术上，通过现场管理和资料的编排懂得了技术员与资料员工作，更加深了对施工设计图样的认识。通过实际工作领悟到应该有怎样的工作态度。我们是搞技术的，技术方面没有虚假，要踏踏实实地面对一切困难，工作中时刻会出现挑战，我们应该勇于面对，就在这一次次的挑战中提升自我。

与人交往是作为现场管理者必会的技能之一，更是我们这些刚从校园步入社会者所需要学习与提升的。在施工现场你面对的是几百人、甚至是几千人，只有处理好个中关系才能管理好工人，最终把项目干好，所以学习交际能力是我以后学习的重点。

致谢

本文从选题到完成的过程中得到张老师、现场的师傅、项目经理的悉心指导。在此，我对你们表示感谢，感谢你们给我学习的机会，在这段实习的日子里与你们为伴，我感到很荣幸，不仅在工作上的帮助，而且在社会做人方面的帮助也给了我很多， 我给你们凭添了不少的麻烦，很感激你们在这些日子里对我的照顾。

三年过去了，我感慨万千。感谢各位老师，你们给予了我知识与为人之道。我是你们的学生，在此，我要向诸位老师深深地鞠上一躬。

参考文献：

[1] 张长友．建筑施工技术[M]．北京：中国电力出版社，2004.
[2] JGJ 144—2004，外墙外保温工程技术规程[S]．北京：中国建筑工业出版社，2005.
[3] 02J121，外墙外保温建筑构造（一）[S]．北京：中国建筑标准设计研究院，2002.
[4] JG 149—2003，膨胀聚苯板薄抹灰外墙外保温系统[S]．北京：中国标准出版社，2003.
[5] GB 50210—2001，建筑装饰装修工程质量验收规范[S]．北京：中国建筑工业出版社，2002.
[6] GB 50300—2001，建筑工程施工质量验收统一标准[S]．北京：中国建筑工业出版社，2001.
[7]《居住建筑节能工程施工技术规程》（DB29-125—2005）
[8] 蔡雪峰．建筑工程施工组织管理[M]．北京：高等教育出版社，2002.

附件

附件 1 综合实践日志

附件 2 天津万通新城国际一期 3#楼 外墙外保温施工组织设计

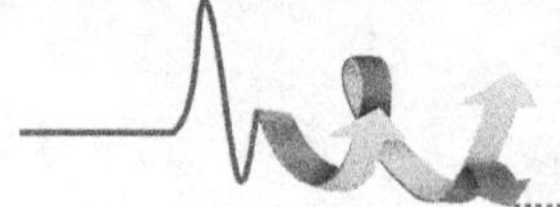

【案例 7-2】毕业实习顶岗活动报告范文

随着社会的快速发展，当代社会对即将毕业的大学生的要求越来越高，对于即将毕业的我们而言，为了能更好地适应严峻的就业形势，毕业后能够尽快地融入社会，同时能够为自己步入社会打下坚实的基础，我系同学各自开展了顶岗实习活动。此次实习，我是××××有限公司的储备干部，从找工作到找到工作再到工作的过程中发生的点滴给我留下了深刻的印象，也让我学到了许多知识，体会到很多，相信此次经历对我而言是一笔宝贵的财富。

一、实习目的

毕业实习是我们大学期间的最后一门课程，不知不觉我们的大学时光就要结束了，在这个时候，我们非常希望通过实践来检验自己掌握知识的正确性。在这个时候，我来到××××有限公司，在这里进行我的毕业实习。

二、实习单位及岗位介绍

公司于 1993 年成立，地处长江三角洲沪杭甬城市经济圈的中心地带，交通便捷，地理位置优越，是集研发、生产、销售、服务为一体的高新科技企业。公司多年来集中有限资源、充分挖掘出了自身的比较竞争优势，通过观念创新、技术创新、服务创新来保证企业高速发展。

开发项目：各种定时器系列、漏电保护器、过压保护器、插座和调光插座、宠物用品和灯具等。公司宗旨：科技创造价值、质量赢得市场、诚信铸造品牌、服务成就未来。

三、实习内容及过程

为了达到毕业实习的预期目的。在学校与社会这个承前启后的实习环节，我们对自己、对工作有了更具体的认识和客观的评价。以下是我的毕业实习报告总结：

1. 工作能力

在实习过程中，积极肯干，虚心好学、工作认真负责，胜任单位交给我的工作，并提出一些合理化建议，多做实际工作，为企业的效益和发展做出贡献。

2. 实习方式

在实习单位，师傅指导我的日常实习，以双重身份完成学习与工作两重任务。向单位员工一样上下班，完成单位工作；又以学生身份虚心学习，努力汲取实践知识。

3. 实习收获

实习收获主要有 4 个方面。一是通过直接参与企业的运作过程，学到了实践知识，同时进一步加深了对理论知识的理解，使理论与实践知识都有所提高，圆满地完成了教学的实践任务。二是提高了实际工作能力，为就业和将来的工作取得了一些宝贵的实践经验。三是在实习单位受到认可并促成就业。四是为毕业论文积累了素材和资料。

四、实习总结及体会

我怀着美好的期盼来到××××有限公司开始为期几个月的实习生活。在这段时间里，我学到了许多书本上学不到的东西，虽然一开始有些单调，有些无聊，但毕竟也让我学到了许多知识。刚开始几天的维修工作让我对电子产品有了初步的了解，正式开始后，有一位师傅带着我教我怎样维修。我的师傅是一个很开朗的人，跟着她随时会被她的开心所感染，她说要开心地工作，工作得开心，只有这样才能做到更好。我也觉得做任何事情都一样，只有开心地去做才能把事情做好。

以上是我的毕业实习报告书。总而言之，此次顶岗实习的机会来之不易，工作的经历也来之不易，也相信此次实习会令我终身受益。

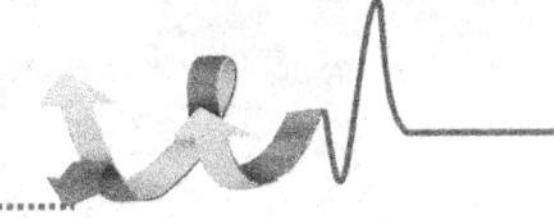

【案例 7-3】顶岗实习总结范文

顶岗实习总结报告这段时间，我经过了一段顶岗实习过程。在这次顶岗实习过程中，我学会了很多。为了给自己的工作做一个总结，也为了给日后写毕业实习报告提供素材，我现将顶岗实习总结报告如下，敬请各位同仁提出宝贵意见。

一、实习目的

生产实习是教学与生产实际相结合的重要实践性教学环节。在生产实习过程中，学校也以培养学生观察题目、解决题目和向生产实际学习的能力和方法为目标。培养我们的团结合作精神，牢固树立我们的群体意识，即个人聪明只有在融集体之中才能最大限度地发挥作用。

通过这次生产实习，使我在生产实际中学习到了电气设备运行的技术治理知识、电气设备的制造过程知识及在学校无法学到的实践知识。在向工人学习时，培养了我们艰苦朴素的优良作风。在生产实践中体会到了严格遵守纪律、统一组织及协调一致是现代化大生产的需要，也是当代大学生所必需的。

通过生产实习，对我们巩固和加深所学理论知识，培养我们的独立工作能力和加强劳动观点起了重要作用。

二、实习任务

（1）较全面、综合地了解企业的生产过程和生产技术；较深入、具体地了解企业生产的设备、工艺、产品等相关知识；了解企业的组织治理、企业文化、产品开发与销售等方面的知识和运作过程。

（2）在专业比较对口的实习岗位上，努力将所学的理论知识与实际工作密切结合，并能灵活应用，使自己的专业知识、专业技能及工程实践能力均得到一次全面的提升。

（3）积累一定的工作经验和社会经验，在职业道德、职业素质、劳动观念、工作能力等方面都有明显的进步，逐步把握从学生到员工的角色转换，为毕业后的就业打下良好的基础，提升就业竞争力。

三、实习基本要求

（1）学生在实习企业必须遵守企业的各种规章制度和相应的劳动纪律，不能无故请假和擅离岗位。有特殊情况需要请假或改变实习企业的必须征得实习企业和指导教师的同意。

（2）学生在实习期间必须严格遵守岗位操纵规程和安全治理制度，严防工作责任事故和人身安全事故的发生。

（3）必须遵纪守法，模范遵守公民的社会公德，不得从事法律法规、厂纪厂规、校纪校规所不答应的各项活动。

（4）努力工作，积极完成实习单位指定的工作任务，虚心学习，主动、诚恳地向工人师傅、工程技术职员及企业治理职员求教，刻苦钻研。

（5）应多与指导教师联系交流，及时得到教师指导。

四、实习内容

（一）安全教育

1. 安全教育学习的目的

2. 事故的发生及其预防

（1）事故发生的因素。人的因素——不安全行为；物的因素——不安全因素。

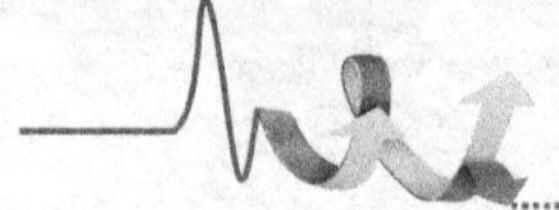

（2）发生事故的人为因素：①治理层因素。②违章：错误操纵、违章操纵、蛮干。③安全责任（素质）差。

3. 进厂主要安全留意事项

（1）防火、防爆。

（2）防尘、防毒。

（3）防止渍固伤。

（4）防止触电。

（5）防止机械伤害。

（6）防止高处坠落。

（7）防止车辆伤害。

（8）防止起重机械伤害。

（9）防止物体打击。

（10）班前班中不得饮酒。

4. 设备内作业须知

（1）在各种储罐、槽车、塔等设备以及地下试冬阴井、地坑、下水道或是其他密闭场所内部进行工作均属于设备内作业。

（2）设备上与外界连通的管道、孔等均应与外界有效的隔离。

（3）进入设备内作业前，必须对设备内进行清洗和置换。

（4）应采取措施，保持设备内空气良好。

（5）作业前30分钟内，必须对设备内气体采取采样分析，采样应有代表性。

（6）进入不能达到清洗和置换要求的设备内作业时，必须采取相应的防护措施。

（7）在容器内工作时应照明良好，照明用电应是小于36V的防爆型灯具。

（8）多工种、多层次交叉作业应采取互相之间避免伤害的措施，并且搭设安全梯或是安全平台，必要时由监护人用安全绳栓作业。

（9）设备内作业必须有专人监护，并应有进行抢救的措施及有效保护手段。

（10）《设备内安全作业证》由施工单位负责办理，该项目的负责人或是技术员填写作业证，上检验作业单位应填写的各项内容。

（二）流水线生产特点的扼要内容

顾名思义，流水线就是团体的工作，每个员工必须认真做好自己的工作，由于整个流水线的每个工序都是紧密联系的，可能会由于某个工序的错误而造成整个流水线生产出来的产品为废品。

（三）学习和了解电子器件的结构型式、结构种类和作用

（四）学习和了解工厂车间的生产组织治理情况，生产工艺等

（五）实习期间进行了社会主义、爱国主义教育，进行爱劳动、守纪律教育，进行安全教育

五、实习过程

1. 安全教育

在实习开始时，学校组织我们到公司由专业人士对我们进行安全教育，讲解了安全题目的重要性和在实习中所要碰到的种种危险和潜伏的危险等。

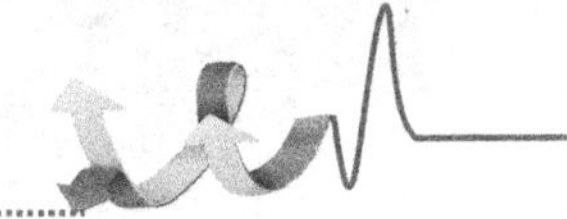

2. 车间实习

我们在车间实习是生产实习的主要方式。我们按照实习计划在指定的车间进行实习，通过观察、分析计算以及向车间工人和技术职员请教，圆满完成了规定的实习内容。

3. 理论与实践的结合

为了能够更加深入的进行车间实习，在实习过程中，结合了所学的书本知识与实习要求，将理论与实践进行了完美的结合，也更加促使我们不断地进行学习与研究。

4. 实习工作总结

在实习中，我们将天天的工作、观察研究的结果、收集的资料和图表、所听报告内容等均记入实习日记中。随时接受老师们的检查与批改。

六、其他活动

在完成好我们所实习业务内容的同时，经常利用现场学习的机会，开展向社会、向工人和工程技术职员实习的活动。在空余时间里还组织球赛、踢毽子、乒乓球等活动，并加强进行思想政治教育活动等。

七、实习感悟

生产实习是我们学院为培养高素质工程技术人才安排的一个重要实践性教学环节，是将学校教学与生产实际相结合，理论与实践相联系的重要途径。其目的是使我们通过实习在专业知识和人才素质两方面得到锻炼和培养，从而为毕业后走向工作岗位尽快成为业务骨干打下良好基础。

通过生产实习，使我们了解和把握了车间治理、生产技术和工艺过程；使用的主要工装设备；产品生产用技术资料；生产组织治理等内容，加深对电子器件的工作原理、设计、试验等基本理论的理解。使我们了解和把握了工厂车间的工作和治理等方面的知识。为进一步学好专业课，从事这方面的研制、设计等打下良好的基础。

在这次生产实习过程中，不但对所学习的知识加深了了解，更加重要的是更正了我们的劳动观点和加强了我们的独立工作能力等。

总的来说，我对这门课是热情高涨的。

第一，我从小就对小制作很感兴趣，那时不懂焊接，却喜欢把东西进行拆装，但这样一来，这东西往往就给废了。现在工厂电子实习课正是学习如何把东西进行拆装。每次完成一个步骤，我都像孩子那样兴奋，并且很有“成就感”。

第二，电工电子实习，是以学生自己动手，把握一定操纵技能并亲手设计、制作、组装与调试为特色的。它将基本技能练习、基本工艺知识和创新启蒙有机结合，培养我们的实践能力和创新精神。作为信息时代的大学生，作为国家重点培育的高技能人才，仅会操纵鼠标是不够的，基本的动手能力是一切工作和创造的基础和必要条件。

通过一个月的学习，我觉得自己收获颇多，除我知道实习报告怎么写，还有以下几个方面的收获：

（1）对电子工艺的理论有了初步系统的了解。我们了解到了测试普通元器件与电路元器件的技巧、印制电路图的设计制作与工艺流程等。这些知识对以后的电子工艺课的学习有很大的指导意义，在日常生活中更是有着现实意义。

（2）对自己的动手能力是个很好的锻炼。实践出真知，纵观古今，所有发明创造无一不是在实践中得到检验的。没有足够的动手能力，就奢谈在未来的科研尤其是实验研究中有所成就。在实习中，我锻炼了自己动手技巧，进步了自己解决题目的能力。

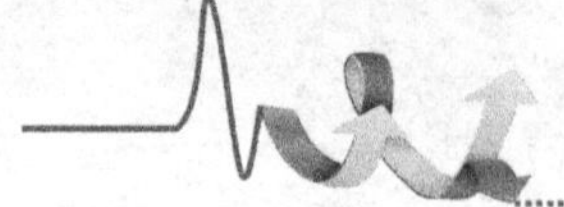

本章小结

高职学生在学业的最后一个学期需参加毕业实习并撰写毕业实习报告，在学习结束时需撰写毕业论文。报告是对该阶段进行总结与说明的书面材料，是反映学生毕业实习完成情况的一项主要内容；毕业设计的过程是对学生综合素质的训练过程，也是对毕业生的又一次培养和训练。本章通过对信息分析的基本概念、信息分析的基本步骤、信息分析主要方法进行介绍，重点讲解各种毕业实习报告和毕业论文的撰写方法，使高职学生有一定的了解并能较好地掌握。

练习题

1．从附件中选择一项课题进行研究，检索该课题相关的文献信息，要求检索并下载相关期刊论文 6 篇，硕士论文 2 篇，电子图书 3 本，专利或标准 1 篇。写出检索报告（2000 字以上），报告要求有以下内容：

（1）课题分析

（2）课题检索思路

（3）检索方法

（4）使用的检索工具（数据库）

（5）检索出来文献的基本信息和摘要

（6）学习本课程的体会

附件：课题目录

（1）可再生能源与建筑集成的技术经济评价

（2）新型建筑室内热湿负荷调节系统的研究

（3）太阳能供热、制冷、通风系统与建筑的接口技术研究

（4）居住建筑节能方法研究

（5）智能住宅小区设计思考

（6）智能建筑安全防范系统的研究

（7）发展私营建筑企业的思考

（8）高层建筑施工沉降观测技术探讨

（9）预应力鞍形索网屋盖工程施工工艺

（10）浅析主体工程监理过程中应注意的问题

2．撰写相关专业文献综述

选择自己专业实践活动的相关课题，查找 8～12 篇专业学术论文。要求：

（1）列出下载论文的基本情况。

（2）根据所下载的论文，写一篇 1800～2000 字左右的文献综述。

（3）论文选题要非常明确，这样查找数据库的时候命中率比较高。当然，如果大家学有余力，查找论文当然是多多益善，这样便于大家今后撰写毕业论文。而且，查到的论文越多，文献综述也越好做。

第8章 信息资源综合利用

学习目的：信息本身具有很强的时效性，它包含人文的、技术的、经济的、法律的诸多因素，和许多学科有着紧密的联系，在收集信息时，尽量做到收集快、传递快，以防信息失效。在校大学生要具备综合获取、利用信息的能力，通过在学校相应的活动中获取信息，通过完善的调查方法，经过鉴别和推理来完成了解、搜集、评估和利用信息的知识结构。在本章的学习中，提升对信息的综合利用能力。面临毕业时，如何获取就业信息；如何策划校园活动；如何考取与自己专业有关的相关证书。通过本章的学习，我们会对这些问题有更加清晰的认识并更有效地掌握其方法。

8.1 就业材料准备

在撰写毕业顶岗实习报告和毕业设计（论文）同时，如果关注就业信息的搜集和整理，那么对就业机会的把握会起到事半功倍的效果。就业信息是毕业生择业的基础，就业信息越广泛，择业就越宽阔；就业信息质量越高，择业把握性就越大。会选择职业的人，首先是会收集信息的人。就业竞争在一定程度上就是信息的竞争，掌握用人单位的信息多，就能有力地说服单位录用你。

8.1.1 就业信息的收集

（1）学校主管部门。学校招生就业处是高等院校的一个职能部门，其主要职责是对毕业生进行就业政策咨询和就业指导，收集、整理和发布毕业生信息和用人单位信息，向用人单位推荐毕业生编制，上报就业计划等工作。另外该部门不仅以收集、整理和发布用人单位信息为主要工作，还要与用人单位进行长期交往，因此建立了良好的、相对稳定的合作关系。用人单位的需求信息经过学校毕业生就业工作部门的筛选和分类后，其可信度较高。

（2）各级政府部门和就业指导机构。省、市、县的教育主管部门及毕业生就业指导机构会定期收集所在地单位的需求信息，经过整理分单位和专业汇编成册，然后通过多种渠道发布当地各行业的需求信息，这些就业信息地域性较强。对有明确就业地点要求的毕业生来

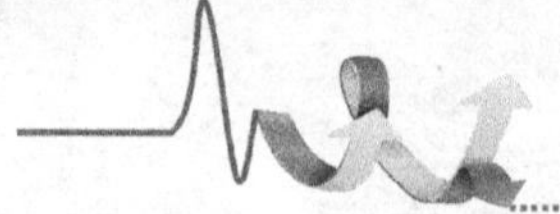

说，这种渠道的信息显得尤为重要。

（3）人才交流会。各地区、学校或用人单位举办的规模不等，形式多样，往往具有时间集中、信息量大、针对性强、双方面对面接触的特点，是毕业生了解信息、成功择业的难得机会。在那里，你不仅了解到许多各类不同单位和职位，而且还为你提供一次极好的锻炼面试技能和增加面试自信心的机会。

（4）院系领导、老师和校友。院系领导、老师直接与学生接触，对学生的情况比较了解，而且他们的同窗、朋友在相关行业、单位中居多。在实际工作中他们经常受其同学、好友、校友的委托，为单位挑选、推荐合适的毕业生。此外一些校友对母校怀有深厚的感情而且熟悉学校的地理和人文环境，可以很方便地了解毕业生的情况。当其单位需要毕业生，他们很自然考虑回母校挑选人才。

（5）家长和亲友。毕业生的家长和亲朋好友在不同单位工作，他们十分了解各自工作的单位，并与社会有着广泛的接触。因此对自己所从事的职业圈非常了解，对相关单位的用人需求都可以在第一时间告知毕业生本人。

（6）社会实践。社会实践包括毕业实习。走出校门，融入社会，锻炼与体验人生是大学生自我教育的有效形式之一，也是收集就业信息，推销自我的机会。通过毕业实习，一方面了解企业现有的职位、职业竞争机会和内部管理情况，另一方面也让用人单位对你有所认识、了解或得到实际评价，为自己以后就业打好基础。

（7）有关新闻媒体。许多用人单位是通过新闻媒体发布招聘信息的，毕业生就业已成为社会普遍关注的热点问题，关于就业政策、热门话题、招聘广告在广播电视、报刊都有报道。

（8）网络。这是毕业生了解社会需求的重要途径。现在许多毕业生就业工作或服务机构都建立了专门的毕业生就业信息网，毕业生能够得到许多有益信息。许多高等院校也建立了毕业生就业网站，除本校学生经常浏览外，非本校毕业生也能从中了解一些信息。

8.1.2 就业信息整理

1. 就业信息分类

按专业分类：根据招聘单位的所有制特点、专业性质及对毕业生的专业规定、学历程度、性别要求等进行分类，并以自己的现实情况为标准进行排序。

按时效分类：面对大量信息会令人眼花缭乱，因此要对信息的时效性进行分析，剔除那些过时的信息并按时间的先后顺序排列。

按地域分布：根据招聘单位所在省、市、地区的信息分布进行分类。

2. 信息筛选

查重剔除：剔除那些内容相同、重复的信息，选出有用的，以减少其他环节的无效劳动。

真伪辨别：对所收集到的信息进一步辨明真伪，通过电话、电子邮件向发布人或单位查询，对不真实或严重夸大其词的招聘信息删除。

类比分析：对同类信息进行比较，对发展空间大、企业知名度高、培训机会多的单位要优先考虑。

评估取舍：有些招聘信息很诱人，但距自己的职业目标相差太远，或招聘条件太高，与自己的实力相差太多，则要考虑是否保留。

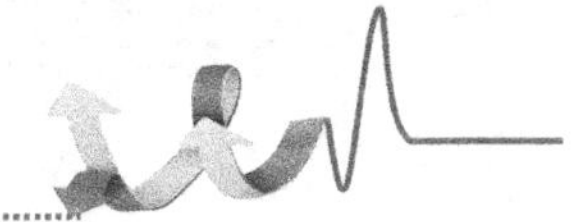

3．就业信息整理

由于信息的特点在于它的流动性、堆积性，往往旧信息还未处理完，又出现新信息，因此在经过分类处理、筛选后还应进行储存和新信息不断整合。同时在应聘目标单位之前，应尽可能多收集目标单位的相关信息，例如，公司历史、运行机制、管理模式、奖励制度等，最好对企业的领导者的年龄、性别、价值观、学历背景、工作作风等能有所了解。

8.1.3 自荐材料制作

1．求职材料构成

求职材料主要包括求职信、个人简历、各种证明等。

（1）求职信。求职信也称自荐信，是毕业生在收集需要的信息后有目的地向用人单位作自我介绍。它是针对特定单位（岗位）的特定人写的，主要表述求职者的主观愿望和特长，以求吸引招聘者的注意，取得面试机会。因此求职信从形式到内容都应给人以美感。

（2）个人简历。个人简历反映求职者个人的简要经历，是一个人生活、学习、工作的经历与成绩的概括和总结。用人单位从求职者的简历中，能看出求职者在业绩、能力、性格、经验等方面的综合表现，通常主要体现求职者的受教育程度、兴趣、特长等。从某种意义上说简历决定求职前程。

（3）毕业生推荐表。它是毕业生就业指导中心发给每位毕业生填写的并附有学校意见（鉴定、评价等）的书面推荐表格。一般由下面部分组成：一是毕业生本人的情况介绍；二是毕业生所在院系的推荐意见；三是毕业生所在学校就业主管部门的推荐意见。此表格通常是学校正式向用人单位推荐毕业生的书面材料，因此具有较大的权威性和可靠性。

（4）其他材料（附件）。其他材料是对求职信、个人简历、毕业生推荐表的补充和总结，主要包括学校教育部门出具的成绩单、相关证书复印件（外语等级、计算机等级、各类获奖证书以及各类职业证书等）、社会实践（实习）鉴定、院系老师的推荐信、公开发表的论文、文章及其他成果复印件或证明等。

2．求职材料制作的基本原则

内容必须真实，这既是大学生诚信素质的表现，也是获得求职者成功的首要条件。因此要实事求是，如实地填写自己的基本情况、参加过的社会活动和工作、特殊技能，以及获得的奖励等。

全面展示，突出重点。要针对用人单位的岗位、职位要求，在全面展示自我的基础上，突出强调自己能力与职位相符的部分。例如，用人单位是外资企业，要突出自己的外语水平或递交一份相应的中英文对照材料等。同时要注意自我优点的叙述不要空洞，尽量用实例说明或事实佐证来体现。

言简意赅，设计美观。一般用人单位花在每份求职材料上的时间平均只有一分钟左右。所以，应力求使自己的求职材料言简意赅，用最精炼的语言表达所需要的内容。同时材料的设计应该美观、大方、得体。通常，求职材料无论是文字还是表格，都应采用A4复印纸打印或复印，所有材料都要进行必要的版面设计。

认真细致，杜绝错误。求职材料需要认真细致，杜绝一切错误，无论是语法上、文字上、用词上或打印上，甚至标点符号。尽管面试表现得很出色，求职材料做得也很漂亮，但因为不经意的小错误，使得用人单位对求职者大打折扣，因此要十分谨慎。

3．个人简历基本内容

个人资料：姓名、性别、出生日期、民族、出生地、政治面貌、身体状况（如健康状况、身高、体重、视力等）、家庭所在地、兴趣爱好和特长、联系方式等。

求职意向：表达出希望从事×××工作即可。

教育背景：最好以时间倒叙来写，首先列出最高学历，然后回溯，并写明就读学校、专业任职情况。

主要社会工作：重点写明自己的学术成就和课外活动如曾经参加哪些社团工作、担任的职务及主要经历，实习时间、地点和效果等。

所获荣誉：写明有否三好学生、优秀团员、优秀学生干部、各种奖学金等。

能力和特长：写明外语、计算机、文体等方面的等级与水平。

联系方式与备注：一定要写明自己的联系方式，如果留下别人电话，一定要与此人先说明。

中文简历样表见表 8-1。

表 8-1　中文简历样表

<table>
<tr><td>姓名</td><td>刘刚</td><td>性别</td><td>男</td><td>出生年月</td><td>1985.5</td><td rowspan="3">照片</td></tr>
<tr><td>学历</td><td>大专</td><td>民族</td><td>汉</td><td>政治面貌</td><td>党员</td></tr>
<tr><td>籍贯</td><td>浙江省杭州</td><td>身高/m</td><td>1.77</td><td>健康状况</td><td>良好</td></tr>
<tr><td>爱好特长</td><td colspan="6">英语（×级）、计算机（×级）、篮球、音乐、象棋</td></tr>
<tr><td>院校及专业</td><td colspan="6">××学院土木工程系</td></tr>
<tr><td>求职意向</td><td colspan="6">建筑企业施工技术员</td></tr>
<tr><td>奖励情况</td><td colspan="6">2005～2006 学年：获二、三等奖学金，三好学生
2006～2007 学年：获二等奖学金，三好学生，暑期实践活动先进个人</td></tr>
<tr><td>个人简历</td><td colspan="6">2005 年 9 月～2008 年 6 月：××××学院读高职
2002 年 9 月～2005 年 6 月：××中学读高中
1999 年 9 月～2002 年 6 月：××中学读初中</td></tr>
<tr><td>社会实践</td><td colspan="6">2006 年暑假：在××××公司实习
2007 年寒假：到××××地区进行房地产市场调研</td></tr>
<tr><td>自我评价</td><td colspan="6">思想素质过硬，以共产党员的标准严格要求自己
吃苦耐劳，谦虚好学，有敬业精神
专业成绩优异，乐意帮助别人</td></tr>
<tr><td>联系方式</td><td colspan="6">地址：
电话：
邮编：</td></tr>
</table>

8.2　校园活动方案制订

校园活动就是在校园里，由学校或组织举办的面向全校师生涉及文化、娱乐、体育、户外素质的拓展活动及其他相关活动。校园活动的组织者可以是各级校组织、社团、企业等，但特点必须是面向全校师生，并在全校产生一定的影响。校园活动从形式上分主要有 6 种：体育类、文化艺术类、创业类、学术类和科技类等。为了适应这些校园活动，需制订一系列的计划就是方案制订。

校园活动方案设计的步骤可以从以下几个方面入手。①确定活动主题。②策划活动内容。③设计活动形式。④理顺活动流程。⑤撰写活动方案。

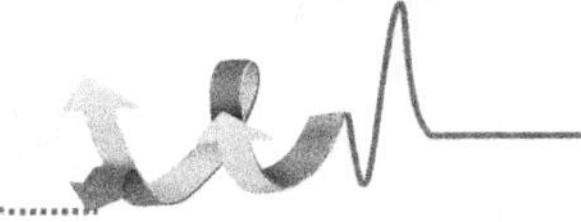

8.2.1 活动主题确定

主题是综合活动的灵魂，没有主题，活动就会失去方向，活动的内容就会零散，也就不利于提高学生的实践能力。综合性学习是以学生为主体的学习，设计主题要在已经具备的知识和能力基础上，了解自己所处的世界，了解他人并学会与他人沟通。我们应讨论协商，激发学生的学习和问题意识，把这些兴趣提升为有意义、有价值的主题，为活动提供明确的方向。

1．从课堂学习中发现主题

课堂是学生学习的主渠道，综合活动的主题的确立也应紧紧围绕课堂来进行。例如，学生学习了《环境工程原理》课程，其中课程中所涉及的人类面临的环境问题：如全球变暖、臭氧层破坏、酸雨、淡水资源危机、能源短缺、森林资源锐减、土地荒漠化、物种加速灭绝、垃圾成灾、有毒化学品污染等众多方面。我们可以围绕和选取“环保”这个主题来进行一些实践活动的开展。

2．从生活实践中发现问题，提取主题

对于自然、社会、人生要具有强烈的探究意识和追问欲望，综合实践活动应该抓住这一特点，从生活实践中提取活动主题，这样既能提高自身学习的兴趣，又能培养自身关注现实的意识。

3．从学科整合中提炼主题

开展综合实践活动，要打破传统的专业壁垒，与各门专业沟通起来，从中汲取多方面的营养，从而提高自身的动手能力、交际能力、思维能力等各方面的能力。

8.2.2 市场信息调研

1．市场规模信息收集与分析

若校园活动的主题确定为科技类，以这个为例，还可以进行市场信息调查。市场规模信息的调查也就是调查目标市场的容量，虽然更经常见到的市场信息类调查是现场调查、问卷调查和入户走访等形式，但实际上案头调查同样是重要的市场信息收集手段。只要采取正确的方法和工具，很多有价值的信息就可以通过案头调查获得。

要调查一种产品的目标市场，首先要明确以下问题。

（1）产品的目标对象是企业还是个人？这涉及统计对象的范围。

（2）产品是生产性产品还是消费品？这涉及统计的渠道。

（3）哪些企业或个人使用该产品？这涉及如何缩小统计范围。

2．产品价格信息收集

价格信息的收集是制定价格策略和营销策略的关键。价格信息的收集可以从以下几个方面入手。

（1）利用厂方网站。生产商的官方网站通常会全面介绍其历史、主要产品及其价格、订货联系方式等信息。

（2）利用生产商协会的网站，此类网站都列出了该协会会员单位的名称及联系方式，可

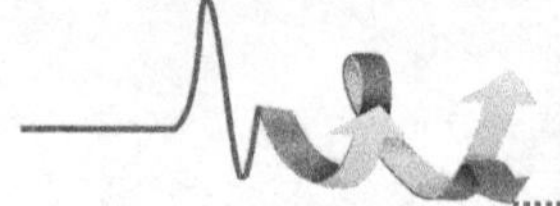

通过电子邮件咨询获得产品的报价。

（3）利用专业论坛，加入相关的专业论坛，寻找所需要的产品价格。

（4）利用电子商务网站，如慧聪网、淘宝网等电子商务平台，查询相关产品的价格信息。

（5）利用价格信息发布网站，如中国价格信息网，该网站由国家发改委监测中心组织全国31个省、自治区，直辖市，32个省会城市、自治区省府城市和计划单列市和300多个定点城市物价部门信息机构，联合有关部委信息机构建设。提供国内外各行业综合市场价格信息及最新的政府公告以及法规。其信息更新较快，数据的可信度较高。

3．现有企业相近产品和生产商信息收集

了解市场上现有的相近或相似的产品和供应商信息，可以对产品将面临的市场环境及竞争态势有一个清楚的认识。对产品未来的发展有较为合理的预期。产品和生产商信息的收集有以下几个渠道：

（1）与价格信息收集相类似，其相关的工具与资源大多也可以收集现有产品信息，如相关产业的官方网站。

（2）产品及其产销商信息数据库，这是一种名录型数据库，其特点是集中了某一国，某一行业或产品群的市场供应商或购买商的名称、地址和产品名称等，如万方数据知识服务平台上的“中国企业、公司及产品数据库”。

（3）运用搜索引擎，通过关键词的精心组合，查找相近产品。

8.2.3 活动计划拟订

凡事预则立，不预则废。活动拟订计划是有效地协调各项工作、推动各项工作顺利进行的最重要的工具，是项目管理活动的首要环节，是活动成败的关键性因素之一。抓住这个环节，就可以提挈全局。

1．主要内容

（1）工作计划。工作计划也称实施计划，是为了活动项目最终实现而制订的实施方案，要说明以什么方法组织实施活动，需要做什么样的工作，如何利用各方面资源达到最佳效果等。

（2）人员组织计划。人员组织计划主要表明各子项目中的各项工作由谁来负责，以及相互关系。在这份计划中，通常都采用框图式构架，各项工作、负责人、具体情况等内容都集中在一起，制作一个人员组织计划表。可以让工作人员一目了然。

（3）活动进度计划。根据活动的正式开始时间和筹备工作正式开展的时间，对筹备工作的各项任务列定工作进程计划。通常情况下，指定活动进度计划时会采用框图式构架。

（4）财务预算计划。对于活动实施过程中的各项费用预算。任何活动都需要人、财、物的支出，提出相关的费用清单能为活动开展提供保障。

（5）文件档案管理计划。因为在每次活动过程中都会产生大量的相关文件和档案，如在活动审批过程中的行政文件和与相关单位签订的合同等。这些文件档案在整个活动过程中的作用非常关键，可以说是活动赖以开展的前提条件。所以对于文件和档案的管理在活动筹备前期就要安排妥当，最好安排专人负责。

（6）应急计划。这方面是很多活动的主办方最容易忽略的地方，一方面是因为活动过程中出现的突发事件不太容易让人把握，应急计划不知该从何入手；另一方面也在于大多数活

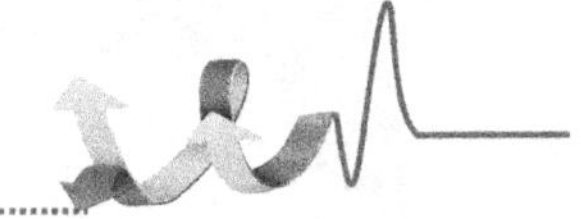

动组织者对活动的风险管理没有一个清晰的认识，在意识里还没有风险管理的概念。但是大型活动一般都具有筹备时间长、涉及人员多等特点，在这个过程中难以保证每个人都不出问题、每件事情都进展顺利。所以，一份相对严密的应急计划还是不能少的。

2. 活动的拟订计划分类

计划可分为概念性计划和详细性计划两种形式：

（1）概念性计划。概念性计划是确定初步的工作分解结构计划，规定了活动的主要计划因素界限和重点，也叫自上而下的计划。

（2）详细性计划。详细性计划通常叫自下而上的计划，是制订详细的工作分解结构计划，详细到每一项具体任务。详细计划制订了活动的详细范围。在制订活动筹备计划的时候，一般情况下由项目负责人制订整体工作方案，即概念性计划；然后由各项工作的具体负责人再制订针对自身工作的详细计划，再交于项目负责人进行计划汇总，以此控制整个活动进程。因为一次活动的组织，特别是大型活动的组织，需要准备的事情很多、很乱，即使大家都坐下来想也未必能考虑齐全，但是如果不事前把该做的事情都准备好，那么到了活动开始的现场就一定会方寸大乱。所以，怎样把活动现场需要考虑到的事情都考虑到，并在活动开始前都准备妥当就成了活动能否顺利进行的关键。

3. 操作方法

（1）“好记性不如烂笔头”。把应该做的工作都记在纸上，白纸黑字清清楚楚。活动前期以活动内容为核心，按照严格的逻辑顺序和合理的项目分类把围绕活动内容而需要开展和准备的活动一一罗列，然后再从每个活动入手，把其中有可能涉及的事物和可能遇到的突发事件全部展开，根据活动的具体性质制作一个“活动现场事物预置表”。然后按照这张表上的内容对会工作严格实施。

（2）头脑风暴法。“头脑风暴法”是广告创意中比较常用的思维方法，由于对于活动现场的各种事物和突发事件的准备和预防是一件很繁杂的事，每个人并不能保证把所有的东西都考虑进去，所以在这个时候运用“头脑风暴法”发动所有人的智慧就有可能让前期准备趋于完善。

（3）及时吸取教训，善于总结经验。由于各种大型活动的复杂性，保证每次活动都开展得顺顺利利、一点都不失误几乎是一件不可能的事情，每次总会出现未曾预料的事情和疏忽的方面。所以在每次活动过后及时地整理在活动过程中出现的失误、总结活动中创造的先进经验就显得尤为重要。所谓“吃一堑、长一智”，这次的失误下次坚决不能再出现，这次的经验下次一定更好地运用。为以后的活动管理积累更多的经验。

8.3 职业资格证书

能力是指人的综合素质的外在行为表现，是从一个人所从事的活动中所表现出来的智、情、意诸方面的力量，包括个人体能、技能、态度、动机、经验、知识和个人品质等方面的内容。能力总是和人的某种活动相联系并表现在活动中，只有从一个人所从事的某种活动中，才能看出他具有某种能力。据此，在学习中表现出来的能力，称之为学习能力；在活动中表现出来的能力，称之为活动能力；同样，在职业活动中表现出来的能力，称之为职业能力。

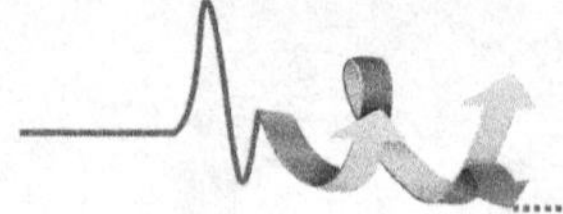

职业能力是指一个人所具有的有利于其在某一个职业方面成功的能力素质的总和；职业能力是由多种能力复合而成的；一般来说，职业能力主要由三大部分组成，即专业能力、方法能力和社会能力。专业能力是劳动者的基本生存能力；方法能力是人的基本发展能力；社会能力既是基本生存能力，又是基本发展能力；其中方法能力和社会能力，又称为“关键能力”，它与纯粹的专业职业技能和知识没有直接联系，但又与完成职业所需要的专业任务密切相关；关键能力是一种可迁徙的跨岗位、跨职业的工作能力。职业资格证书是显示职业能力的一种书面凭证。

8.3.1 职业资格证概述

职业资格证书与职业劳动活动密切相连，反映特定职业的实际工作标准和规范。

职业资格证书，是劳动就业制度的一项重要内容，也是一种特殊形式的国家考试制度。它是指按照国家制定的职业技能标准或任职资格条件，通过政府认定的考核鉴定机构，对劳动者的技能水平或职业资格进行客观公正、科学规范的评价和鉴定，对合格者授予相应的国家职业资格证书。

职业资格证书由中华人民共和国人力资源和社会保障部统一印制，劳动保障部门或国务院有关部门按规定办理和核发。

8.3.2 工程类职业资格证分类

工程类职业资格证分为通用类考证和专业类考证。

（1）通用类考证指的是在校大学生必考的证书如浙江省计算机等级考试和英语等级考试。

1）浙江省计算机等级考试。浙江省教委于 1993 年开始了非计算机专业的计算机等级考试，早在 1994 年就委托杭州电子工业学院开发计算机上机自动测试系统。在当时，全国只有上海市和陕西省有计算机等级考试上机测试软件。杭州电子工业学院于 1995 年 4 月开发出第 1 版的计算机上机自动测试系统，并于当年在全省推广使用。

2）英语等级考试。大学英语等级考试是教育部主管的一项教学考试，其目的是对大学生的实际英语能力进行客观、准确的测量，为大学英语教学提供服务。大学英语考试也是一项大规模、标准化考试，在设计上必须满足教育测量理论对大规模、标准化考试的质量要求，是一个“标准关联的常模参照测验”。

3）通用类考证的试题库。

① 银符在线考试模拟题库 B12。“银符在线考试题库 B12”首页如图 8-1 所示，它是一款测评类的在线考试模拟系统，它以各种考试数据资源为主体，以先进、强大的功能平台为依托，配以多媒体库和银符考试资讯网，为用户搭建的一个集资源、考试练习、教学、交流一体化的综合性在线模拟考试系统。

“银符考试题库 B12”共涵盖语言类、计算机类、公务员类、经济类、法律类、研究生类、工程类、医学类和综合类九大考试专辑、91 大类二级考试科目、近 350 种考试资源、3 万余套试卷、300 余万道试题。本题库紧扣国家资格类考试大纲，考题全面综合了大量的模拟考题和历年真题，可以在线答题，在线评分、交卷后有答案解析，适合考前的模拟练习。

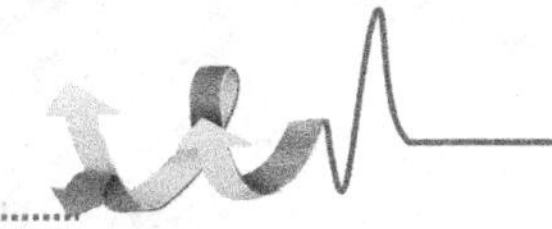

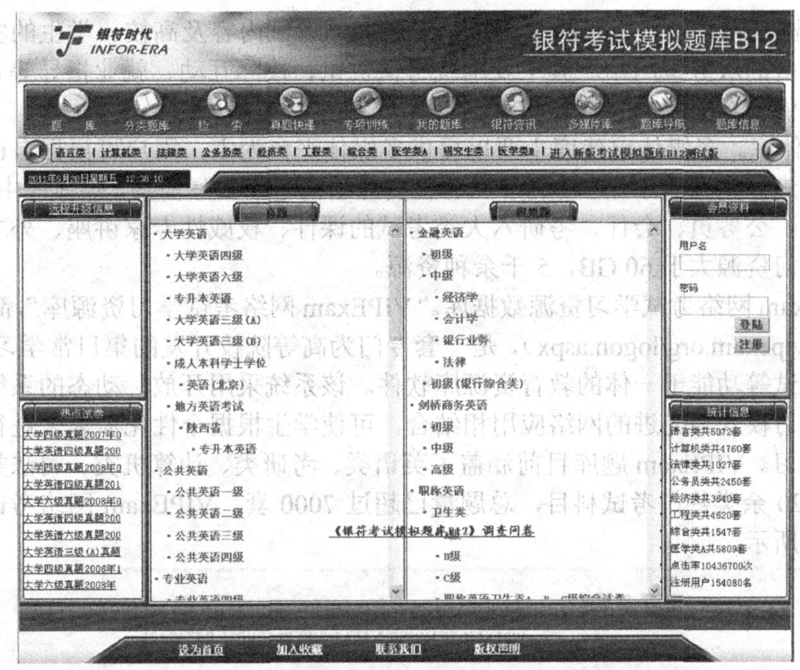

图 8-1 银符在线考试模拟题库 B12 首页

为方便用户检索，银符在线考试模拟题库 B12 向用户提供三种检索方式：①全文检索，可综合检索试题、试卷、题目内容。②试卷检索，可直接检索到试题内容，可找到试题或答案。③试题检索，可以检索到试卷名称或用来查找试卷。

模块介绍及使用方法：

● 题库。题库中包含历年真题和模拟题。可以根据自己的考试需求在考试专辑中选择相关考试科目的试卷进行模拟自测。

● 分类题库。分类题库是经过用户反馈，2008 年新增加的试题集合，将以学为角度为用户提供服务，细化分解试卷试题，以考试点为基础提供练习题。

● 真题快递。根据用户反馈考试快递功能，将在第一时间更新国家规定容许公布的真题，科目范围限于本题库内已有收录的科目，题目将以图片文件的形式出现在此单元中。随不同的升级时间录入到题库内，正式提供给用户使用，这部分资源允许下载。

● 专项训练。根据考试科目的最新大纲模板选择自己掌握比较薄弱的专一题型，做有针对性的强化训练，整体提高学习成绩。其具体使用方法如下：单击“专项训练”→在资源专辑中选择考试类别→在模板中选择考试科目→根据大纲选择掌握薄弱题型→提交，系统自动将数据库中的此类题型组卷做专项训练。

● 我的题库。保存已完成的试卷或中途退出未答完想要以后继续做答的试卷。需要登录用户名，可为用户提供成绩分析功能。

● 题库导航。为初次使用者提供了使用方法、操作，引导用户正确使用该系统，保障用户使用无忧。

● 题库信息。随着数据库的不断增大，几乎每天都有内容变动存在，题库信息将针对数据库变动为广大用户提供最新的信息，协助用户有效地使用数据库。

● 原文件调取。原文件调取具有以下功能：为用户提供原文件和题库文件对照功能可进一步纠正，因二次加工带来的录入和校对错误。

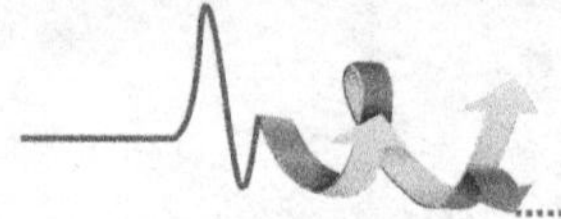

● 银符资讯网。银符资讯网是围绕模拟题库的考试内容及高校、学生的实际需求，所组建的一个免费的服务型网站。其主要围绕考试资讯、校际互动、就业指导等几个板块，为学生及教师提供一个免费的咨询和交流平台。

● 多媒体库。多媒体自建库主要以提供多媒体平台为主，用户可根据自己的实际需求在分类模块中进行资源的添加和删除，以调整资源结构适应实际需要。媒体库中包含了英语、计算机、司法、公务员、会计、考研六大类考试的课件、权威性专家讲座、外文电子书、听力等多媒体学习资源大于 60 GB，5 千余种资源。

② VIPExam 网络考试学习资源数据库。“VIPExam 网络考试学习资源库”，简称 VIPExam（http://www.vipexam.org/logon.aspx），是一套专门为高等院校开发的集日常学习、考前练习、在线无纸化考试等功能于一体的教育资源库软件。该系统采用开放、动态的系统架构，将传统的考试、练习模式与先进的网络应用相结合，可使学生根据个性化需求来进行有针对性的学习和考前练习。VIPExam 题库目前涵盖了英语类、考研类、计算机类、司法类和公务员类等十大专辑 220 余类热门考试科目，总题量已超过 7000 套。VIPExam 网络考试学习资源库首页如图 8-2 所示。

图 8-2 VIPExam 网络考试学习资源库首页

对广大高校学生而言，通过 VIPExam 强大的学习、练习功能，学生不仅可以在平时根据自己个性化需求来进行巩固学习，同时也可以在考前进行专项强化练习和（机考）模拟自测，为参加各种大型国家级认证考试和专业考试做好准备。VIPExam 考试数据库首页如图 8-3 所示。

功能。VIPExam 分前台应用系统（即学生应用端）和后台管理系统（即教师管理端）。前台应用系统包括模拟自测、专项练习、随机组卷、我的题库、学习论坛、网络课堂、在线考试等 7 个主要功能模块；后台管理系统包括题库管理、试卷管理、模板管理、组织在线考试、数据统计、用户管理等 6 个主要功能模块。

③ 考试吧。考试吧网站（http://www.exam8.com/），考试吧网站首页如图 8-4 所示，是北京雄鹰教育科技有限公司下属的全资网站，成立于 2004 年 9 月，主要为在校大学生、在职人员等多层次求知学习人士，提供一站式服务的专业考试培训门户网站。网站主要提供学历类、计算机类、外语类、资格类、会计类、工程类、医学类等七大类 128 种考试信息和培训服务。

考试吧网站目前世界排名 2966 名（Alexa 2011 年 3 月数据），日均 PV500 万以上，日均独立访客 100 万以上，流量现已远超过各大门户教育频道及各教育行业垂直站，业已成为“中

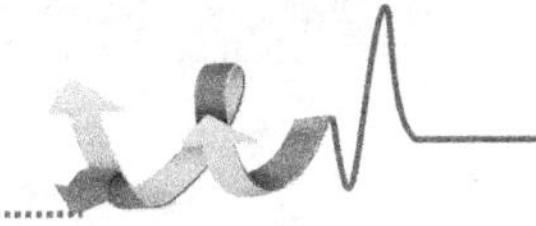

国教育培训第一门户网站”。

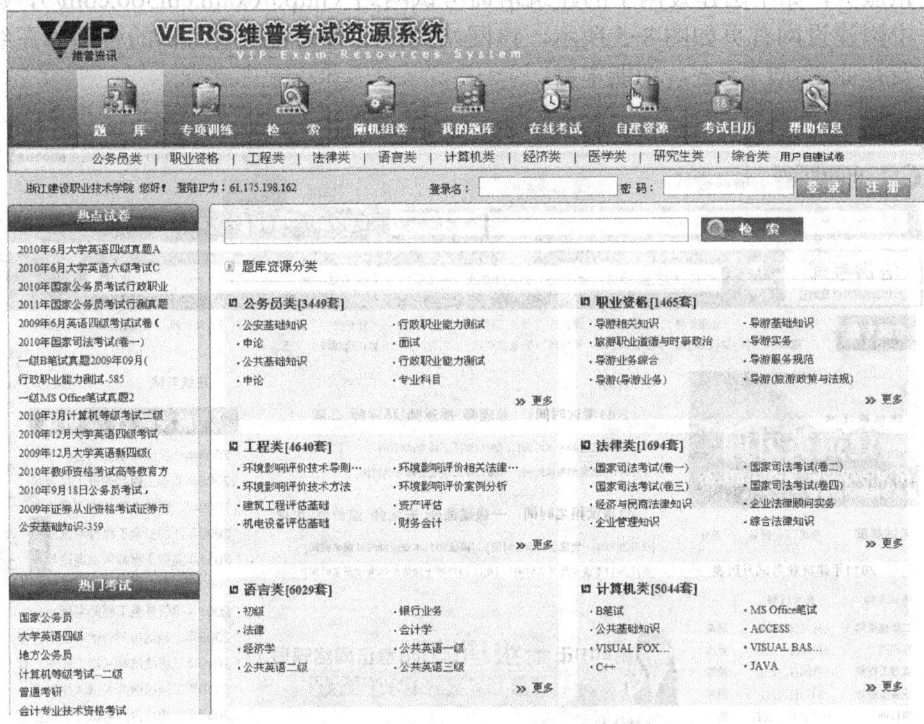

图 8-3　VIPExam 考试数据库首页

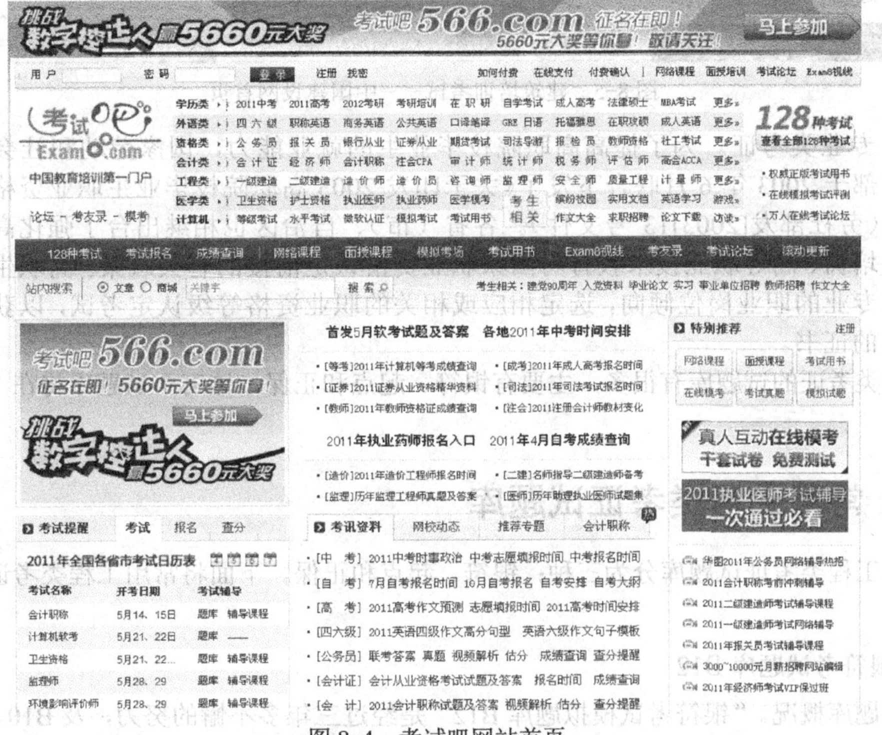

图 8-4　考试吧网站首页

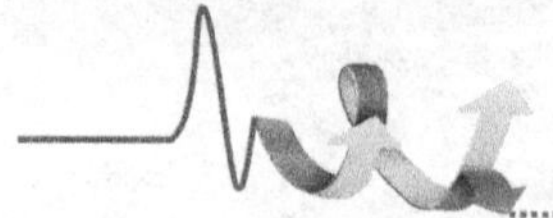

除了以上专门的试题资源库和考试网站外，在一些行业的政府网站中也提供了相关的岗位考试资讯服务，如中国建设网中的建筑培训考试网站（http://exam.cbi360.com/），建筑培训考试——中国建设网首页如图 8-5 所示，该网站提供了有关建筑类考试的咨询和在线模拟考试等，涉及行业考试门类全，功能丰富。

图 8-5　建筑培训考试——中国建设网首页

（2）专业类考证。为了提高高职院校毕业生的就业能力，国家劳动和社会保障部与国家教育部于 2003 年 6 月联合下发了《关于印发 2003 高职院校毕业生职业资格培训工程的通知》（劳社部发[2003]13 号文件）。各省（市）、自治区也相继出台了强化高职毕业生职业资格培训、高等职业技术教育与国家职业资格认定衔接的有关政策。高职生在校期间需根据本专业的职业岗位倾向，选定相应或相关的职业资格等级认定考试，以获取具备该职业资格的证书。

专业类考证的试题库有很多，主要有银符、起点和正保，这三个试题库将在 8.3.3 节重点讲解。

8.3.3　常用工程类考证试题库

常用工程类考证试题库分为三种：银符、起点和正保。下面将常用工程类考证试题库作一介绍。

1．银符考试题库 B12

（1）题库概况。“银符考试模拟题库 B12”是经过三年多不懈的努力，及 B10、B11 两个版本的完善和积累在 2007 年 9 月推出的一套全新的数据库产品。

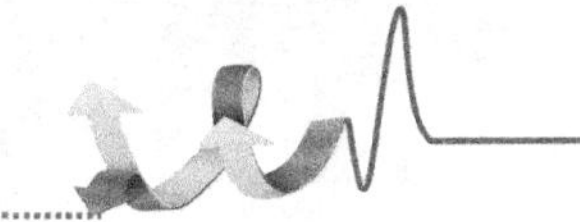

“银符考试模拟题库 B12”是一款侧重于资源的新型在线考试模拟系统以各种考试数据资源为主体，以先进、强大的功能平台为依托，以自建多媒体库和银符考试资讯网组成的数据库辅助使用环境为基础，为用户搭建的一个集考试练习、交流、教学、资源为一体的综合性在线模拟试题库。

（2）题库用途。

1）解决图书馆为学生提供直接的学习工具有限、考试前图书馆学习空间不足，资料短缺等问题。

2）对专业人才的需求是就业市场未来发展的方向、通过专业类考证考试提高学生就业竞争力，解决就业问题。

3）通过有针对性、有计划的考试练习提高校内必考科目的考试过关率。

4）通过海量的题库为教师教学提供充足的试题资源。

5）通过数据库辅助学习环境培养学生学习兴趣，让学生了解考试、了解就业环境，为将来的发展打下坚实的基础。

6）网络无纸化考试的推广及考试模式的转变是未来考试的发展方向，学生对接触网络化考试了解网络化考试有迫切的需要。

（3）银符服务内容。“银符考试模拟题库 B12”共涵盖九大考试专辑、91 大类二级考试科目、近 350 种考试资源、三万余套试卷、300 余万道试题。本题库紧扣国家资格类考试大纲，考题全面综合了大量的模拟考题和历年真题，可以在线答题，在线评分、交卷后有答案解析，适合进行考前模拟练习。银符考试题库分类如图 8-6 所示。

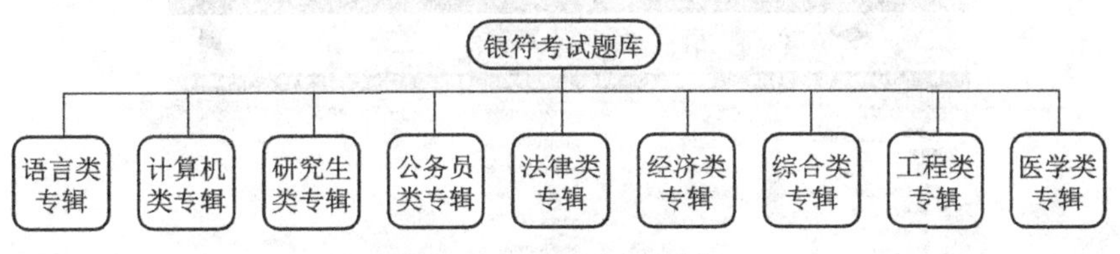

图 8-6 银符考试题库

其详细资源列表见表 8-2。

表 8-2 银符考试详细资源列表

专辑类别	二级科目	2010 年年底数据量
语言类专辑	公共英语、大学英语、专业英语、资格英语、翻译英语、职称英语、金融英语、商务英语、水平英语、托业考试、HSK 汉语水平考试	4771 套
计算机类专辑	计算机等级考试：一级、二级、三级、四级 计算机水平考试：初级资格、中级资格、高级资格、公共试题、计算机认证考试	4321 套
经济类专辑	初级会计资格考试、中级会计资格考试、注册会计师考试、注册税务师考试、会计从业资格考试、经济师、注册资产评估师、物业管理师、地方会计从业资格考试、银行业从业资格考试、证券业从业资格考试、助理企业信息管理师、助理企业培训师、高级企业信息管理师、注册内部审计师（CIA）、外贸跟单员、国际商务师、PMP 项目管理资格认证	3006 套
研究生类专辑	研究生入学考试、法律硕士联考、在职法律硕士联考、在职攻读硕士联考、同等学历申请硕士学位、MBA 联考、考博英语、GCT、中医综合、西医综合、研究生入学考试专业课、体育硕士、公共卫生硕士专业学位联考、会计硕士	2507 套

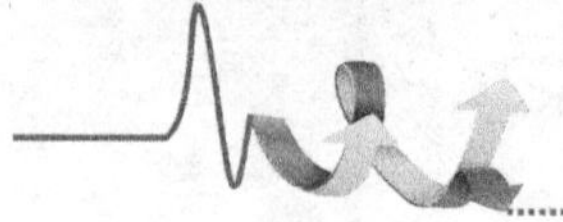

（续）

专辑类别	二级科目	2010年年底数据量
公务员类专辑	国家公务员考试、地方公务员考试、外销员	2086套
法律类专辑	司法考试、企业法律顾问	1012套
医学类专辑	执业医师考试、执业药师考试、卫生资格考试	9628套
综合类专辑	导游、专升本、物流师、自考类	1034套
工程类专辑	一级建造师、二级建造师、注册安全工程师、注册造价工程师、注册咨询工程师、注册城市规划师、注册监理工程师、注册设备监理师、公路工程监理工程师、投资建设项目管理师、房地产估价师、注册结构工程师、注册岩土工程师、环境影响评价师、公路工程试验检测员考试、注册环保工程师、勘察设计公用设备工程师、公用设备工程师、一级建筑师、二级建筑师、招标师、质量专业技术人员、土地代理登记人、土地估价师、资料员、测量员、注册化工工程师	3970套
合　计		32335套

（4）使用方法。打开网址 http://www.yfzxmn.cn/newyfB12/index.jsp。便可快速、简便地进入该库。银符在线模拟考试平台如图 8-7 所示。

图 8-7　银符在线模拟考试平台

银符考试题库 B12 功能介绍。其主要功能有：题库、专项训练、我的题库、随机组卷、真题快递、检索。辅助功能：银符咨询和多媒体库。

1）题库。

① 题库中包含历年真题和模拟试卷。可以根据自己的考试需求在考试专辑中选择相关考试科目的试卷进行模拟自测。

② 使用方法。“题库”—目录（如工程类）— “模拟题”/“真题”下的考试科目—试卷作答。银符在线模拟考试题库界面如图 8-8 所示。

2）专项试题。专项题库是以各类考试考点为基础将练习题进行分类，细化分解试卷试题，为考生提供针对某一考点的强化练习。银符在线模拟考试专项题库界面如图 8-9 所示。

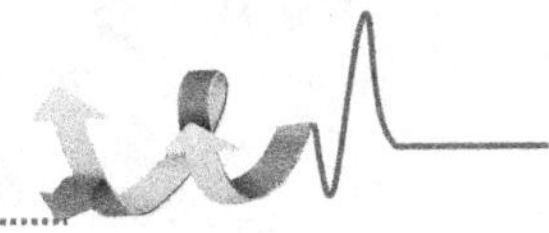

图 8-8 银符在线模拟考试题库界面

图 8-9 银符在线模拟考试专项题库界面

3）我的题库。

① 保存已完成的试卷或中途退出未答完想要以后继续作答的试卷。需要登录用户名。

② 使用方法：试卷交卷、评分后，单击存入“我的题库”（需要登录）；在“我的题库”中查看保存的试卷，可以重新练习或继续作答。

4）专项训练。

① 根据考试科目的最新大纲模板选择自己掌握比较薄弱的专一题型，做有针对性的强化训练，整体提高学习成绩。

② 单击“专项训练”—在资源目录中选择考试类别—在模板中选择考试科目—根据大纲

选择掌握薄弱题型—提交，系统自动将数据库中的此题型组卷做专项训练。银符在线模拟考试专项训练界面如图 8-10 所示。

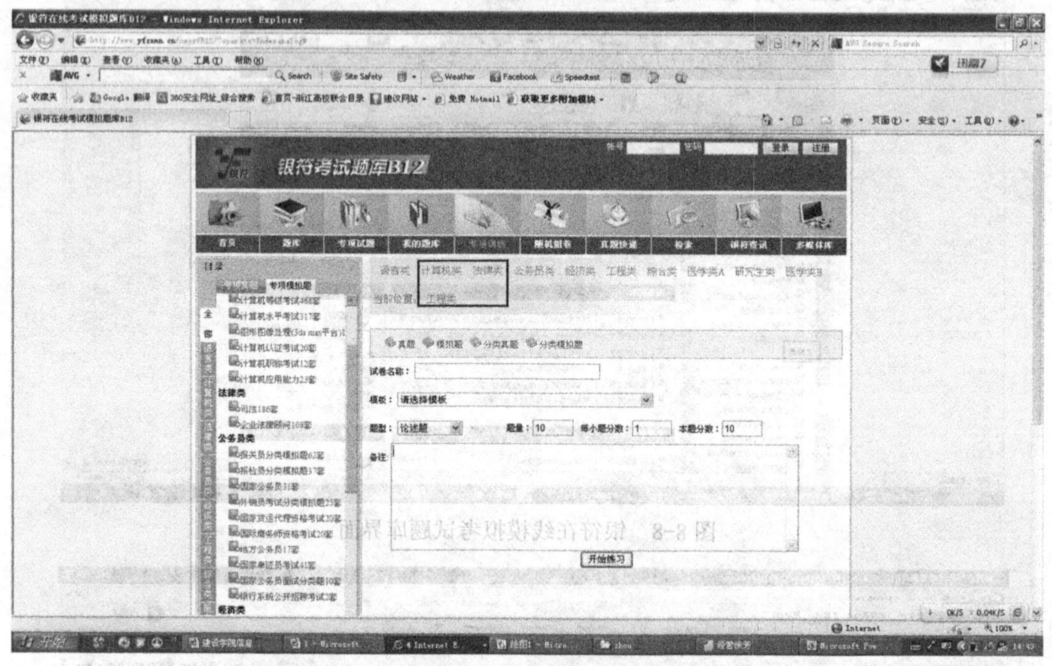

图 8-10　银符在线模拟考试专项训练界面

5）随机组卷。根据考试科目的最新大纲模板选择自己掌握比较薄弱的专一题型，做有针对性的强化训练，整体提高学习成绩。银符在线模拟考试随机组卷界面如图 8-11 所示。

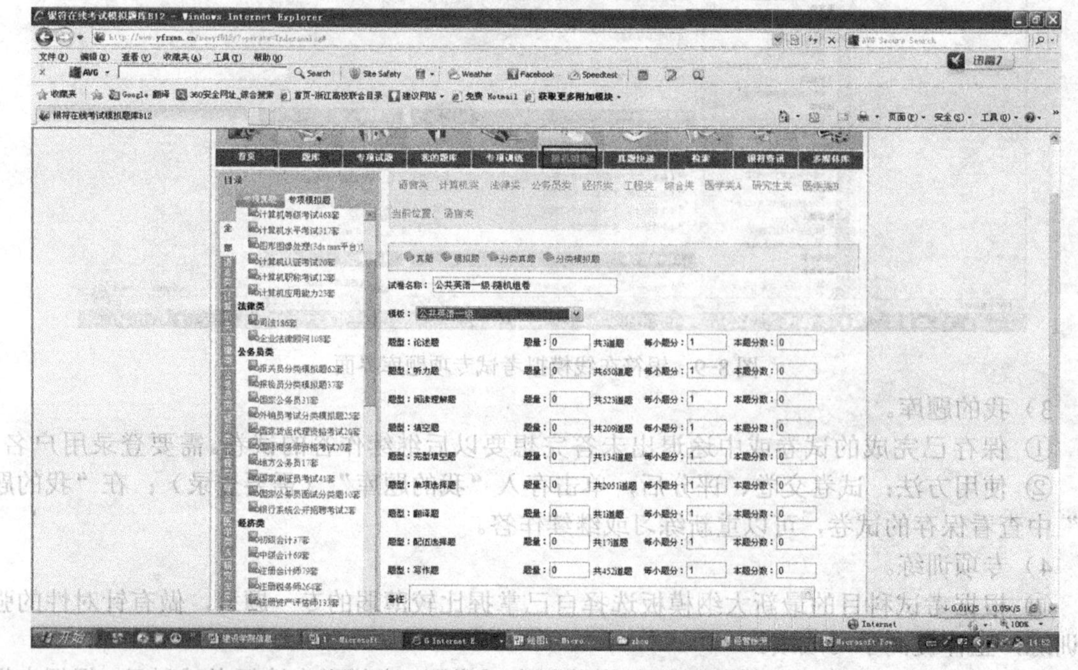

图 8-11　银符在线模拟考试随机组卷界面

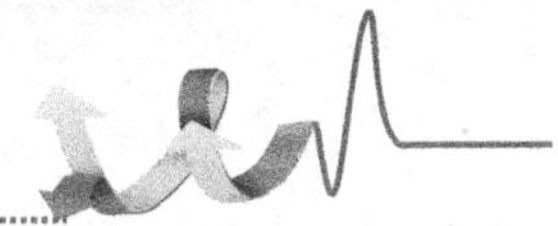

6）真题快递。根据用户反馈考试快递功能，将在第一时间更新国家规定容许公布的真题，科目范围限于本题库内已有收录的科目，题目将以图片文件的形式出现在此单元中。随着不同的升级时间录入到题库内，正式提供给用户使用。银符在线模拟考试真题快递界面如图 8-12 所示。

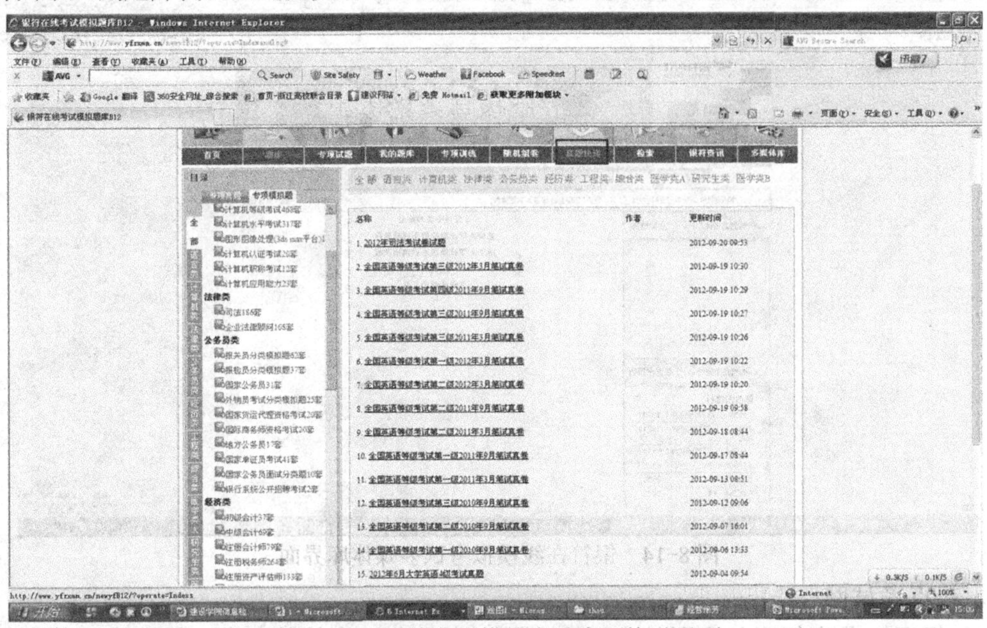

图 8-12　银符在线模拟考试真题快递界面

7）银符咨询。银符咨讯网是围绕模拟题库的考试内容及高校、学生的实际需求，所组建的一个免费的服务型网站。其主要围绕考试咨讯、校际互动、就业指导等几个板块，为学生及教师提供一个免费的咨询和交流平台。银符在线模拟考试银符咨询界面如图 8-13 所示。

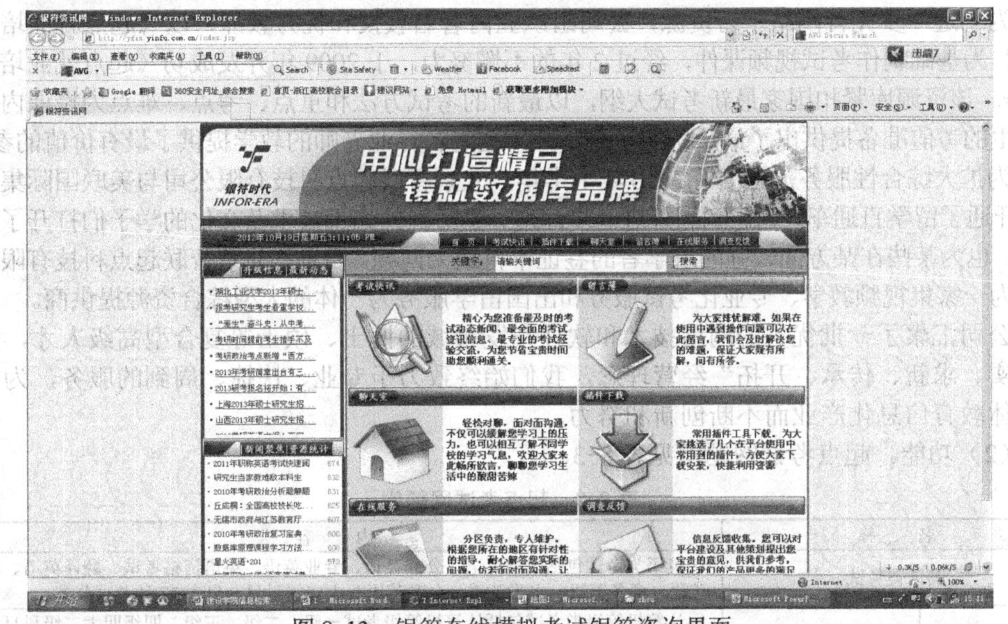

图 8-13　银符在线模拟考试银符咨询界面

8）多媒体库。多媒体自建库主要以提供多媒体平台为主，用户可根据自己的实际需求在分类模块中进行资源的添加和删除，以调整资源结构适应实际需要。银符在线模拟考试多

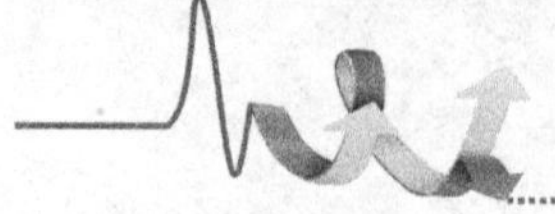

媒体库界面如图 8-14 所示。

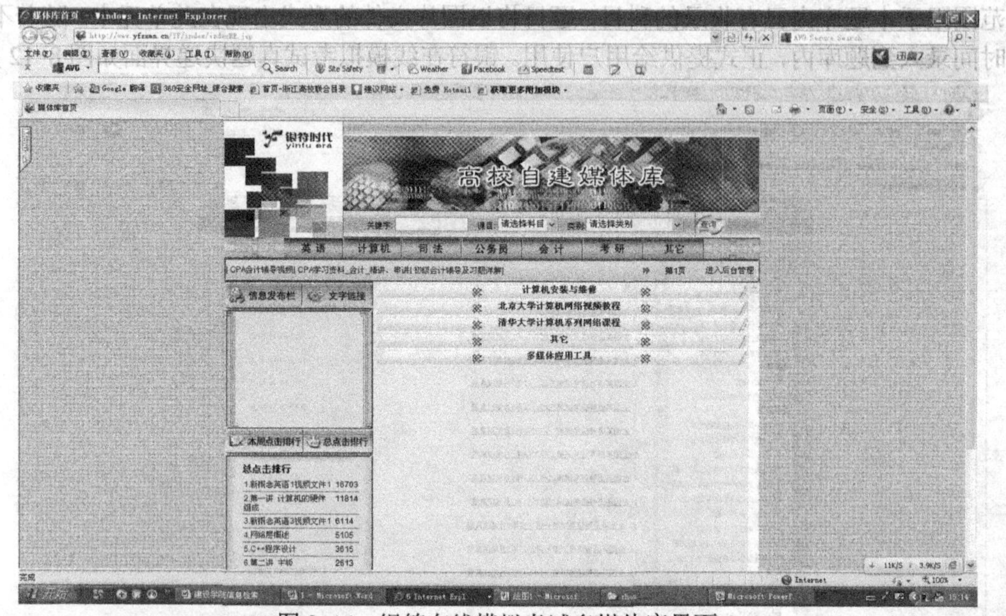

图 8-14 银符在线模拟考试多媒体库界面

2．起点考试网

（1）概况。北京智联起点科技有限公司是一家专业从事软件开发、知识资源整合、信息加工、文化信息传播及增值服务的高科技公司。公司于 2005 年面向全国成功推出《起点就业培训考试库》（原名起点自主考试学习系统），在各高校 5 年来的使用中，深受师生的好评，为教师的参考资源和考生的考级考证提供了极大的便利。

为了进一步完善网络学习资源，公司组织业内著名教授和优秀教师，以《起点就业培训考试库》为基础制作考试视频课件，经过 2 年的不懈努力，于 2009 年开发成功《起点就业培训视频库》。该资源库紧扣国家最新考试大纲，以最新的考试方法和重点、考点、难点为授课内容，为考生的考前准备提供出了最贴切的学习资源，也为各行业老师的教学提供了最有价值的参考。

为扩大综合性服务范围，于 2010 年上半年，北京智联起点科技有限公司与美联国际集团合作，开通了留学直通车，为想到国外进一步深造、学习国外先进技术及文化的学子们打开了方便之门，也为某些在某方面较强的求学者的签证不再成为问题。目前，北京智联起点科技有限公司已成为一家集视频教学、专业化考试服务和出国留学服务为一体的大型综合资源提供商。

公司汇聚了一批优秀的网络技术和软件开发领域的博士、硕士等复合型高级人才，秉承“务实、求新、传承、开拓”经营理念，我们始终致力于专业、快捷、周到的服务，为中国多媒体教育信息化产业而不断创新和努力。

（2）功能。起点考试网题库见表 8-3。

表 8-3 起点考试网题库

名　称		内　容
英语类考试		英语类考试包括大学英语、公共英语、专业英语、英语资格考试、翻译英语、职称英语、商务英语、水平英语、金融英语九大二级科目，包含 27 种考试分类
计算机类考试	计算机等级类考试	计算机等级类考试包括计算机等级考试一级、二级、三级、四级四大二级科目，包含 13 种考试分类
	计算机水平类考试	计算机水平考试包括初级、中级、高级三大类 16 种考试
司法类考试		司法类考试包括司法考试、企业法律顾问两个二级科目 7 种考试

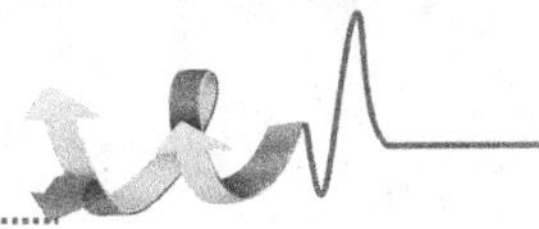

（续）

名称	内容
财经类考试	财经类考试包括初级会计、中级会计、注册会计师、注册税务师、会计从业资格考试、注册资产评估师、经济师、地方会计从业资格考试8个二级科目，54种考试
考研类考试	考研类考试包括研究生入学考试、法律硕士联考、在职攻读硕士联考、工程硕士GCT、在职法律硕士联考五种二级科目7种考试
工程类考试	工程类考试包括一级建造师、二级建造师、注册安全工程师、注册造价工程师、注册咨询工程师、注册城市规划师、注册监理工程师、注册设备监理师、公路工程监理工程师、投资建设项目管理师九种二级科目11种考试
资格类考试	资格类考试包括国家公务员、地方公务员、报关员、报检员、单证员、教师资格、电子商务师、导游、物流、物业管理、人力资源、外销员外贸英语、专升本十三类二级科目39种考试
医学类考试	医学类考试包括执业医师、执业药师、执业护士、医师职称、专升本、三基考试（医学综合）卫生资格、西医综合、中医综合九种二级考试科目25种考试

系统采用面向对象程序设计方法。使功能更强大、访问速度更快、数据更安全、程序组织更规范、界面更友好。本系统在有效的使用范围内不受时间、空间的限制，可通过网络终端计算机进行模拟考试。

起点自主考试学习系统功能：模拟考场、随机组卷、手工组卷、换题组卷、分类组卷、在线答题、在线评分、自动解答、试题详解、专项练习、我的题库等。

（3）服务内容。试题库的内容是由近百位著名高校相关科目专家提供的高品质英语、计算机、公务员、司法、会计、考研、工程、资格、医学等考试学习资源，内容涉及各项考试学习领域，迄今共有150多种600多科3万多套全真与模拟试卷。系统以多形式模拟方式引领学生熟悉考试模式、巩固知识要点、完成学习任务，是无纸化考试教辅功能新体验。

（4）使用方法。打开网址http://www.gdexam.com，便可快速、简便地进入该试题库。如想保存自己的练习记录，请先注册后再使用，如无需保存则无需注册。起点考试网首页如图8-15所示。

图8-15 起点考试网首页

考试题库功能介绍。其主要功能有：模拟考场、随机组卷、手工组卷、换题组卷、分类组卷、在线答题、在线评分、自动解答、试题详解、专项练习、我的题库等。

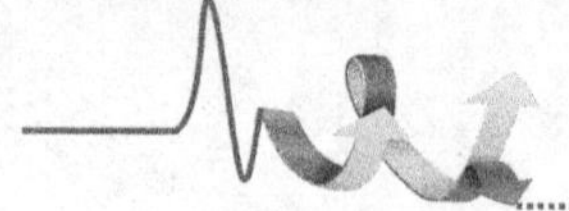

这里主要讲解组卷策略，其他功能参照“银符考试模拟题库 B12”。

功能说明：随机组卷以一定的题型结构随机抽取题目组成新的考卷，不但可供用户自己测试，而且可以保存下来作为模拟考场的测试用卷。本系统的随机组卷有很大的灵活性，可以按任意级别的题型结构（如英语四级→英语四级听力）组成卷子，而且所含题型的分值可以随意调整。针对不同的需求，系统提供四种类型组卷策略：

1）普通组卷。一般性随机组卷，有利于对各种考点全面地考查。

2）换题组卷。有针对性地对某些题型进行更换变形，有利于突出重点难点。

3）分类组卷。对某一类考题进行组卷测试，有利于专项突破。

4）手工组卷。用户根据自身情况进行手工组卷，有利于把握自身弱点，进行查漏补缺。

能给用户带来的好处是：用户可以在几秒钟内，利用系统该功能直接生成符合自己需求的试卷，满足各类考试试卷生成需求。

3. 正保

（1）概况。“正保远程教育”（China Distance Education Holdings Ltd.,CDEL）成立于 2000 年，是一家具备网络教育资质、经教育部批准开展远程教育的专业公司，为北京市高效技术企业、联合国教科文组织技术与职业教育培训在中国的试点项目，常年开展面向多企业、多领域的网络教育，并提供远程多媒体网络教育平台系列产品。

通过互联网，向用户提供以音频、视频同步为特色的课程，同时还提供自主版权的辅导资料、在线作业与练习、模拟考题以及其他与课程相关服务。通过互联网，学员可以在任何时间和地点学习，同时还可以便捷地加入各种网上社区，与其他学员、职业人士、授课教师和辅导教师进行互动交流。

经过多年的发展，正保远程教育已牢固树立了中国远程教育第一品牌形象，成为远程教育行业当之无愧的领跑者。2008 年 7 月 30 日，正保远程教育成功登录美国纽约证券交易所，成为中国第一在纽交所上市的远程教育公司，并继续引领着中国远程教育的大发展。

（2）服务内容。各题库对应的课程见表 8-4。

表 8-4 各题库对应的课程

类别	课程名称
会计视频数据库	初级会计职称、中级会计职称、高级会计实务、注册资产评估师、会计实务操作、注册税务师、证券业从业资格、注册会计师、会计从业、内审师、经济师、银行从业、新企业会计准则
法律视频数据库	司法考试、企业法律顾问、法律实务大讲堂
医学视频数据库	临床执业医师、临床助理医师、中医执业医师、中医助理医师、中西执业医师、中西助理医师、公卫执业医师、公卫助理医师、口腔执业医师、口腔助理医师、执业药师、实践技能、初级药士、初级药师、主管药师、初级护士、初级护师、主管护师、初级中药士、初级中药师、主管中药师、临床检验技士、临床医学检验技师、临床检验主管技师、内科主治医师、妇产科主治医师、外科主治医师
建设工程视频数据库	安全工程师、一级建造师、二级建造师、造价工程师、咨询工程师、房地产估价师、监理工程师
外语视频数据库	大学英语四级、大学英语六级、日语、韩语、法语、德语、西班牙语、俄语、情景会话、名师口语、商务美语、洋话宝典、晋阶宝典、成人英语三级、PETS、IELTS（口语）经典课程、职称英语
自考视频数据库	公共基础课、会计专科、财税（专科）、金融（专科）、电子商务（专科）、会计（本科）、金融（本科）、计算机及应用（本科）、法律（本科）、计算机及应用（专科）、法律（专科）、计算机信息管理（专科）、高等数学预备班、市场营销（专科）、企业财务管理（本科）、英语（专科/基础段）、行政管理（专科）、汉语言文学（本科）、新闻学（专科/基础段）、汉语言文学（专科/基础段）
人事视频数据库	职称计算机、公务员
考研视频数据库	考研政治、考研数学、考研英语

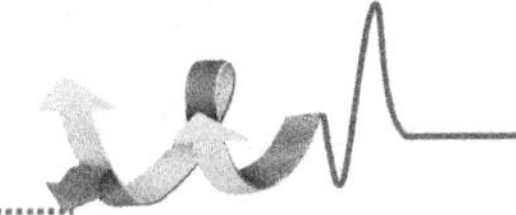

（3）使用方法。打开网址 http://library.chnedu.com，便可快速、简便地进入该库。正保远程教育首页如图 8-16 所示。

图 8-16 正保远程教育首页

选择相应的视频库如“建设工程视频库”，建设工程视频库如图 8-17 所示。

图 8-17 建设工程视频库

选择左边的课程名称，再单击“听课”，出现如图 8-18 界面。

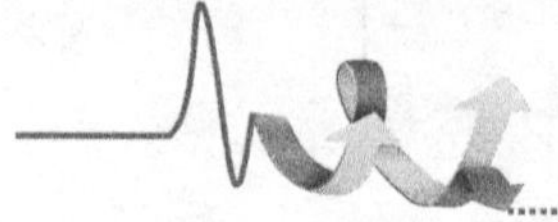

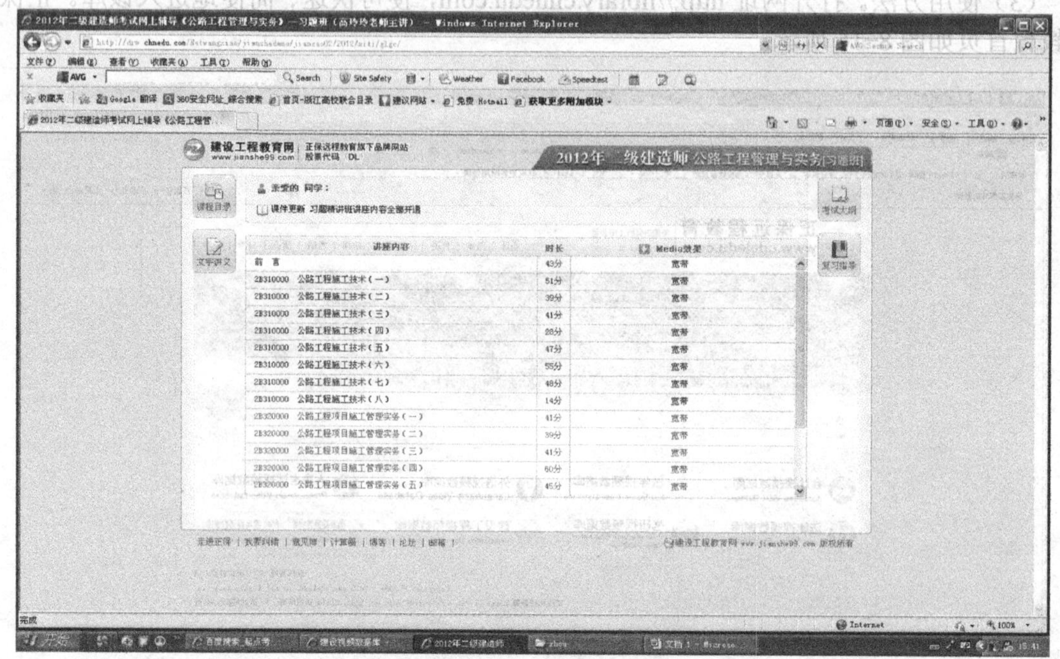

图 8-18　建设工程听课界面

最后单击“带宽”，就可以收看相应课程的视频。建设工程课程视频界面如图 8-19 所示。

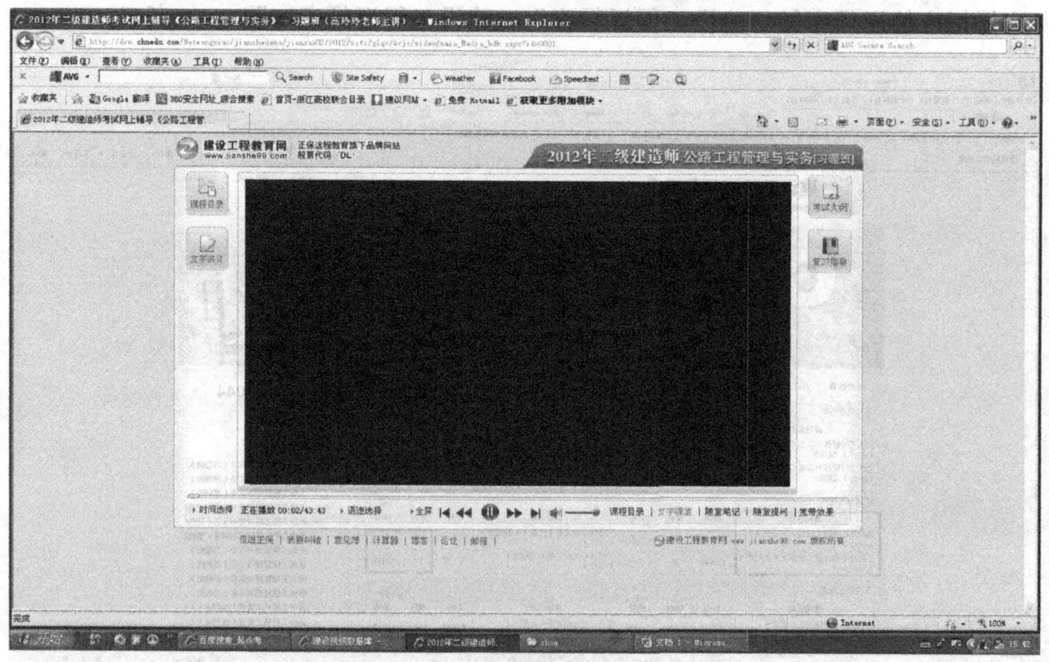

图 8-19　建设工程课程视频界面

以上 3 个数据库囊括了高职院校学生很多关于未来就业以及增强未来竞争力的培训训练课程，对于学生取得相应的资格证书，以及资质都有着很重要的作用。

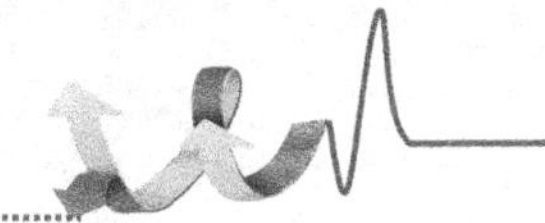

案 例

【案例8-1】校园科技活动策划方案。

一、指导思想

营造浓厚的校园科学氛围，提高学生的科学素养，普及科学知识，弘扬科学精神，传播科学思想，拓展学生的特长，丰富学生的课余生活，培养学生的创新精神和实践能力。

二、活动主题

发展与创新

三、活动时间

2010年9月—2010年12月

四、组织机构

为保证科技节活动顺利开展，设立金冢子初级中学学校校园科技节组委会。

组长：周志刚

副组长：王金玉　王建军

成员：冯立泉　张金英　李清录　韩卫华　曹继顺

五、活动内容

（一）校园科普展览

1. 开展科普知识的宣传、展览活动，利用宣传墙、移动黑板等刊出科技专栏。
2. 举办科普知识讲座、科普图片展。
3. 利用学校、班级多媒体设备，组织学生收看与科普知识相关的视频节目。
4. 举办科技节科幻画比赛。
5. 放映科技电影（至少看一场科普电影）。

（二）科普读书活动

1. 读一本科普作品，写读后感展示或比赛。
2. 举办科学故事会。
3. 组织学生创作科技手抄报或剪报。

六、活动阶段

（一）准备阶段：9月

1. 制订活动的具体实施方案。
2. 安排人员，逐一落实各项准备工作。
3. 准备场地，落实器材，动员学生参与。
4. 制作横幅、海报、宣传牌等有关资料。

（二）实施阶段：10～11月

1. 学校按既定方案开展活动。
2. 做好学生参与（参赛或观摩）工作。
3. 做好优秀作品评选、展示等工作。

（三）总结表彰、成果展示阶段：12月

1. 学校安排国旗下讲话，专项总结科技节活动。
2. 表彰表现优秀的班集体、学生个人。
3. 做好网站宣传工作。

七、活动方式

1. 科技节的各项活动拟分年段开展。

2. 各校可以在课余时间或利用综合实践活动时间开展活动。

八、活动要求

1. 各班级应积极主动参与科技节活动，做好中小学校园科技节各项活动的组织实施工作，充分展示学校科技特色及学生科技活动风采。

2. 学校应依据本校科技工作计划，开展符合学生特点的科技活动。同时，加强对各项科技活动的指导，做好宣传发动、组织实施、信息收集和总结表彰工作，保障学校科技工作的顺利开展。

3. 学校应积极组织学生参加各级各类科技竞赛，力争80%的学生参与各项科技节活动。中小学校园科技节活动开展，是为了贯彻《全民科学素质行动计划纲要》的精神，切实提高我校青少年的科技素质，展示我校科技教育的风采。各级各班要高度重视，狠抓落实，全员参与，共同培养学生爱科学、学科学、用科学的良好素养。

【案例8-2】就业信息及其筛选原则。

小李今年毕业，为了找到一份满意的工作，他们家里打电话、跑会场、托亲访友，真可谓是“八仙过海，各显神通”。为了尽可能多地获得有用的职位信息，他们南下北上，不停地奔波。他们坚信，一个人掌握有用的就业信息越多，就越有可能选择到切合自身的工作职位。

小李的做法没错，这是求职者的共性，但他缺少对信息的筛选的能力。

广泛收集就业信息仅仅是择业工作的第一步，收集的信息越多，机会就越多。但是对这些大量的相关讯息进行一番去伪存真，去粗取精的鉴别筛选更是一项必不可少的工作。后一项工作处理好了，有用的信息才会对一个人的求职活动真正发挥积极推动作用，起到事半功倍的效果。所以对信息要尽心筛选。

对信息进行筛选时应当遵循求真、求新和求专的原则。

求真就是要了解信息的真实程度。外界的信息可谓真假难辨，有的求职信息纯粹是子虚乌有；有的信息则仅仅是单位出于一种宣传的目的，而非真心实意地想录用新人，这样的招聘广告含有大量的水分；有的则是一些单位尤其是一些非法机构发布的具有欺骗性、欺诈性的聘用信息，它们常通过收取报名费、中介费和面试费等达到骗取学生钱财的目的。由于信息的虚假常会导致求职者的决策失误，给就业工作带来多方面的麻烦和损失。因此，求职者一定要对那些值得怀疑、可信度低的用人信息多加以了解、考察、分析和核实，及早将虚假性或欺骗性的信息排除在外。

求新就是要求自己掌握的就业信息要具有时效性。一般而言，就业信息具有一定的有效期，越是新近发布的信息，越具有较高的使用价值，这对于单位招聘计划、相关就业政策等尤其如此。过时的信息、政策常会干扰或误导当事人的求职活动。因此，对求职者来说，及时拥有新的职位信息，或许就多了一份胜算的把握。

求专就是要有的放矢，缩小范围，从所有接触的信息中找到适合自己具体情况的有限信息。就业信息并非数量越多对一个人的求职进程越有益处。因为人们接触的信息往往同时包括有高相关的、低相关的、无关的以及错误的几类。如果无关或错误的信息过多的话，它们就反而会成为就业决策中的负担和额外的干扰源，对合理决策的作出会造成消极影响。毕业生应当格外关注那些与自己的专业、性格、兴趣、能力和特长相符的职位讯息，因为它们更适合自己的发展，成为自己未来职业的可能性更大。

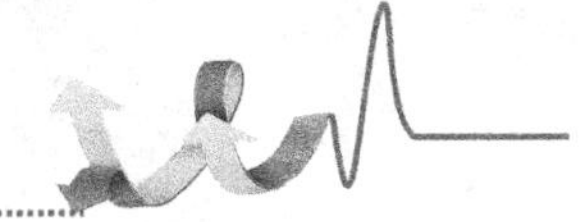

通过一步步程序，广而杂的就业信息就只剩下最重要、最有价值的部分，要发挥它们的价值，小李包括所有的求职者就需要立即行动，及时使用这些财富，找到理想的岗位。

本章小结

信息是物质和能量及其自身“信息”与其属性的标志、表现。随着社会的发展和科学技术的进步，人类对信息的认识和利用日趋深入和广泛，信息资源的地位与作用日益凸显，信息已成为社会发展中的一个主导因素，是客观世界不可或缺的重要资源。在本章中，从三个主题出发来讲解如何获取信息：第一，在校的学生如何通过获取有价值的信息，确定有意义的校园活动主题；第二，临近毕业的学生怎样为自己求职加分；第三，面对求职压力，怎样通过利用图书馆的资格考证数据库得到更多的竞争条件。

练习题

1．简历的基本内容是什么？

2．制订一份校园活动方案。

3．检索本专业相关的考证重要网站。

检索课题：根据你对专业的认识，列举出本专业中重要的网站。

检索过程基本内容要求：

网站名称：

网址：

对该网站简要介绍及评价：

综合练习

信息资源检索综合实习报告是对学生文献检索与利用技能的综合考查，它包含了以下内容：

（1）选题简介。提供课题名称。

（2）文献检索过程（要求 200 字以上）。选库理由，所用检索词，文章的筛选说明（有哪些限定条件）。

（3）资料整理、阅读与汇总（字数在 800～1000 之间）。选题的研究热点与难点问题，文献中出现的解决办法，各种解决办法存在的问题，今后的发展趋势。重要研究信息汇总（包括重要期刊、研究机构、专家学者）。

（4）重要参考资料列表。根据上次练习的格式。

“信息检索与利用”课程问卷调查

一、基本信息

（1）请问您的性别 [ ]男 [ ]女。

（2）班级：

（3）您一般上网的目的是什么（多选题，按重要先后排序，例：B、A、C、D、E）？

A．玩游戏　　B．聊天

C．学习、查资料　　D．听音乐、看电影

E．浏览新闻，扩展课外知识

（4）您平均每天的上网时间大概是多久？（单选题）

A．<1 小时　　B．>1 且≤4 小时

C．>4 且≤8 小时　　D．>8 且≤16 小时

E．>16 且≤24 小时

（5）您一般都关心什么方面的信息？（多选题，按重要先后排序）

A．时事、新闻　　B．学校信息

C．就业信息　　D．免费信息

E．购物网站　　F．其他

（6）学校图书馆资源（包括数据库和纸质书籍期刊、声像资源）让您满意吗？（单选题）

A．非常满意，总是能找到我所需要的任何资源

B．比较满意，经常能找到我所需要的任何资源

C．基本满意，基本能找到我所需要的任何资源

D．不满意，资源种类或者数量不全

（7）你选修信息检索课的动机是什么？（单选题）

A．为了提高信息素质　　B．为了获得学分

C．跟从其他同学　　D．喜欢任课教师

E．同学推荐

二、信息意识与信息技术

1．学习本课程前的情况

（8）你知道信息素养这个概念吗？（单选题）

A．非常熟悉　B．比较熟悉　C．一般熟悉　D．没听说过

（9）你对检索信息的驾驭情况如何？（单选题）

A．常常无法找到自己需要的材料

B．基本能找到自己需要的信息

C．能找到任何需要的信息，但比较费时间

D．能迅速、准确地找到需要的信息

（10）你获取资料的方式（多选题，按重要先后排序）是什么？

A．书刊借阅　B．网上查找　C．其他方式

（11）以下哪些数据资源是你使用过的。（多选题）

A．CNKI 或维普等中文数据库　B．读秀知识库

C．超星或书生电子图书　D．银符等学习考试数据库

E．ZADL 等数字图书馆　F．其他数据库

2．学习本课程后的情况

（12）你获取资料的方式是什么？（多选题，按重要先后排序）

A．搜索引擎　B．CNKI

C．维普数据库　D．读秀知识库

E．其他数据库　F．纸质参考工具

（13）你能熟练根据题目要求选择数据库，调整检索策略吗？（单选题）

A．非常熟练　B．比较熟练　C．一般熟练　D．不熟练

（14）你选择数据库的标准是什么？（多选题，按重要先后排序）

A．查全率（查找范围广）　B．查准率（更容易找到自己想要的信息）

C．查新率（查找到的信息更新）　D．查找速度快

E．高级搜索功能强　F．界面设计好

（15）以下几章内容，你觉得比较实用的是哪几项？（多选题，按重要性先后排序）

A．信息检索概论　B．信息检索基本理论

C．利用图书馆　D．参考工具书检索

E．计算机网络信息检索　F．特种文献检索

G．信息分析与毕业实践报告撰写

（16）以下搜索引擎与数据库，你能熟练运用的是哪些？（多选题，按重要性先后排序）

A．Google、百度　B．CNKI、维普

C．超星、书生电子图书　D．银符等学习考试数据库

E．ZADL 等数字图书馆　F．其他

（17）以下信息检索技术，你能熟练掌握的是哪些？（多选题，按重要性先后排序）

A．布尔逻辑算符（and、or、not）　　B．字段限定检索

C．二次检索　　D．精确检索和模糊检索

E．截词检索（*、？）　　F．位置算符检索（near、with）

G．双引号，括号

（18）在使用数据库查找资料时，你通常输入哪些项目进行检索？（多选题，按重要先后排序）

A．论文或者书籍的名称　　B．期刊名称、会议名称、会议录名称

C．作者　　D．主题

E．关键词　　F．摘要

G．全文　　H．其他

（19）使用搜索引擎时，通常如何判断是否下载或者打开一篇文献？（多选题，按重要先后排序）

A．根据题名

B．根据作者

C．根据搜索引擎摘要中显示的期刊刊名、会议录

D．根据摘要的关键词

E．根据摘要内容

F．根据网页的地址

G．其他

（20）目前你在查阅资料时遇到的困难和问题主要是什么？（多选题，按重要先后排序）

A．外语能力较弱　　B．不熟悉计算机网络知识

C．缺乏信息检索知识　　D．不了解要使用的检索工具或系统

（21）你认为需要学习或加强以下哪些方面的信息知识与技能？（多选题，按重要先后排序）

A．网络信息搜索技巧　　B．数据库利用

C．计算机操作技能　　D．常用信息资源的了解

E．信息评价方法　　F．毕业实习报告撰写

（22）你通过何种途径获取信息素养方面的知识，提高自身的信息能力？（多选题，按重要先后排序）

A．通过学校选修课程“信息检索与利用”学习

B．参加图书馆相关信息素养培训讲座

C．充分利用网络教育课程或下载相关课件自学

D．查找相关的书籍，并在自我实践和尝试中摸索

E．遇到问题时，请教其他人来学习

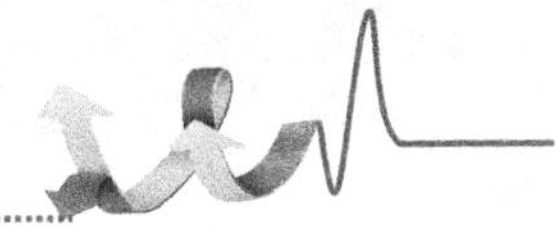

F．其他

三、信息伦理与道德

（23）你认为在科学研究中是否应该详细标注出参考和引用文献吗？（单选题）

A．非常有必要，这是对前人劳动成果的尊重

B．有必要，但应灵活处理

C．完全没必要

（24）你愿意主动共享自己拥有而别人没有的信息和知识吗？（单选题）

A．十分愿意　B．视情况而定　C．不愿意

（25）上网时，你无意中打开了一些内容不健康的网站，你会：（单选题）

A．继续浏览　B．马上关闭　C．随它去

（26）你有没有在上课时打开其他同学的作业，然后复制到你的文件中。（单选题）

A．总是　B．经常　C．有时　D．几乎没有

四、课程教学方式

（27）你认为学习“信息检索与利用”课程对自己有用吗？（单选题）

A．非常有用　B．比较有用　C．一般　D．没有用

（28）该课的理论课时与实践课时比例，你认为：（单选题）

A．理论和实践各占 50%　B．在规定的时间基础上增加实践课时

C．增加有吸引力的作业　D．理论与实践之比为 2:1 或 1:3 等

（29）你最喜欢教师采用什么方法上课？（单选题）

A．学生以小组合作形式，分组检索，分组汇报

B．教师先讲解，学生再练习

C．教师边讲解，学生边练习

D．任务驱动式让学生自己探究学习

（30）影响你学习信息检索课的主要因素是什么？（多选题，按重要先后排序）

A．教材不合适　B．教学实验条件差

C．实验课太少了　D．操作机会少

E．师资水平欠佳　F．计算机基础知识差，检索感到吃力

附录

高职高专毕业设计（论文）抽评参考标准

评价项目（分值）			优（100≥X≥90）	良（90>X≥80）	中（80>X≥70）	及格（70>X≥60）	不及格（X<60）	分值
课题与任务评价25	岗位贴近度		毕业综合实践任务与毕业生职业岗位或期望的职业岗位的相关性很高，突出相关职业岗位或岗位群中关键能力和基本能力的训练	毕业综合实践任务与毕业生职业岗位的相关性较高，较好地体现了相关职业能力和基本能力的训练	任务与毕业生职业岗位有相关性，基本体现相应的职业能力	任务与毕业生职业岗位有一定的相关性和体现相应职业能力	任务与毕业生职业岗位及其职业能力训练基本无关	5
	专业贴近度		任务与毕业生所学专业有很强的相关性，有利于学生整合原来所学的专业知识，提高专业技术应用能力，使专业技术能力更适于职业岗位	任务与毕业生所学专业相关性、综合性较强，有利于提高专业技术应用能力	任务与专业相关性有联系，与专业技术应用能力相关	任务与专业相关性有一定联系，一定程度体现专业技术应用能力	任务与专业相关性联系程度不一致	10
	训练实效性		毕业生通过综合训练，能很好地提高能力与素质，并收到良好的整合效果	毕业生能较好地提高能力与素质，并收到良好的整合效果	能力与素质通过训练，毕业生取得一定的提高，收到一定的效果	毕业生通过训练效果一般	毕业生通过训练基本没有效果	10
成果评价45	质量与水平	科学性与创新性	成果符合科学的原理、规范、规程等，创造性应用了高新技术	成果较好地符合科学要求，其中有创造性技术应用的体现	成果有一定的科学性，有一定的创新思想	成果有一定的科学性，基本没有创新性	成果科学性较差，基本没有创新思想	10
		规范性	成果文本格式完全符合规范化要求，文本主体部分（包括引言、正文与结论）字数足量，必要的外文内容提要正确清楚，参考文献充足，佐证材料齐全	文本格式达到规范化要求，文本主体部分字数足量，外文内容提要基本正确，参考文献充足，佐证材料齐全	文本格式基本符合规范化要求，文本主体部分字数基本足量，参考文献足够，佐证材料基本齐全	文本格式勉强达到规范化要求，文本主体部分字数偏少，其他材料基本齐全	文本格式达不到规范化要求，文本主体部分字数过少，其他材料不齐全	5
		实用性	成果实用性强，可以用于解决现实岗位的实际问题或满足职业岗位的实际需求	成果实用性较强，能解决一定的实际问题，基本满足岗位实际需求	成果有实用性，对职业岗位有指导意义	成果有一定实用性，对职业岗位需求有一定指导意义	成果基本没有实用性，对职业岗位需求缺乏指导意义	10

（续）

<table>
<tr><th colspan="3">评价项目
（分值）</th><th>优
（100≥X≥90）</th><th>良
（90>X≥80）</th><th>中
（80>X≥70）</th><th>及格
（70>X≥60）</th><th>不及格
（X<60）</th><th>分值</th></tr>
<tr><td rowspan="3">成果评价45</td><td colspan="2">数量</td><td>成果体现了毕业生较大的工作量要求，并体现任务的独立完成性</td><td>成果体现了毕业生规定的工作量，并体现任务的独立完成性</td><td>成果体现了毕业生一定的工作量，任务基本上能独立完成</td><td>成果体现了毕业生一定的工作量，任务独立完成性一般</td><td>任务准备工作不充分，独立完成性差</td><td>10</td></tr>
<tr><td rowspan="2">态度</td><td>钻研与勤奋</td><td>勤奋好学、刻苦钻研，针对论文要求，体现敬业爱岗的职业精神，圆满地完成任务</td><td>虚心好学、有钻研精神，较圆满地完成任务</td><td>态度认真，能根据要求基本完成</td><td>态度一般，能基本完成任务要求</td><td>态度不认真，任务完成较差</td><td>5</td></tr>
<tr><td>与导师的配合</td><td>在毕业综合实践过程中，与导师积极保持沟通，主动提供毕业综合实践的进展信息，接受导师指导</td><td>在毕业综合实践过程中，与导师联系较多，接受导师指导，取得较好的训练效果</td><td>在毕业综合实践过程中，与导师保持联系，学生根据导师的指导思考进行修改</td><td>在毕业综合实践过程中，与导师保持一定的联系，学生根据导师的指导进行修改</td><td>在毕业综合实践过程中，与导师联系不畅，指导无法落实，综合效果不佳</td><td>5</td></tr>
<tr><td rowspan="3">管理过程评价30</td><td colspan="2">学导合作与效果</td><td>导师科学引导学生去独立思考和规范实践，学生有计划、有步骤地开展实践，成效好，过程材料齐全</td><td>导师积极引导学生去独立思考和规范实践，学生基本上有计划有步骤地开展实践，成效较好，有过程材料</td><td>导师能引导学生独立思考和规范实践，学生基本上有计划有步骤地开展实践，有一定的过程材料</td><td>导师能引导学生去独立思考和规范实践，学生实践计划不全，有过程材料，但不够齐全</td><td>导师指导责任未落实，或包办替代或放任不管，学导合作处于无序状态</td><td>10</td></tr>
<tr><td colspan="2">过程管理与成效</td><td>教学管理部门有适应高职规范的管理制度，对导师和学生教学过程的管理非常严格，对出现的问题能够及时进行分析解决，对优秀成果进行总结推广，确保毕业综合实践质量不断提高</td><td>教学管理部门有制度，对导师和学生教学过程的管理严格，发现问题能及时解决</td><td>教学管理部门有制度，对导师和学生教学过程的管理比较严格</td><td>教学管理部门对导师和学生教学有一定过程管理</td><td>教学管理部门对导师和学生教学过程的管理比较混乱</td><td>10</td></tr>
<tr><td colspan="2">答辩组织与效果</td><td>答辩组织规范，过程严密，评价客观公正</td><td>答辩组织规范，过程较严密，评价比较客观</td><td>有答辩过程，组织不够规范，评价客观性一般</td><td>无答辩过程，评价较客观规范</td><td>无答辩过程，评价不够认真规范</td><td>10</td></tr>
</table>

参考文献

[1] 吴延熊，等．信息检索教程[M]．北京：中国传媒大学出版社，2010．
[2] 卢泰宏．信息分析方法[M]．广州：中山大学出版社，1993．
[3] 陈英．科技信息检索[M]．北京：科学出版社，2001．
[4] 钟启泉．教育方法概论[M]．上海：华东师范大学出版社，2002．
[5] 马景娣．实用信息检索教程[M]．杭州：浙江教育出版社，2004．
[6] 王知津．工程信息检索教程[M]．北京：机械工业出版社，2009．
[7] 黄健，沙永群．高等学校图书文献的管理与使用[M]．哈尔滨：哈尔滨地图出版社，2006．
[8] 武德运．图书馆学通论[M]．西安：陕西人民出版社，2006．
[9] 杨多．图书馆常用词汇手册[M]．昆明：云南教育出版社，1987．
[10] 包忠文．文献信息检索概论及应用教程[M]．北京：科学出版社，2007．
[11] 胡春，王筱明，冯凯．现代信息检索教程[M]．北京：北京交通大学出版社，2008．
[12] 彭绍平，陈露露．文献信息检索与利用[M]．哈尔滨：黑龙江科学技术出版社，2007．
[13] 于占洋．药学文献检索与利用[M]．北京：中国医药科技出版社，2009．
[14] 游春山，狄九凤．信息组织理论与实践[M]．北京：北京大学出版社，2006．
[15] 周文荣．信息资源检索与利用[M]．北京：化学工业出版社，2000．
[16] 张美芳，王者乐．文献检索与利用[M]．上海：上海社会科学院出版社，2000．
[17] 恩格斯．马克思恩格斯选集（第4卷）[M]．北京：人民出版社，1972．
[18] 卢小宾．信息分析[M]．北京：科学技术文献出版社，2008．
[19] 黄燕主．医学文献检索[M]．北京：人民卫生出版社，2009．
[20] 张俊茹，姜闽虹．高职高专毕业设计与论文写作案例式教程[M]．北京：北京航空航天大学出版社，2007．
[21] 王云彪．大学生实习与就业指导[M]．北京：北京大学出版社，2007．
[22] 袁豪杰，颜先卓．现代信息检索与利用[M]．北京：北京邮电大学出版社，2004．
[23] 齐晓晨．网络工具书的现状和利用[J]．图书馆学研究，2005（2）．
[24] 冯向春．网络工具书资源的评价与利用[J]．现代情报，2006（6）．
[25] 冯向春．传统工具书与网络工具书的比较研究[J]．图书馆学刊，2007（1）．
[26] 陈焱，张龙滨．信息检索与利用[M]．北京：北京大学出版社，2011．
[27] 翟平．高职教育实践性教学应突出对学生生存能力的培养[J]．大学时代・B，2006（6）．
[28] 文祯中．加强校园文化建设提高大学生道德水平[J]．校园文化建设与人文素质教育，2005（12）．
[29] 龚呈卉．试论信息素养的培养与就业信息的采集[J]．科技信息专题论，388．
[30] 范永丽．信息素养与创新能力的培养[J]．中共太原市委党校学报，2007（3）．
[31] 曹志梅，等．信息检索问题集萃与实用案例[M]．北京：北京图书馆出版社，2008（3）．
[32] 刘继亮．就业信息及其筛选原则[J]．东方早报，2007（5）．
[33] 屈顺海，等．综述的写作方法与技巧[J]．张家口医学院学报，2002（6）．
[34] 左红梅，等．怎样利用国外文献进行医学综述的写作[J]．医学信息，2005（2）．
[35] 宁洪梅．浅议计算机信息检索的原理与过程[J]．廊坊师范学院学报（自然科学版），2008（5）．

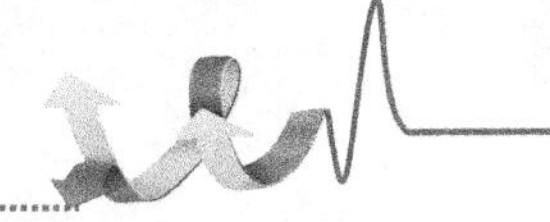

[36] 蔡耿青．Internet 信息搜索方法研究[D]．同济大学，2003.
[37] 徐欣．油气管道信息检索技术研究[D]．中国石油大学（华东），2009.
[38] 吕珂，等．概述网络环境下信息资源的特点和种类[J]．无线音乐・教育前沿，2011（3）.
[39] 钱成文．管道文献检索系统开发及应用[D]．中国石油大学（北京），2007.
[40] 北京大学，等．Baidu 百度——中文搜索的老大[J]．电子商务，2008（1）.
[41] 莫铄．高职高专学生信息素养调查研究——以桂林旅游高等专科学校为例[J]．广西师范大学，2007.
[42] 路萍．北京工业大学科研评估系统[D]．北京工业大学，2001.
[43] 杨勇．惠州学院图书馆管理创新研究[D]．华南农业大学，2009.
[44] 于娜，等．图书馆与推进学习型社会建设[J]．内蒙古科技与经济，2010.
[45] 李平惠，等．浅谈技工学校顶岗实习的重要性[J]．职业，2010（26）.
[46] 王宗伟，等．教师顶岗实习的重要性[J]．知识经济，2011（9）.
[47] 李宏飞，等．信息素养概念比较及培养[J]．辽宁行政学院学报，2006（8）.
[48] 赵国范，等．信息素养及培养[J]．煤炭技术，2005（10）.
[49] 杜碧，等．信息素养概念比较及培养[J]．科学咨询，2006（7）.
[50] 汪琼，等．方正 Apabi 数字图书馆与美国 Netlibrary 之比较研究[J]．现代情报，2003（2）.
[51] 徐亚杰，等．略谈中学语文教学综述的写作[J]．现代语文（教学研究），2008（7）.
[52] 王正刚．搜索引擎关键技术研究与实现[D]．复旦大学，2008.
[53] 陈广群．关于师范专科学校信息技术教学的思考与对策[D]．江西师范大学，2004.
[54] 陈斌，等．信息素养概念比较及培养[J]．广东教育（综合版），2001（3）.
[55] 崔彦红，等．综述的写作[J]．国外医学（卫生学分册），2008（2）.
[56] 陈大胜，等．浅议高职学生信息素养的培养[J]．商情，2010（3）.
[57] 汤满满．独立学院图书馆信息交流模式研究[D]．东南大学，2009.
[58] 万基荣，等．试论信息时代下的信息品德分析和培养[J]．科技经济市场，2006（3）.
[59] 文韬．西学东渐与“四部”解体——从分类变化看中国学术体系变迁[D]．北京大学，2009.
[60] 黄寓凡．一种新颖的文献检索引擎[D]．南京航空航天大学，2010.
[61] 白霖松，等．浅谈信息素养培养[J]．科教文汇，2009（6）.
[62] 杨沛霆，等．日本人摸大庆魔鬼出自细节[J]．中外管理，2002（5）.
[63] 刘保建．山东银座商城股份有限公司物流与供应链管理研究[D]．山东大学，2011.
[64] 唐杰．信息检索技术在期刊资源整合中的研究及应用[D]．中南大学，2007.
[65] 李晓玲，等．论互联网档案信息检索方法．档案，2002（6）.
[66] 任卫银．辅助教学网站的构想与实践研究[D]．华东师范大学，2006.
[67] 薛小荣．甘肃省城市中小学教师信息素养现状分析及对策研究[D]．西北师范大学，2005.
[68] 郝亚敏．呼和浩特市第二中学学生信息素养的调查研究[D]．内蒙古师范大学，2007.
[69] 杨素娟．在线学习能力的本质及构成[J]．中国远程教育（综合版），2009（5）.
[70] 杨一兵，等．知识服务与馆员素质[J]．科学咨询，2006（7）.
[71] 袁俊华，等．我国图书馆文献信息资源建设研究源发展之撮述[J]．图书与情报，2006（2）.
[72] 周怡雪．基于共现分析的文献检索结果可视化研究[D]．北京大学，2009.
[73] 万基荣，等．试论信息时代下的信息品德分析和培养[J]．科技经济市场，2006（3）.
[74] 林岩龙，等．民事诉讼中证明责任分配及法律效果[J]．科技经济市场，2006（3）.
[75] 李展飞．计算机应用于医学文献检索中的探析[J]．电脑知识与技术，2009（17）.
[76] 郑朝晖．中学教师信息素养现状及培训策略研究——以石家庄市中学教师为调查对象[D]．河北师范大学，2007.

[77] 郑媛，等．历史变迁中图书馆的作用[J]．科技信息，2010（13）．
[78] 路静．高科技风险投资——融资技巧[D]．中国地质大学，2002．
[79] 吴志鸿．中国化学文献数据库（CCBD）检索系统的构建与实施[D]．华东师范大学，2004．
[80] 翟平，等．高职教育实践性教学应突出对学生生存能力的培养[J]．大学时代（下半月学术教育版），2006（6）．
[81] 始兴县始兴中学，等，校园事事见德育[J]．广东教育（综合版），2001（3）．
[82] 李兴隆．基于 Ontology 的文档检索[D]．东北大学，2005．
[83] 李小冰，等．互联网经济信息检索方法谈[J]．集美大学学报（哲学社会科学版），2003（2）．
[84] 史锦荣．基于多 Agent 智能搜索引擎模型研究[D]．太原理工大学，2005．
[85] 马国正．基于网络环境提升中学教师信息素养的研究[D]．南京师范大学，2010．
[86] 胡英华．网络环境下情报学新特点[D]．天津外国语学院，2003．
[87] 李华，等．论新课程标准下学生信息素养的培养[J]．内江科技，2010（3）．
[88] 张晓丽，等．细胞周期调节基因蛋白与肿瘤发生的相关性[J]．张家口医学院学报，2002（6）．
[89] 夏昊．大学生信息素养与网络利用状况研究——以武汉地区为例[J]．高校图书馆工作，2009（1）．
[90] 龚呈卉，等．试论信息素养的培养与就业信息的采集[J]．科技信息，2010（24）．
[91] 张秋菊，等．浅析企业科技档案的管理[J]．机电兵船档案，2010（4）．
[92] 张文刚．中职教师信息素养现状及提升策略研究——以台州市中职学校为例[D]．浙江师范大学，2010．
[93] 肖方芳．我国数字图书馆发展面临的问题及对策研究[D]．中南大学，2011．
[94] 吴江，等．使用超链分析技术的搜索引擎[J]．图书情报工作，2004（7）．
[95] 王东燕．如何应用数字图书馆[J]．办公自动化（综合版），2010（6）．
[96] 罗娟，等．关于高等院校教学管理人员信息素养的几点思考[J]．咸宁学院学报，2007（5）．
[97] 高学敏，等，浅析网络时代大学生信息素养能力的培养与提升[J]．中国校外教育（理论），2009（4）．
[98] 陈金英，等．网络环境下传统图书馆的发展探讨[J]．黑龙江科技信息，2011（15）．
[99] 徐俐华．高校学生信息素养的培养[J]．高校图书馆工作，2006（3）．
[100] 张林龙．高职高专文献检索课教学存在的问题及其对策[J]．渝西学院学报（自然科学版）2005（4）．
[101] 于维娟．高校图书馆与大学生信息素养教育[J]．现代情报，2006（7）．
[102] 常为领．基于 ROBOT 的农业信息搜索引擎设计与实现[D]．中国农业大学，2006．
[103] 齐晓晨，等．网络工具书的现状和利用[J]．图书馆学研究，2005（2）．
[104] 王苏海，等．Internet 上免费实用参考工具书网站导览[J]．现代情报，2003（3）．
[105] 郭小刚．当代大学生信息素质教育[J]．当代青年研究，2005（4）．
[106] 张文华．网络信息搜索技巧在研究性学习中的问题与对策[D]．首都师范大学，2005．
[107] 阿尔丁夫·翼人．论信息时代文学期刊编辑的信息素养和能力[J]．青海师范大学学报（哲学社会科学版）2010（6）．
[108] 易红郡，等．信息素养：美国中小学信息技术课程的重要课题[J]．课程·教材·教法，2002（2）．
[109] 曾宪瑛．基于信息时代的期刊编辑信息素养的提高方式研究[D]．江西师范大学，2004．
[110] 简晓冬．哈尔滨城区小学信息技术教育现状及对策研究[D]．东北师范大学，2008．
[111] 王全旺．高级技工学校教师信息素养培养方案设计研究[D]．天津工程师范学院，2006．
[112] 刘世斌．高中教师的信息素养与培养[C]．全国计算机辅助教育学会第十届学术会议，2001．
[113] 王海珍．基于信息素养培养的高师《现代教育技术》公共课教学改革与研究[D]．华中师范大学，2007．
[114] 龙烨．高校图书馆信息素养教育初探[J]．科技情报开发与经济，2007（27）．
[115] 朱玺，等．信息素养概念比较及培养[J]．剑南文学，2009（9）．
[116] 吴光东．论课程的信息本质[D]．西南大学，2012．

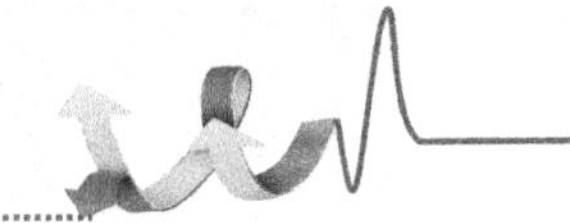

[117] 孙凤玲．会议文献采集工作的实践与探索——基于中国国家图书馆实践工作的思考[C]．第三届全国图书馆文献采访工作研讨会，2009．

[118] 邓梓林．数字图书馆资源保障体系构建研究[J]．科技情报开发与经济，2007（7）．

[119] 陈维维，等．信息素养的内涵、层次及培养[J]．电化教育研究，2002（11）．

[120] 赵晶，等．浅谈信息素养及其培养[J]．新西部（下半月），2008（5）．

[121] 陈琛，等．信息素养是跨越“信息鸿沟”的关键——网络环境下图书馆与读者关系初探[J]．科技情报开发与经济，2007（7）．

[122] 张静肖．基于关联规则挖掘与协同过滤算法的个性化推荐系统的设计与实现[D]．北京大学，2006．

[123] 张朴，等．应重视企业财务分析中的定性分析[J]．化工管理，2010（12）．

[124] 陈钢．基于C-D生产函数模型的广东省专利投入产出实证研究[D]．广东工业大学，2011．

[125] 朱田林．基于文献计量的图书馆链式管理研究[D]．曲阜师范大学，2010．

[126] 周维彬．百度搜索引擎系统的科研辅助功能分析[J]．图书馆学研究，2007（6）．

[127] 韩靖．山东省高校合作机制研究[D]．山东理工大学，2008．

[128] 杜薇薇．网络环境下图书馆信息资源配置研究——以国家工程技术图书馆为例[D]．中国科学技术信息研究所，2008．

[129] 孔少华．基于专家信息素养的网络信息采集协作系统研究[D]．同济大学经济与管理学院，2008．

[130] 王媛媛．我国数字图书馆信息资源整合与共享的保障研究[D]．广西民族大学，2009．

[131] 宋显彪．数字信息的长期保存[D]．四川大学，2005．

[132] 李杰．中学信息技术课堂中的隐性知识教学研究[D]．浙江师范大学，2009．

[133] 马荣华．欠发达地区农村初中教师专业信息素养发展现状及提升策略研究[D]．东北师范大学，2007．

[134] 李春兰，等．综述高校图书馆信息资源共享体系[J]．科技信息，2011（10）．

[135] 周泉．入馆教育——高校图书馆信息素质教育的第一步[J]．科技情报开发与经济，2007（27）．

[136] 路冬梅，等．构建学生信息素养平台的举措[J]．教育与职业，2004（21）．

[137] 董长娥，等．高职教师信息素养及其培养途径[J]．职业技术教育，2007（11）．

[138] 王永军．幼儿教师信息素养及其培养初探——以安徽省委机关幼儿园为个案研究[D]．华东师范大学，2007．

[139] 廖卫华，等．新闻教育要注重提升媒介信息素养[J]．新闻爱好者（下半月），2010（7）．

[140] 宋修岩，论中小学教师的信息能力及培养[D]．西南师范大学，2004．

[141] 王慧慧．信息技术课与中学生信息素养培养的研究[D]．苏州大学，2010．

[142] 李韦．中小学教师信息素养培养的研究[D]．沈阳师范大学，2008．

[143] 陈爱香．网络环境下我国图书馆联盟研究进展[J]．现代情报，2005（12）．

[144] 付浩．中学信息技术课中基于项目学习的学生信息素养培养研究[D]．内蒙古师范大学，2007．

[145] 姚武文，等．信息化条件下飞机战伤抢修人员应具备的能力素质研究[J]．职业时空，2011（12）．

[146] 夏旭，等．中外信息素质教育研究（下）[J]．高校图书馆工作，2003（4）．

[147] 中小学信息技术课程的主要任务/什么是信息素养/信息素养九大标准/信息素养：培养你八大能力[J]．上海教育科研，2001（5）．

[148] 王小林，等．国内外图书馆数字资源的长期保存探讨[J]．数字与缩微影像，2010（3）．

[149] 浅谈全媒体综合信息处理平台的应用[J]．中国传媒科技，2007（10）．

[150] 章传东．信息化教育中的教师教育[C]．第六届全球华人计算机教育应用大会暨全国教育信息化论坛，2002．

[151] 杜宏刚，等．信息素养的时代意义及其培训途径[J]．河北科技图苑，2004（3）．

[152] 覃熙．从因子分析法谈信息素养——以广西民族大学本科生为例[J]．科技情报开发与经济，2010（29）．

[153] 周晖，等．学校图书馆与信息素质教育[J]．职教通讯，2001（11）．
[154] 邝磊，等．高职院校计算机基础课程学科专业化改革的设想[J]．科教文汇，2009（19）．
[155] 鲁程，等．因特网上标准信息的获取[J]．泰州职业技术学院学报，2001（14）．
[156] 张光年．企业网站的搜索引擎优化研究[D]．厦门大学，2007．
[157] 张苏，等．网上免费专利数据库的检索技巧[J]．现代情报，2007（3）．
[158] 彭莲好．如何高效使用搜索引擎[J]．科技情报开发与经济，2009（20）．
[159] 石京秀，等．高校图书馆信息素质教育探微[J]．西南民族大学学报（人文社科版），2004（10）．
[160] 林刚．信息技术教师专业化研究[D]．江西师范大学，2004．
[161] 杨晓光，等．信息素养内涵剖析与评价[J]．情报资料工作，2004（5）．
[162] 刘敬贤．高职学生信息素养培养研究[D]．山东师范大学，2006．
[163] 金红铃．我国小学生信息能力评价指标的研究[D]．北京师范大学，2004．
[164] 张明明，等．高校图书馆计算机编目标准化建设的三大主题[J]．河南图书馆学刊，2008（3）．
[165] 姚振农．产品专利自动分类方法研究与应用[D]．浙江大学机械与能源工程学院，2008．
[166] 张京毅．利用信息技术课程培养中等卫生学校学生专业信息素养的实践研究[D]．首都师范大学，2008．
[167] 季景达，等．浅谈高中信息技术课程理念[J]．新课程（中学版），2010（9）．
[168] 戴艳阳，等．信息素养培养与文献检索课和毕业论文的关系[J]．中国冶金教育，2009（5）．
[169] 罗丽姗．了解百度利用百度[J]．科技情报开发与经济，2007（28）．
[170] 杨娜．校园网搜索引擎核心技术——搜索器技术[D]．北京机械工业学院，2006．
[171] 石艳辉．盘锦市中学教师信息素养现状及对策研究[D]．辽宁师范大学，2006．
[172] 周绍明，等．论信息技术教学中研究性学习角色的转变[J]．期刊论文新课程（中学版），2010（9）．
[173] 谢宁河．面向就业的高职学生信息技术核心能力构成研究[D]．南京师范大学，2011．
[174] 邓琦琦．搜索引擎中的知识产权问题研究[D]．华中师范大学，2006．
[175] 蒋晓荣．信息化条件下军队人才成长环境问题研究[D]．重庆大学，2007．
[176] 王涛．基于行业的个性化搜索引擎的应用[D]．北方工业大学．2008．
[177] 熊盛勇．上饶县城区高中生信息素养的现状调查与对策研究[D]．江西师范大学，2007．
[178] 朱淑南，等．高校图书馆特色资源建设状况的调查[J]．农业图书情报学刊，2007（11）．
[179] 陈彦英．基于创新能力培养的研究生信息素养评价指标体系研究[D]．南京工业大学，2008．
[180] 王远库．论地方高校大学生信息素养的缺失与培养[J]．宝鸡文理学院学报（社会科学版），2009（3）．
[181] 孙通．基于对等网络（P2P）的资源共享与通讯技术的研究及应用[D]．南京工业大学，2006．
[182] 邱燕玲，等．略论教师的信息素养[J]．文教资料，2007（6）．
[183] 孙庚．渔业信息搜索引擎的设计与实现[D]．大连理工大学，2007．
[184] 陈琛，等．网络环境下读者信息素养培养方法研究——兼论图书馆与读者的关系[J]．期刊论文重庆文理学院学报（自然科学版），2009（3）．
[185] 韩建福．文档聚类在搜索引擎结果中应用的研究[D]．北京交通大学，2006．
[186] 赵唱玉，等．教育信息化与师范生信息素养的培养[J]．重庆教育学院学报，2006（3）．
[187] 熊再华．公共图书馆为老年读者服务之思考[J]．河南图书馆学刊，2009（3）．
[188] 李淑梅，等．学位论文资源建设与检索[J]．山东图书馆季刊，2002（2）．
[189] 纪翔．基于 Web 数据挖掘的智能比较购物系统实现机制研究[D]．浙江工商大学，2005．
[190] 雷玉玲．高校图书馆向外转型策略探析[J]．洛阳理工学院学报（社会科学版），2010（5）．
[191] 唐林．攀枝花市中小学教师信息素养及其培养策略研究[J]．西南大学，2008．
[192] 张联民．30 年来我国高校图书馆发展概述[J]．常熟理工学院学报，2011（3）．
[193] 张志华．论大学生信息能力的培养与提高[D]．南京师范大学，2007．

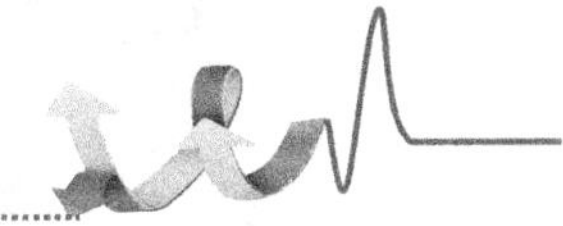

[194] 朱丹，等．高职院校图书馆信息素养教育研究[J]．北京电力高等专科学校学报（社会科学版），2010（11）.
[195] 韩兵兵．失效专利应用研究[D]．江苏大学，2010.
[196] 高扬，等．加强企业科技档案管理的对策[J]．化工管理，2009（9）.
[197] 周森．基于关键信息的语音搜索引擎[D]．浙江大学，2006.
[198] 蔡丹，等．Aleph 系统环境下文献采编关系新论[C]．第三届全国图书馆文献采访工作研讨会，2009.
[199] 唐清，等．高职学生信息素养与创业能力的关系研究[J]．科技信息，2012（8）.
[200] 邹建芬，等．浅谈如何做好高校图书馆知识服务工作[J]．科技情报开发与经济，2010（14）.
[201] 甘小红，等．CALIS 联机编目库中部分主题的归类探讨[J]．科技情报开发与经济，2010（14）.
[202] 杜红英，等．论高校图书馆在高校中的职能定位[J]．科技咨询导报，2007（24）.
[203] 顾鑫．个性化智能信息检索系统研究[D]．哈尔滨工程大学，2004.
[204] 郭东强，等．信息经济与知识经济有关问题的思考[J]．情报科学，2001（7）.
[205] 张桂华．知识经济的理性思考[J]．湖南环境生物职业技术学院学报，2005（4）.
[206] 陈锐，等．知识・知识经济・知识管理[J]．图书情报工作，1999（3）.
[207] 程喜荣．知识管理与知识管理系统探讨[D]．北京师范大学，2002.
[208] 吕建辉，等．知识经济及其经济、信息、知识、资源特征分析[J]．图书情报工作，2000（10）.
[209] 原博．高校思想政治教育的网络环境研究[D]．西安电子科技大学，2011.
[210] 沈岳．搜索引擎技术综述[J]．北京城市学院学报，2007（4）.
[211] 尚颖，等．条形码识别技术在医院门诊中的应用[J]．中国全科医学，2009（18）.
[212] 张文静，等．搜索引擎的分类及发展趋势[J]．焦作大学学报，2006（3）.
[213] 李敬风，等．重症 EV71 感染手足口病抢救成功 1 例报告[J]．郧阳医学院学报，2008（4）.
[214] 赵灵均．垂直搜索引擎的设计与实现[D]．中国石油大学，2007.
[215] 陈翔．中文 URL 信息自动提取算法的研究与实现[D]．北京邮电大学，2009.
[216] 张立斌．现代信息检索技术在科研课题中的应用研究[J]．中国科技信息，2009（10）.
[217] 刘伟．知识产权优势论[D]．上海财经大学，2010.
[218] 刘权．大学学科核心能力及其培育机制[D]．浙江大学，2003.
[219] 董琦．北京奥运会开幕式转场项目管理研究[D]．北京建筑工程学院，2010.
[220] 彭静．国工科类研究生培养资源重组研究[D]．西南大学，2006.
[221] 艾宏图．面向持续产品创新的知识管理研究[D]．天津大学，2005.
[222] 金成志．知识服务提供商系统的设计与实现[D]．北京理工大学，2003.
[223] 黄刚．基于 JXTA 的搜索引擎系统研究[D]．西南交通大学，2004.
[224] 杨乐．网上作战检索支持系统的研究与设计[D]．北京大学，2009.
[225] 段玉斌，等．文献综述的写作方法[J]．西北医学教育，2008（1）.
[226] 写作知识：医学综述的特点[J]．郧阳医学院学报，2008（4）.
[227] 吴江，等．WWW 超链分析技术及其应用[J]．中国信息导报，2004（3）.
[228] 陈利国，等．搜索引擎的工作原理和发展趋势[J]．电脑知识与技术（学术交流），2007（23）.